新世纪普通高等教育机械类课程规划教材

金工实训教程

JINGONG SHIXUN JIAOCHENG

主　编　魏斯亮　李　兵

副主编　郭纪林　李梦强　凌江华

主　审　马国红

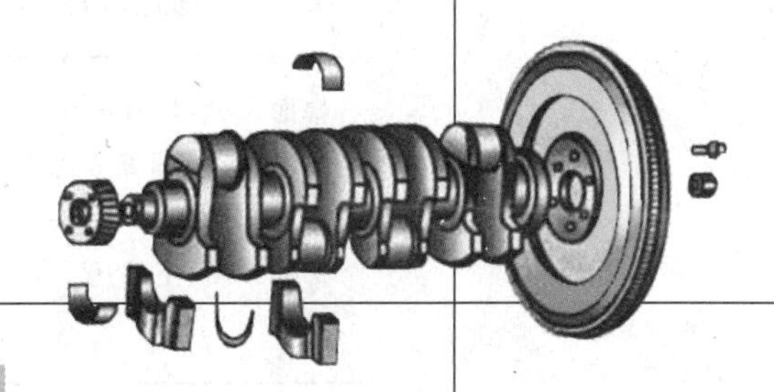

大连理工大学出版社

图书在版编目(CIP)数据

金工实训教程 / 魏斯亮，李兵主编. — 大连 ：大连理工大学出版社，2017.10

新世纪普通高等教育机械类课程规划教材

ISBN 978-7-5685-0778-3

Ⅰ. ①金… Ⅱ. ①魏… ②李… Ⅲ. ①金属加工—实习—高等学校—教材 Ⅳ. ①TG-45

中国版本图书馆 CIP 数据核字(2017)第 098078 号

大连理工大学出版社出版

地址:大连市软件园路 80 号　邮政编码:116023

发行:0411-84708842　邮购:0411-84708943　传真:0411-84701466

E-mail:dutp@dutp.cn　URL:http://dutp.dlut.edu.cn

大连日升彩色印刷有限公司印刷　大连理工大学出版社发行

幅面尺寸:185mm×260mm　印张:14.25　字数:329 千字

2017 年 10 月第 1 版　2017 年 10 月第 1 次印刷

责任编辑:王晓历　责任校对:王晓伟

封面设计:张　莹

ISBN 978-7-5685-0778-3　定　价:33.80 元

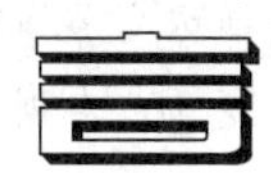

金工实训是工科院校学生必修的一门实践性专业基础课。金工实训环节以实践教学为主，学习机械制造的基本工艺方法，培养工程师的基本技术素养，学生必须进行独立操作。在保证贯彻教学基本要求的前提下，金工实训教学应尽可能结合实际生产情况进行。

金工实训的基本内容分为传统机械制造和现代机械制造两大部分。传统机械制造实训包括：毛坯成型方法和材料改性途径、常用机械加工装备的操作使用技能和初步的工艺知识。现代机械制造实训包括：数控车、数控铣、数控加工中心、数控线切割和电火花成型、激光加工、超声波加工等新技术、新工艺、新设备的操作。为了满足上述实践性教学工作的需要，我们编写了这本教材，力求适应我国大力推进新型工业化道路、紧抓技能型人才培养的实际需求。

本教材内容涵盖金属材料鉴别与热处理、铸造成型、锻压成型、焊接成型、车削加工、铣削加工、钳工加工、刨削加工、磨削加工、数控加工、特种加工、操作技能综合训练等实训专题。为了强化现代机械制造的实训操作，本教材关于特种加工和数控加工的篇幅约占全书总篇幅四分之一，比重较大。

本教材的另一特色是在各实训专题的前面均配有“实训目的及要求”“实训安全事项”“实训典型案例”栏目，在各实训专题的后面均设有“金工实训报告”“实训复习思考题”栏目，便于教师指导和规范学生的现场操作，帮助学生消化、巩固与深化理解教学内容，使教材编排更加合理和便于教学使用。

本教材可作为工科院校金工实训教学用书，也可供有关工程技术人员参考使用。

本教材由华东交通大学教授、华东交通大学理工学院特聘教授魏斯亮和华东交通大学理工学院副教授李兵任

主编；共青科技职业学院教授郭纪林、华东交通大学理工学院高级工程师李梦强、华东交通大学高级工程师凌江华任副主编。具体编写分工如下：实训专题1、实训专题2、实训专题10、实训专题11由魏斯亮编写，实训专题3、实训专题4、实训专题5由李梦强编写，实训专题7、实训专题9由凌江华编写，实训专题6、实训专题8、实训专题12由郭纪林编写，魏斯亮、李兵负责本教材的统稿工作。南昌大学马国红教授审阅了书稿，并提出了一些宝贵的意见，在此仅致谢忱。

在编写本教材的过程中，我们参考、借鉴了许多专家、学者的相关著作，已列入参考文献，对于引用的段落、文字不能一一列出，谨向各位专家、学者一并表示感谢。

尽管我们在教材特色的建设方面做了许多努力，但由于编者水平有限，教材中难免存在疏漏和不妥之处，恳请教学单位和读者多提宝贵意见，以便下次修订改进。

编　者

2017年10月

所有意见和建议请发往：dutpbk@163.com

欢迎访问教材服务网站：http://www.dutpbook.com

联系电话：0411-84708462　84708445

目 录

实训专题 1

金属材料鉴别与热处理

【实训目的及要求】

◆ 了解常用金属材料的种类和现场鉴别方法。

◆ 了解金属材料的力学性能、试验原理和选用原则。

◆ 了解改善金属材料性能的途径和常用的钢铁热处理工艺方法。

【实训安全事项】

◆ 进行实训操作时必须穿戴好劳动保护用品。

◆ 使用仪器设备前，必须熟悉所用设备的结构及工作原理；首次使用仪器设备时，必须在实训老师的指导下进行操作。

◆ 热处理工件进炉、出炉时，应先切断电源，然后送取工件，以防触电；出炉后的工件不能用手触摸，防止烫伤。

◆ 实训车间内的各种废液、废料应分类存放统一回收和处理，禁止随意倾入下水道或垃圾箱，防止污染环境。

【实训典型案例】

典型案例 1：无标识钢铁材料试样的现场鉴别

车间现有五种无标识钢铁材料试样，它们的形状、尺寸都相似，它们的材质分别为 20 钢、45 钢、T10 钢、W18Cr4V 高速钢、HT200 灰铸铁。学生任取一试样轻轻压在高速旋转的砂轮机上进行打磨，观察迸射出的火花形态，根据磨削过程中的火花爆裂形状、流线、颜色、发火点等特征，目测判断被测试样的材料牌号，并完成本案例的“金工实训报告”。

典型案例 2：钢铁热处理硬度的现场测定

车间现有 20、45、T10 和 Cr12 四种钢铁材料的试样，请拟定热处理实训方案并完成热处理实训操作，然后现场测定钢铁试样热处理后的硬度。通过该实训操作，探究钢铁材料的含碳量、合金含量、加热温度、冷却介质、回火温度等主要因素对钢铁热处理后性能的影响，并完成本案例的“金工实训报告”。

1.1 概　述

金属材料的来源丰富，具有优良的力学性能，是机械工程常用的材料。钢和铸铁是最常用的金属材料，它们都是以铁、碳为基本元素组成的铁碳合金，其中：含碳量为 0.02%～2.11%的称为钢，含碳量大于 2.11%的称为铸铁。

1.2 金属材料的现场鉴别

金属材料的现场鉴别方法有多种，可根据金属材料的光泽、颜色、硬度、比重等各种特性来进行判断。例如在有色金属中，纯铜为紫红色，铜合金为黄青色，铝及铝合金为银白色；铅锡合金的比重较大，铝合金的比重较小；在铁碳合金中，钢铁材料的现场鉴别方法有很多种，其中较为简易的方法是火花鉴别法和色标鉴别法等。

1.2.1 火花鉴别法

火花鉴别法是将钢铁材料轻轻压在高速旋转的砂轮机上进行打磨，观察迸射出的火花形状、流线、颜色、发火点等特征，目测判断钢铁成分大致范围的一种简易方法。

1. 火花的形成

火花的形成如图 1-1 所示：钢材在砂轮机上打磨时，摩擦产生的高热使磨削部位迅速发红变亮，灼热的磨屑沿切线方向迸射飞出形成火花，无数火花构成火花束，仔细观察，火花束可分为根部花、中部花和尾部花三部分。

2. 火花束的组成要素

火花束的组成要素如图 1-2 所示：磨削时由灼热磨屑形成的线条状火花称为流线；流线在飞行途中爆炸显示出稍粗的亮点称为节点；节点爆裂时所迸射出的细线条称为芒线；在芒线附近的许多呈现明亮的小点称为花粉。若干条芒线所组成的放射状火花称为节花，节花可分为一次花、二次花、三次花等。流线尾部出现的火花称为尾花，由于钢材的化学成分不同，尾花的形态也各不相同，主要有苞状尾花、狐尾状尾花、菊状尾花、羽状尾花等多种，如图 1-3 所示。

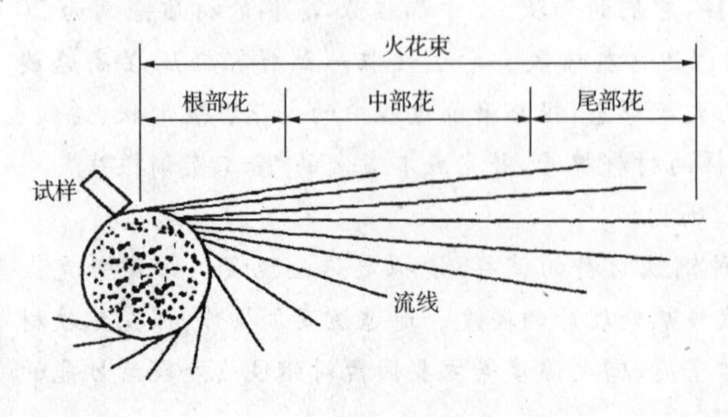

图 1-1　火花的形成

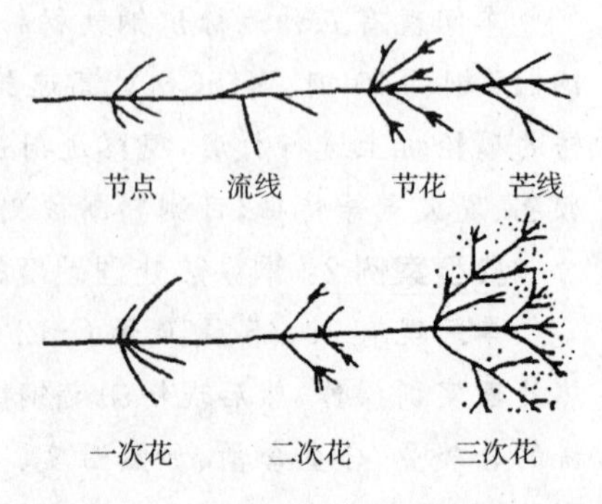

图 1-2　火花束的组成要素

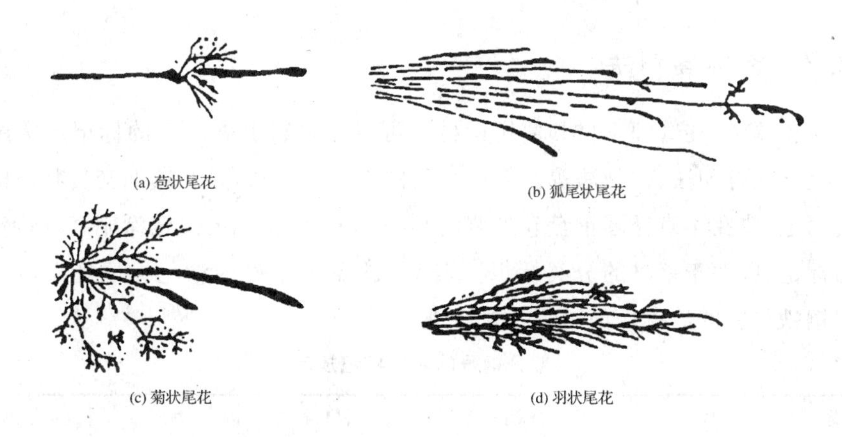

图 1-3　各种尾花的形态

3. 常用钢铁材料的火花特征

通常情况下，碳钢的含碳量越高，则流线越多，火花束变短，爆花与花粉也增多，火花亮度增强，手感变硬。例如：20 钢磨削时手感较软，火花束较长，颜色草黄带红，流线略呈弧形，芒线稍粗多分叉，形成一次爆花，其火花如图 1-4(a)所示；45 钢的火花束稍短，颜色橙黄略显明亮，流线较细较长且多在流线尾端附近爆裂分叉，呈多叉状二次花爆裂，花粉较多，磨削时手感反抗力稍硬，其火花如图 1-4(b)所示；T10 钢的火花束短粗，颜色暗红，流线细密量多，爆花为多次爆裂，爆花量多并重叠，有碎花和大量花粉，磨削时手感较硬，其火花如图 1-4(c)所示；灰铸铁的火花束短而细，流线呈暗橙红色，尾部渐粗，下垂成弧形，呈羽毛状尾花，有少量二次爆花，磨削时手感较软，其火花如图 1-4(d)所示；W18Cr4V 高速钢的火花束细长，流线数量少，无火花爆裂，色泽暗红，根部和中部为断续流线，尾花呈狐尾状，磨削时手感较硬，其火花如图 1-4(e)所示。

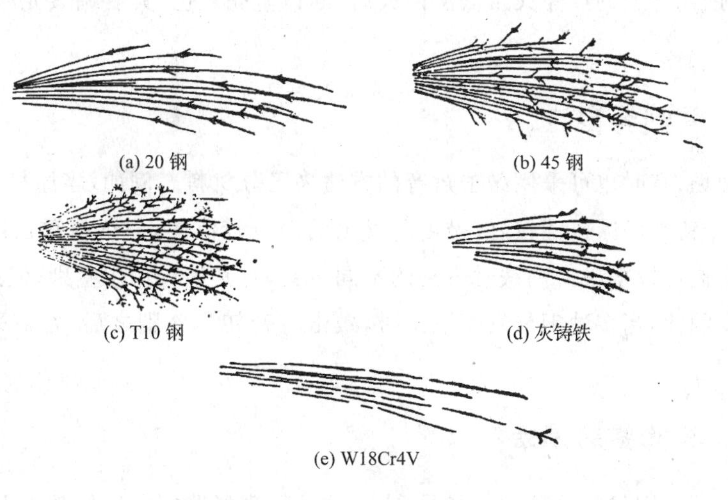

图 1-4　五种钢铁材料的火花特征

1.2.2 色标鉴别法

为了避免差错，在管理钢材和使用钢材时可以在材料上做一定的标记。常用的标记方法有：涂色法、打印法、挂牌法等。金属材料的涂色标记法，是在成捆交货状态的钢材同一端的端面上，或在小直径圆钢盘卷外侧的某一部位上，按标准规定涂刷某种特定颜色的油漆作为标记，以便于钢材的分类标识。表 1-1 为部分钢号的涂色标记规定，在生产中，可以根据钢铁材料的涂色标记对钢铁材料进行鉴别。

表 1-1　　部分钢号的涂色标记规定

材料种类	牌号	标记	材料种类	牌号	标记
碳素结构钢	Q235	红色	合金结构钢	20CrMnTi	黄色＋黑色
优质碳素结构钢	45	白色＋棕色		42CrMo	绿色＋紫色
	60Mn	绿色三条	铬轴承钢	GCr15	蓝色一条
高速钢	W18Cr4V	棕色一条＋蓝色一条	不锈钢	0Cr19Ni9	铝色＋绿色

1.2.3 断口鉴别法

材料或零部件因受某些物理、化学或机械因素的影响而导致破断所形成的断裂面称为断口。生产现场常根据断口的自然形态来判定材料的韧脆性，也可据此判定相同热处理状态的材料含碳量的高低。例如：若断口呈纤维状，颜色发暗，无金属光泽，无结晶颗粒，且断口边缘有明显的塑性变形特征，则表明钢材具有良好的塑性和韧性，其含碳量较低；若材料断口齐平，呈银灰色，且具有明显的金属光泽和结晶颗粒，则表明材料属脆性断裂；而过共析钢或合金钢经淬火及低温回火后，断口呈亮灰色，具有绸缎光泽，类似于细瓷器断口特征。

1.2.4 音响鉴别法

在生产现场，有时也可采用敲击辨音的方法来区分材料。例如，当原材料钢中混入铸铁材料时，由于铸铁的减振性较好，敲击时发出的声音较沉闷，而钢材敲击时则可发出清脆的声音。我们可根据敲击钢铁时听到的不同声音，对其进行初步鉴别，但这种方法有时准确性不高。因此，当多种钢材发生混淆时，敲击辨音初步鉴别之后，常需采用其他方法进行最终鉴别。

1.2.5 其他鉴别方法

若要准确地鉴别材料的种类与牌号，在上述几种现场鉴别方法的基础上，还可采用化学分析、金相检验、硬度试验等实验室分析手段，对材料进行进一步的准确鉴别。

1.3　金属材料的力学性能

1.3.1　金属材料概述

人们将工程上广泛使用的材料，称为工程材料。按材料的化学成分，可将工程材料分为金属材料、非金属材料和复合材料三大类。

金属材料是目前应用最广泛的工程材料，它包括纯金属及其合金。金属材料分为黑色金属与有色金属两大类：黑色金属主要指铁、锰、铬及其合金，其中以铁碳合金（钢、铸铁）的应用最广；有色金属是指除黑色金属以外的所有金属及其合金。

1.3.2　金属材料的力学性能

金属材料的力学性能是指材料克服外加载荷作用，抵抗变形和断裂的能力。材料的力学性能是设计零件及选择材料的重要依据。常用的力学性能指标有：强度、塑性、硬度、冲击韧度、疲劳强度等。

1. 强度

强度是指材料在静载荷作用下，抵抗塑性变形和断裂的能力，其主要指标是屈服强度（σ_s）和抗拉强度（σ_b），单位为 MPa。

屈服强度是拉伸试样产生屈服现象时所对应的应力值，以符号 σ_s 表示。屈服强度是绝大多数零件设计时的选材依据，对于工作中不允许发生塑性变形的机械零件和金属结构，均应当按照屈服强度进行设计计算。

抗拉强度是指材料在被拉断破裂前所能承受的最大应力值，以符号 σ_b 表示，它也是工程设计和选材时的主要依据之一。

2. 塑性

塑性是指材料在静载荷作用下产生永久变形而不发生断裂破坏的能力。常用的塑性指标有伸长率（δ）和断面收缩率（ψ），它们均以百分数表示。伸长率和断面收缩率越大，材料的塑性越好，所制作的零件也就越不容易发生突然脆断。

3. 硬度

硬度是指材料抵抗其他硬物压入其表面的能力，硬度也是衡量材料耐磨性能的重要指标。在生产中硬度通常采用压入法进行测量。根据测试方法的不同，对应有许多种不同的硬度指标，常用的硬度指标有布氏硬度和洛氏硬度两种。

（1）布氏硬度（HB）　布氏硬度测定原理如图 1-5 所示：用一直径为 D 的淬硬钢球（或硬质合金球）作为压头，在一定的载荷 F 的作用下压入被测材料表面，停留一段时间后卸载，用读数显微镜测量试件表面残留凹坑的压痕直径 d 并进行计算，以压痕的单位面积所承受的平均压力作为被测材料的布氏硬度值。布氏硬度试验法常用于测定退火钢、正火钢、调质钢、铸铁、有色金属等毛坯件的硬度;但因压痕较大,不宜测试成品零件或薄片金属的硬度。由于布氏硬度值需要进行计算,布氏硬度试验法的操作稍显复杂。

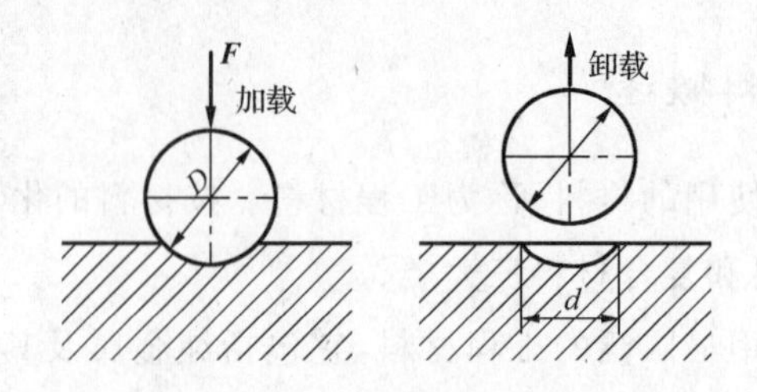

图 1-5 布氏硬度测定原理

(2)洛氏硬度(HR) 洛氏硬度测定原理如图 1-6 所示:用锥顶角为 120°的金刚石圆锥体(或直径为 1/16 英寸的淬硬钢球)作为压头,在规定载荷(初载荷 F_0 与总载荷 F_0+F_1)的作用下分别压入被测工件表面,保压稳定后卸除主载荷 F_1 但保留初载荷 F_0,根据压痕深度的残余增量 e 在洛氏硬度计的刻度盘上直接读出硬度值。根据试验时所用的压头和载荷不同,洛氏硬度有几种硬度指标,常用的洛氏硬度指标有 HRA、HRB、HRC 三种。

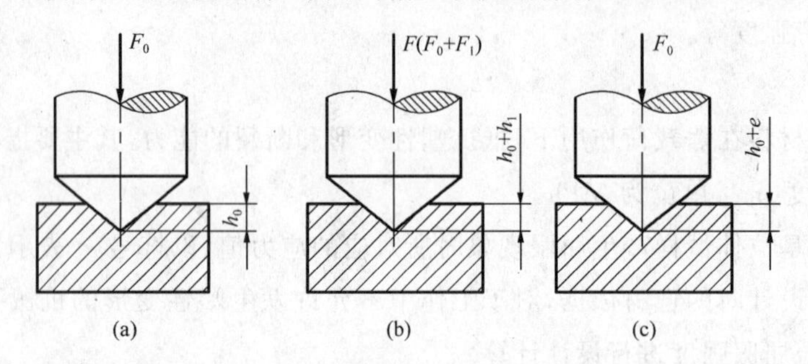

图 1-6 洛氏硬度测定原理

洛氏硬度试验法的操作迅速简便,测试范围较大,压痕较小,可以直接测定成品零件的硬度。但压痕较小容易受到工件材质不均匀的影响,测量的准确度比较差,故须在工件不同部位重复测量三点以上,取其平均值作为工件的洛氏硬度值,且允许该硬度值有一定的波动范围,如 40~45 HRC。

4. 冲击韧度

金属材料受冲击载荷作用,在断裂前吸收变形能量抵抗破坏的能力,称作冲击韧性。冲击韧性的常用指标为冲击韧度。

冲击韧度(α_k)是指材料在冲击载荷作用下抵抗断裂破坏的能力,α_k 的数值常用摆锤式冲击试验机测定,单位为 J/cm²。一般将 α_k 值低的材料称为脆性材料,α_k 值高的材料称为韧性材料。

韧性材料在断裂前有明显的塑性变形,断口呈纤维状,无光泽;脆性材料在断裂前无明显的塑性变形,断口较平整,呈晶状或瓷状,有金属光泽。工作中受冲击载荷作用的零件,如锻锤的锻杆、锻模,内燃机的连杆等,应按冲击韧度值 α_k 进行设计计算。

5. 疲劳强度

曲轴、连杆、齿轮、弹簧等交变载荷作用下工作的机械零件，即使所受应力大大低于材料的强度极限，经较长时间工作后也容易发生断裂，这种断裂称为疲劳破坏。材料承受无数次循环交变载荷作用而不致引起断裂的最大应力，称为疲劳强度。疲劳强度以 α_{-1} 来表示，疲劳强度也是材料重要的强度指标之一。

1.3.3　金属材料的其他性能

金属材料的物理性能、化学性能和工艺性能在机械设计与制造中也都具有重要的意义，同样需要高度重视。

1. 物理性能

金属材料的物理性能包括密度、熔点、热膨胀性、导热性、导电性和磁性等。在制造航空航天机械零件时，主要采用密度较小的轻金属；在制造锅炉管道或加热炉底板等零件时，需要选用熔点较高的金属；用于制造变阻器电阻丝的材料要求其电阻率较大，制造导线和电缆则要求材料的导电性能优良。

2. 化学性能

金属材料的化学性能主要是指其抵抗活泼介质化学侵蚀的能力，包括耐蚀性、耐酸碱性和抗高温腐蚀性等。

耐蚀性是指金属材料在常温下抵抗大气、水、水蒸气等介质侵蚀的能力。为了提高零件表面的耐蚀性，工程上常常采用表面镀层、涂刷油漆、发蓝处理等方法，对零件和金属制品的表面进行保护。有些零件，甚至采用不锈钢制造，以抵抗腐蚀性环境的侵袭。

耐酸碱性指的是金属抵抗酸碱侵蚀的能力。设计制造化工、石油等工程机械设备时，需要选用耐酸钢，以抵抗酸、碱、盐等化学介质的侵蚀。

抗高温腐蚀性是指金属材料在高温下能保持足够强度并能抵抗氧或其他介质侵蚀的能力。锅炉、汽轮机等在高温条件下工作的机械设备，其受热结构及受热零件必须采用耐热钢制造，以适应高温工作环境的需要。

3. 工艺性能

金属材料的工艺性能是指材料在加工过程中能否易于被加工成零件的性质。工艺性能主要有铸造性能、锻造性能、焊接性能、切削加工性能与热处理性能等。材料的工艺性能与材料的化学成分、内部组织及加工条件有关，它们是材料的力学性能、物理性能和化学性能在加工过程中的综合表现。金属材料工艺性能的优劣不仅影响产品的生产率和成本，而且影响产品的质量和使用。

铸造成型的零件，要求所选用金属材料的铸造性能良好，使液态金属能够顺利地充满铸型，得到尺寸准确、轮廓清晰、力学性能合格的铸件，并且能够减少和避免产生应力、变形、裂纹、缩松、气孔、化学成分偏析、内部组织不均匀等缺陷，以提高铸件的使用可靠性。

锻造成型的零件应该选用锻造性能良好的金属材料，即要求材料的塑性好、变形抗力小，可锻温度范围较宽，锻压成型时不易产生裂纹，易于获得高质量的锻件。

焊接件主要应该获得优质的焊接接头。焊接性能良好的金属，其焊接接头强度高，焊缝及焊缝邻近部位不易产生过大的焊接应力而引起变形与裂纹，焊缝中也不易出现气孔、夹渣或其他焊接缺陷。

需要进行表面切削加工的零件，要求材料的切削加工性能良好，即切削时的能耗低、对刀具的磨损小、已加工表面光洁、切屑排除容易、加工面的表面质量高，并且刀具寿命长，切削工效高。

需要进行热处理的零件，要求材料具有良好的热处理性能，即经过热处理之后金属零件必须是内部晶粒细小、组织均匀、性能合格，尽量避免出现过大的热处理应力，防止产生变形与开裂等缺陷。

1.4 钢铁材料的热处理方法

钢铁热处理是将钢铁材料在固态下进行加热、保温和快速冷却，通过改变材料的内部组织，从而获得所需金属性能的一种工艺方法。钢铁热处理最常用的方法有退火、正火、淬火、回火，还有表面淬火、化学热处理（渗碳、渗氮、碳氮共渗）等。

在机械制造中，钢铁热处理是一种非常重要的工艺手段：切削加工之前对毛坯材料进行预备热处理，可以改善工件的切削加工性能，提高切削效率，明显改善加工质量；切削加工之后根据图纸对工件进行最终热处理，可以提高零件的硬度，改善零件的耐磨性，消除内应力，稳定零件的形状和尺寸，使零件达到图纸规定的使用性能指标。所以，钢铁热处理是现代机械制造中改善加工条件、保证产品质量、节约能源、节省材料的一项极为重要的工艺措施。

钢铁热处理常用方法的工艺过程如图 1-7 所示，可以通过控制加热温度、保温时间、冷却速度等工艺参数，来调整热处理后的钢铁材料内部组织结构，改善钢铁材料的切削加工工艺性能。

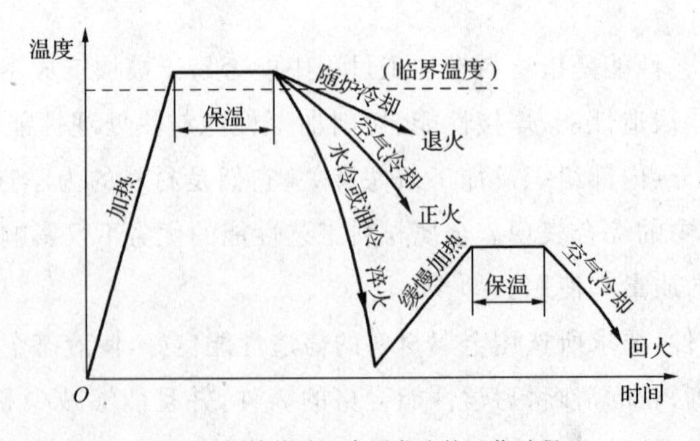

图 1-7 钢铁热处理常用方法的工艺过程

1.4.1　退火与正火

1. 退火

将钢材加热到 800～900 ℃并保温一段时间，然后随炉缓慢冷却至常温的热处理工艺称为退火。退火后的钢件内部晶粒细小，组织均匀，降低了硬度和消除了内应力，改善了切削加工性能，主要适用于含碳量较高的碳钢和各类合金钢工件。

有时专门为了消除内应力防止材料的变形和开裂，可将工件加热到 600～650 ℃，保温一段时间后缓慢冷却至常温，这称为去应力退火(低温退火)。

通常情况下，退火时的冷却速度十分缓慢，所需时间较长，故退火的生产率很低。

2. 正火

正火是将工件加热到 800～900 ℃并保温一段时间，然后从炉中取出，置于干燥静止的空气中冷却至常温的热处理工艺。在实际生产中，材料正火的目的与材料退火相似，但正火时的冷却速度较快，不仅生产率较高，而且正火后钢材的内部晶粒组织更为细腻，硬度更适合于切削加工。所以，正火广泛用于改善钢件切削加工性能的预备热处理。对于普通要求的机械零件，有时也可以将正火作为达到零件最终使用性能的热处理工艺。

1.4.2　淬火与回火

1. 淬火

淬火是将工件加热到 780～880 ℃并保温一段时间，然后投入水中或油中急速冷却的热处理工艺。淬火之后，材料的内部组织发生了变化，工件的硬度和耐磨性提高，但塑性和韧性下降，脆性加大，并产生了较大的内应力，因此淬火之后必须及时进行回火处理，以消除内应力，防止工件的变形与开裂。

淬火时常用的冷却介质为水和矿物油。水是最便宜而且冷却能力很强的一种冷却介质，主要用于一般碳钢零件的淬火。如果在水中加盐，则其冷却能力可以进一步提高，这对于一些大尺寸碳钢件的淬火冷却有益。油的冷却能力比水低，工件在油中淬火时的冷却速度较慢，可以有效地避免出现淬火开裂缺陷，适宜于合金钢零件淬火使用。

2. 回火

将淬火后的工件再次加热，在一定温度下保温一段时间(2～4 h)，然后缓慢冷却至常温称为回火。淬火后的工件必须尽快回火，回火的目的在于减小和消除淬火工件的残余内应力，防止工件的开裂和变形，调整工件的力学性能，使工件达到图纸规定的技术要求。

根据回火时的加热温度不同，回火可分为低温回火、中温回火和高温回火三种。

(1)低温回火　淬火后的工件在 150～250 ℃温度条件下回火，称为低温回火。低温回火可以部分消除淬火应力与脆性，使工件保持淬火后的高硬度与高耐磨性，适用于硬度要求较高、耐磨性较好的刀具、量具、模具等零件。淬火钢低温回火后的硬度可达 58～62 HRC。

(2)中温回火 淬火后的工件在350～500 ℃温度条件下回火,称为中温回火。中温回火可以基本上消除淬火之后的残余应力与脆性,使零件获得较高的强度与较好的韧性,而且弹性良好,主要用于弹簧和各种弹性零件的热处理。淬火钢中温回火后的硬度一般可达35～45 HRC。

(3)高温回火 淬火后的工件在500～650 ℃温度条件下回火,称为高温回火。高温回火可以完全消除淬火应力与脆性,使零件获得良好的综合力学性能。

在生产中,习惯把"淬火+高温回火"的钢铁热处理工艺称为"调质"。"调质"被广泛应用于齿轮、主轴、连杆等重要机械零件切削加工之前的预备热处理。中碳钢调质后的硬度为25～35 HRC。

3. 回火脆性

淬火钢回火时,随着回火温度的提高,通常其强度、硬度降低,塑性、韧性提高。但淬火钢在250～350 ℃内回火时,钢的冲击韧度反而显著降低,这种现象称为出现第一类回火脆性,它是不可逆的,所以钢铁件应该尽量避免在250～350 ℃温度范围内回火。

1.4.3 表面热处理

有些机器零件(如齿轮、链轮、主轴等)要求整体强度和韧性较好、表面硬度与耐磨性较高,这时可采用表面热处理的方法来达到要求。机械制造中广泛应用的表面热处理方法有表面淬火和化学热处理两种。

1. 表面淬火

表面淬火是采用氧气—乙炔气高温火焰加热,或采用感应表面加热方法,将工件表面迅速加热到淬火温度,然后快速冷却的热处理工艺方法。由于表面淬火只对工件的表面进行快速加热和快速冷却,故工件的心部组织和性能并不发生变化。中碳钢和合金调质钢的零件,常采用表面淬火方法获取表面所需的极高硬度与极高耐磨性,其中,火焰加热表面淬火用于单件小批量生产,感应加热表面淬火用于大批量生产。

2. 化学热处理

化学热处理是将工件置于高温活性介质中保温,使一种或几种元素渗入工件表层,以改变工件表层的化学成分,从而改变工件表层的组织和性能的热处理工艺。常用的化学热处理方法有渗碳、渗氮、碳氮共渗(氰化)、渗硼、渗钒等。

金工实训报告(金属材料鉴别与热处理)

本次实训课题的"金工实训报告"见表1-2。学生应争取在车间现场完成本课题的"金工实训报告",实训指导老师尽可能当场批阅评定成绩,必要时可以组织学生展开现场讨论,强化金工实训的效果。

表 1-2　　**金工实训报告：金属材料的现场鉴别与钢铁热处理**

班级________　姓名________　学号________　日期________　成绩________

<table>
<tr><td>实训案例</td><td>案例 1：无标识钢铁材料试样的现场鉴别</td><td colspan="5">案例 2：钢铁热处理硬度的现场测定</td></tr>
<tr><td>实训要求</td><td>车间现有 $\phi 20\times200$ mm 无标识钢铁试样一批，材质牌号可能为 20、45、T10、W18Cr4V、HT200 中的某一种。请你任选之一进行材料现场鉴别操作，判断该钢铁试样的材质牌号。</td><td colspan="5">车间现有 20、45、T10 和 Cr12 四种钢铁材料的试样，请拟定热处理实训方案并完成热处理实训操作，然后现场测定钢铁试样热处理后的硬度，并给出实训结论。</td></tr>
<tr><td rowspan="7">实训方案</td><td rowspan="7">本课题可能采纳的实训方案有：
(1)火花鉴别法；(2)色标鉴别法；(3)断口鉴别法；(4)音响鉴别法；(5)其他鉴别法。
你采纳的是：________
采纳理由是：________</td><td>试样材料</td><td>20 钢</td><td>45 钢</td><td>T10 钢</td><td>Cr12 钢</td></tr>
<tr><td>原始硬度(HRC)</td><td></td><td></td><td></td><td></td></tr>
<tr><td>加热温度(℃)</td><td></td><td></td><td></td><td></td></tr>
<tr><td>淬火介质</td><td></td><td></td><td></td><td></td></tr>
<tr><td>回火温度(℃)</td><td></td><td></td><td></td><td></td></tr>
<tr><td>回火时间</td><td></td><td></td><td></td><td></td></tr>
<tr><td>最终硬度(HRC)</td><td></td><td></td><td></td><td></td></tr>
<tr><td>实训操作过程记录</td><td></td><td colspan="5">(1)取试样，做标识，测定原始硬度并记录；
(2)将试样放入热处理炉内加热，按照“实训方案”预定的加热温度进行操作；
(3)取出试样，迅速投入淬火介质中急冷；
(4)将试样放入回火炉内，保温回火；
(5)按标识记录回火温度和回火时间；
(6)用砂纸砂光试样，在洛氏硬度计上测定试样热处理后的硬度，并给出实训结论。</td></tr>
<tr><td>实训结论</td><td>该试样材质是：________
判断理由是：________</td><td colspan="5">(1)在上述四种试样中，热处理后硬度最高的材料是________，热处理后硬度最低的材料是________。
(2)淬火后必须进行回火吗？为什么？</td></tr>
</table>

【实训复习思考题】

一、填空题

1.金属材料的现场鉴别方法有多种，可根据金属材料的________、________、硬度、________等特性来进行判断。

2.钢铁材料的现场鉴别方法也有很多种，其中最简单易行的方法是________鉴别法和________鉴别法。

3.生产中最常用的热处理方法有________、________、________、________，还有表面淬火、化学热处理（渗碳、渗氮、碳氮共渗）等。

4.表面热处理方法主要有________淬火和________热处理两种。

5.淬火钢在________℃范围内回火时，将产生第一类回火脆性，它是不可逆的。

6.金属材料的力学性能是指材料克服________作用，抵抗________和________的能力。

7.硬度是指材料抵抗其他硬物压入其表面的能力，常用的硬度指标有________硬度和________硬度两种。

8.材料常用的力学性能指标有：________、________、________、冲击韧度、疲劳强度等。

二、讨论题

1.淬火之后为什么一定要进行回火处理？回火温度高低与最终力学性能有什么关系？

2.下列零件需要选用什么材料制造？

车刀刀杆、立铣刀、铁钉、弹簧、手锤、丝杠、液化气瓶、缝纫机架、手用锯条。

3.零件在使用过程中发生下列现象，是哪一项力学性能指标不符合要求？

①零件在使用过程中发生过大塑性变形而不能继续保持正常运行；

②某种转轴零件的轴颈部位磨损速率极快；

③某种杆状零件使用时发生突然断裂的现象；

4.试比较淬火、回火、退火、正火有什么区别？各用在什么场合？

5.什么叫调质？中碳钢零件经过调质处理之后，其力学性能有什么特点？

6.什么叫表面热处理？表面热处理能否改变工件心部材料的力学性能？

7.下列工件需要进行何种热处理？

①中碳钢零件在粗车之前，为了改善工件的切削性能；

②为了使锉刀达到最终使用性能的高硬度和高耐磨性；

③为了达到螺旋弹簧使用过程中所需的良好弹性；

④汽车变速箱的齿轮，表面需要具有高硬度高耐磨性，心部需要具有良好的韧性。

实训专题 2

铸造成型

【实训目的及要求】

◆ 了解铸造成型的生产过程和工艺特点，了解型砂、芯砂应具备的主要性能。

◆ 熟悉分型面的选择方法，掌握手工造型(造型、造芯)的操作技能，了解常见铸件缺陷的产生原因及其控制方法。

◆ 了解压力铸造、离心铸造、熔模铸造、金属型铸造的特点和应用范围。

【实训安全事项】

◆ 造型工具不能随处乱放，造型时不可用嘴吹型砂和芯砂。

◆ 砂箱要放置稳固，搬动砂箱时要注意扶稳轻放，防止被压伤。

◆ 浇注前必须预热彻底烘干浇包、挡渣钩等工具，决不可附有锈蚀或沾有水分；浇注时与操作无关的人员应远离浇包，避免被烫伤；浇注后应全面检查，清理场地并熄灭火源。

◆ 开箱取铸件时应注意是否完全冷却，清理铸件时要防止砂粒和碎屑飞出伤人。

【实训典型案例】

典型案例 1：轴承盖零件的手工造型

现场发给学生每人一个与示范件不同的模样(轴承盖、轴承座、手柄等)，仿照实训老师的示范，学生按要求制作出合格的砂型。学生制作完成一个砂型后，可互相交换模样进行反复练习操作。学生操作熟练后，现场完成“金工实训报告”，交实训指导老师评分。

典型案例 2：合金熔炼与浇注铸件

学生每二人一组分为造型组、炉前组、抬包组、浇注组、放压铁组。每人穿戴好必备的劳保防护用品，在实训指导老师的指导下开炉熔炼合金，然后对已经制作好的砂型进行浇注。待铸件完全冷却后清理铸件，观察铸造成型的实训效果，现场完成“金工实训报告”。

2.1 概 述

铸造是指熔炼金属、制造铸型、将熔融金属浇入铸型、冷却凝固后获得一定形状和性能铸件的毛坯成型方法。用铸造方法所得到的金属毛坯件称为铸件。在机器设备中,铸件所占比重较大,例如,机床、内燃机等机械中,铸件的重量占机器总重量的75%以上。

铸造的优点是可以铸出各种规格及复杂形状的铸件,特别是可以铸出内部形状复杂的零件,且铸造的生产成本低,原材料来源广,所以铸造是机械制造中获取零件毛坯的主要方法之一。

铸造的种类很多,主要有砂型铸造、金属型铸造、压力铸造、离心铸造以及熔模铸造等,其中以砂型铸造应用较为广泛。砂型铸造的典型工艺过程包括:制造模样和芯盒、制备型砂和芯砂、造型制芯、合箱、浇注、落砂清理及检验。图2-1是套筒类零件的砂型铸造工艺过程。

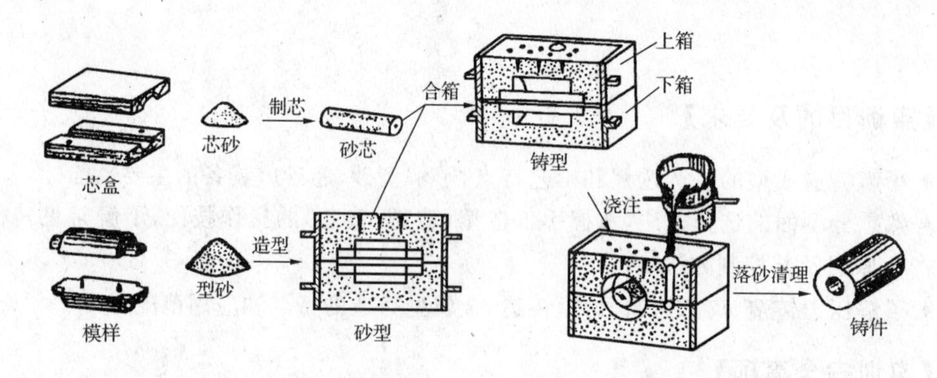

图2-1 套筒类零件的砂型铸造工艺过程

2.2 砂型铸造工艺

2.2.1 型砂的制备

型砂和芯砂是砂型铸造的主要造型材料,型砂用于造型,芯砂用于制芯,它们都是由原砂(山砂或河砂)、黏土、水按一定比例混合而成。有时型砂和芯砂中还可加入少量煤粉、植物油、木屑等附加物,以提高型砂和芯砂的性能。

型砂应具备良好的透气性、足够的强度、较高的耐火性、必要的退让性和可塑性。如果型砂的质量差,将会使铸件产生气孔、砂眼、黏砂、夹砂等缺陷。例如,透气性不好的型砂会使铸件产生气孔、浇不足等缺陷;强度不足的型砂易在造型、搬运、合箱、浇注过程中因垮塌破坏铸型表面,造成夹砂缺陷;耐火性不好的型砂在高温高热作用下易产生熔化导致黏砂;退让性不好的型砂,铸件易产生内应力导致工件变形或开裂。

2.2.2 制造模样和芯盒

为了保证铸件的质量,在制造模样和芯盒时,必须先设计出铸造工艺图,然后根据铸造工艺图上工件的形状和大小,制造模样和芯盒。在设计铸造工艺图时,要充分考虑分型面的选择、拔模斜度、加工余量、收缩量、铸造圆角等问题,采用砂芯时还必须在模样上制出相应的芯头。图 2-2 是压盖零件的铸造工艺图及模样图，从图 2-2 中可以看出，模样的形状与铸造零件图往往是不完全相同的。

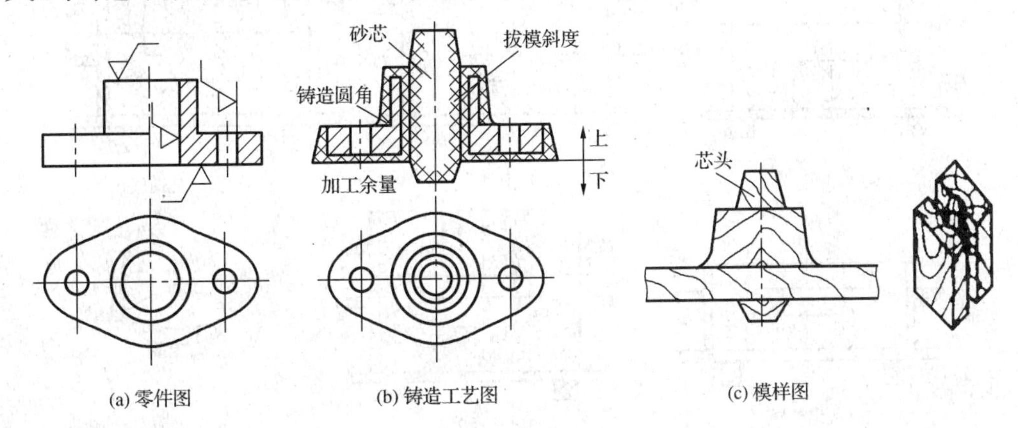

图 2-2 压盖零件的铸造工艺图及模样图

根据铸件的生产数量不同，制造模样和芯盒的常用材料也有不同：在单件、小批量生产时可采用木模以求节约成本，在大批量生产时可采用金属模或塑料模以求铸件质量稳定。金属模的使用寿命长达 10～30 万次，塑料模的使用寿命可达几万次，而木模的使用寿命仅 1000 次左右。

2.2.3 手工造型

手工造型的操作比较灵活，使用图 2-3 所示的手工造型常用工具，即可进行整模两箱造型、分模两箱造型、挖砂造型、活块造型、刮板造型、三箱造型等多种操作。

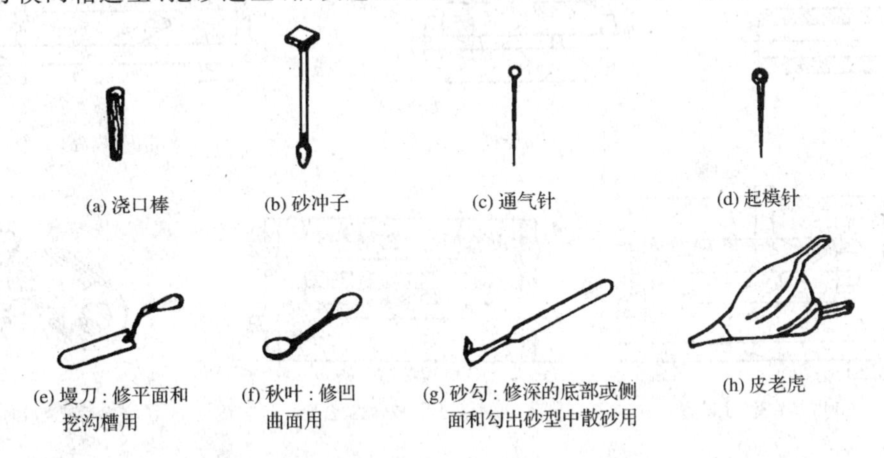

图 2-3 手工造型常用工具

当铸件的最大截面在零件端部时，可选用最大截面作为分型面，将模样做成整体，采用整模两箱造型。齿轮坯零件的整模两箱造型过程如图 2-4 所示，由于型腔位于同一个砂箱内，可以有效避免错箱等缺陷，所得铸件的形状精度和尺寸精度较高，模样制备和造型过程都比较简单，多用于最大截面位于端部、形状比较简单的铸件生产。

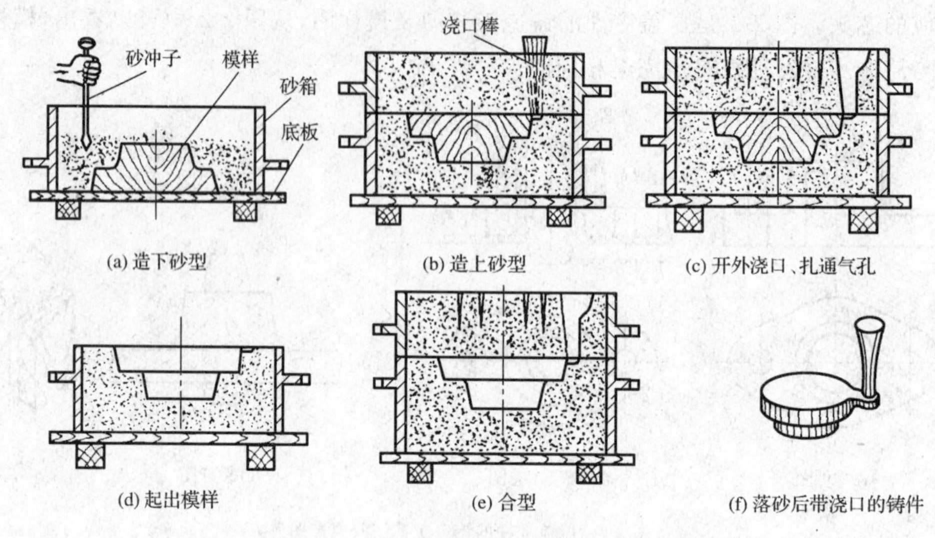

(a) 造下砂型　(b) 造上砂型　(c) 开外浇口、扎通气孔

(d) 起出模样　(e) 合型　(f) 落砂后带浇口的铸件

图 2-4　齿轮坯零件的整模两箱造型过程

当铸件不适宜采用整模两箱造型时，通常可以选取工件的最大截面作为分型面，把模样分成两半，采用分模两箱造型；也可以将模样分成几部分，采用分模多箱造型。套筒类零件的分模两箱造型过程如图 2-5 所示。分模两箱造型的方法比较简单，应用较广。但分模两箱造型时，若砂箱定位不准或砂箱夹持不牢，浇注时很容易产生错箱，影响铸件的形状精度；铸件沿分型面可能产生披缝，影响铸件的表面质量；此外，分模两箱造型的铸件清理工作也比较费时。

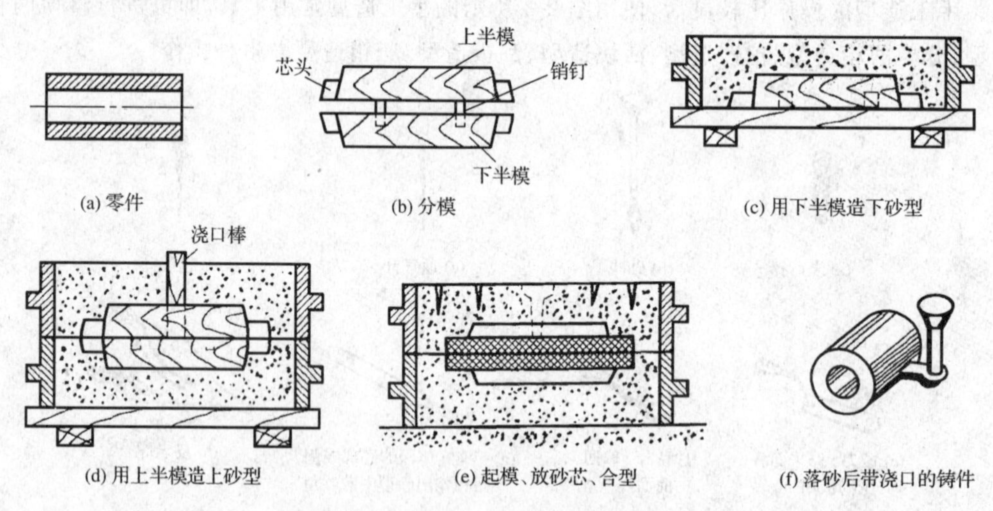

(a) 零件　(b) 分模　(c) 用下半模造下砂型

(d) 用上半模造上砂型　(e) 起模、放砂芯、合型　(f) 落砂后带浇口的铸件

图 2-5　套筒类零件的分模两箱造型过程

当铸件的最大截面不在端部，且模样又不便分成两半时，可采用挖砂造型方法。图 2-6即为手轮零件的挖砂造型过程：如图 2-6(c)所示，当造好下砂型反转 180°之后，局部浮砂埋住了模样，需要将下砂型中埋住模样阻碍起模的浮砂挖掉，以方便起模。由于需要沿最大截面准确挖出分型面，所以挖砂造型的操作过程比较麻烦，对工人的操作技术水平要求较高，故挖砂造型方法只适用于单件或小批量生产。

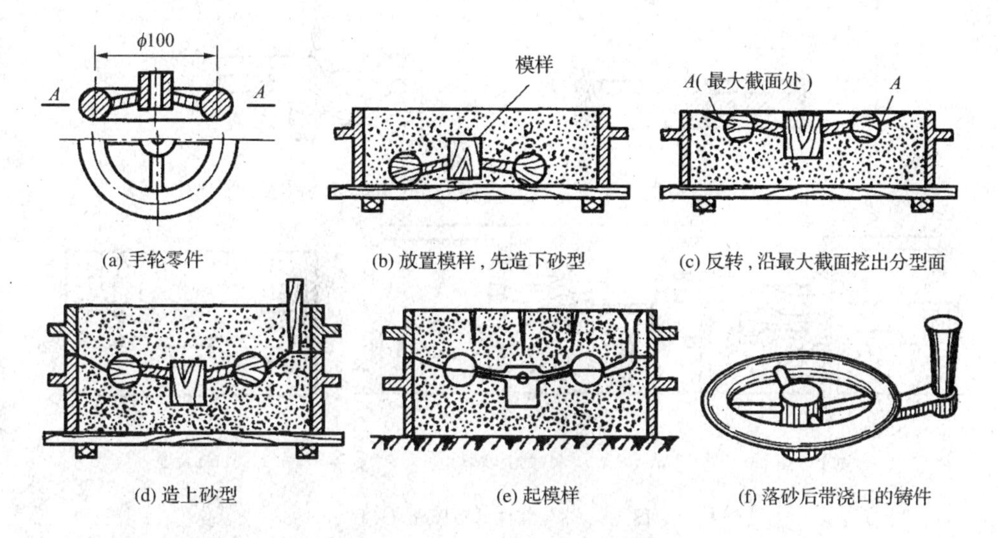

图 2-6 手轮零件的挖砂造型过程

当铸件的侧面有局部凸块阻碍起模时，可将此局部凸块做成与模样主体分离的活动模块，起模时先把模样主体起出，再设法取出活动模块，这种造型方法称为活块造型。图 2-7所示为活块造型过程。活块造型主要用于侧面带有突出部位结构铸件的单件生产或小批量生产。

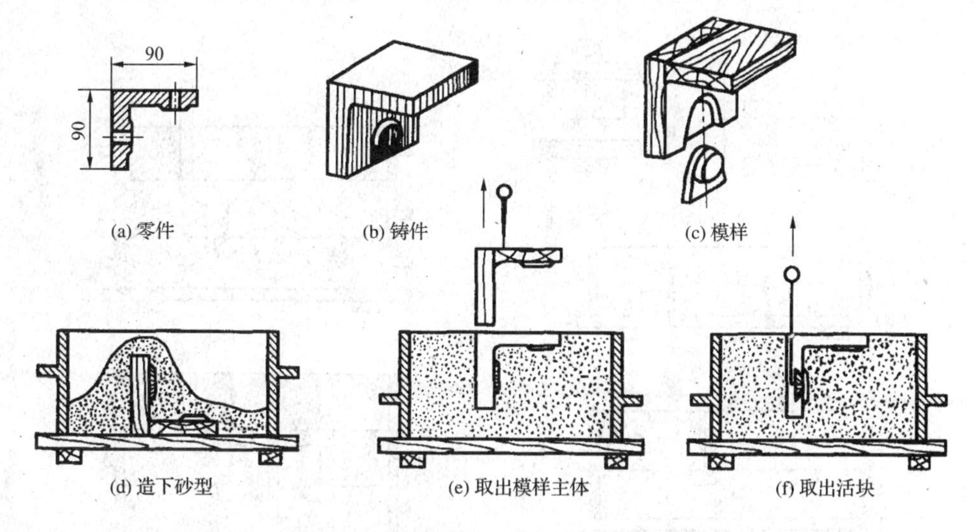

图 2-7 侧面有局部凸块零件的活块造型过程

当生产大型回转体铸件时，为了节约生产成本，有时可以采用刮板造型方法。刮板造型不必制作模样，而是采用与铸件轴截面形状相适应的刮板来替代模样进行造型，其操作方法如图 2-8 所示，造型时刮板绕固定轴回转，分别将上型与下型的型腔逐步刮出，然后合箱成型。刮板造型方法可以节省制作模样的大量工时及材料，但造型时的操作比较复杂，对工人的技术要求高，生产率低，多用于直径较大的飞轮、圆环等铸件的单件小批量生产。

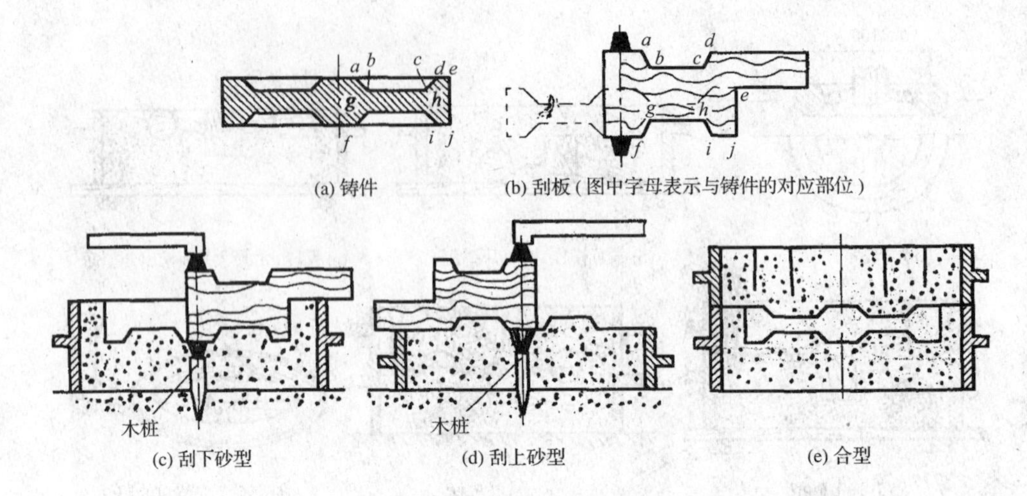

(a) 铸件 (b) 刮板（图中字母表示与铸件的对应部位）

(c) 刮下砂型 (d) 刮上砂型 (e) 合型

图 2-8 带轮零件的刮板造型过程

当铸件两端的截面尺寸大于中间的截面尺寸时，需要采用三个砂箱造型，由两个方向分别起模。这种使用三个砂箱制造铸型的工艺过程，称为三箱造型。三箱造型的特点：模样必须是分开的，中型的上面、下面都是分型面，且中箱的高度应与中型的模样高度相近，以便由中型内起出模样。如图 2-9 所示，即为槽轮零件的三箱造型过程。三箱造型的操作比较复杂，生产率比较低，很容易产生错箱的缺陷，只适用于单件小批量生产。

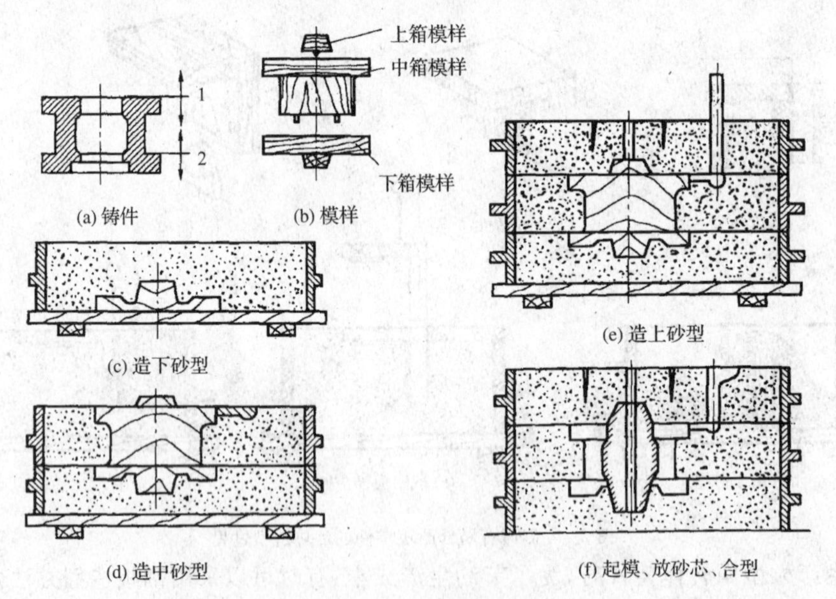

(a) 铸件 (b) 模样

(c) 造下砂型

(d) 造中砂型

(e) 造上砂型

(f) 起模、放砂芯、合型

图 2-9 槽轮零件的三箱造型过程

2.2.4 制作型芯

型芯是用芯盒制造而成的，制芯的工艺过程与造型过程相似，如图 2-10 所示。型芯的作用是将其预埋于砂型内，以求获得所需的铸件内部空腔。由于浇注时型芯受高温液态金属的冲击和包围，因此除要求型芯具有铸件内腔相应的形状外，还必须具有较好的透气性、耐火性、退让性、强度等性能，故应当选用杂质极少的石英砂和采用植物油、水玻璃等黏结剂来配制芯砂，并应当在型芯内放入金属芯骨和扎出通气孔，以提高型芯的强度和透气性。需要特别注意的是：制作好的型芯在使用前必须彻底烘干，以防止型芯内的残留水汽在浇注时产生猛烈蒸发，引起液态金属爆炸事故。

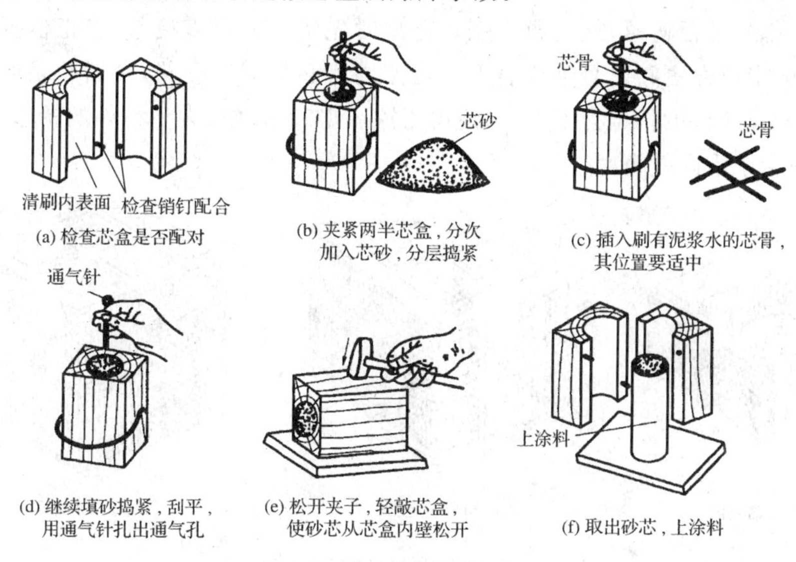

图 2-10 开式芯盒的制芯过程

2.2.5 浇注系统

引导液态金属进入型腔的通道，称为浇注系统。如图 2-11 所示，典型的浇注系统由冒口、外浇口、直浇道、横浇道和内浇口组成。冒口的作用是排气、浮渣和补缩，它是为了保证铸件质量而增设的；对于厚薄相差较大的铸件，通常都要在材料较厚实部位的上方适当开设冒口，排渣补缩。外浇口的作用是减轻金属液流对型腔的冲击，使液态金属平稳地注入直浇道；外浇口的形状多为凹池形。直浇道是一个倒圆锥形的垂直通道，其作用是使液态金属产生一定的静压力，并引导液态金属迅速充填型腔。横浇道是断面为梯形的水平通道，位于内浇口的上方与内浇口相连，其作用是挡渣及分配进入内浇口的金属液，比较简单的小铸件有时可以省去横浇道。内浇口是和型腔相连接的金属液通道，其作用是控制金属液流入型腔时的方向和速度。内浇口开设的位置和方向对铸件的质量影响很大，它一般不应开在铸件的重要部位，以免造成内浇口附近的金属冷却变慢、晶粒组织变粗大、力学性能变差。

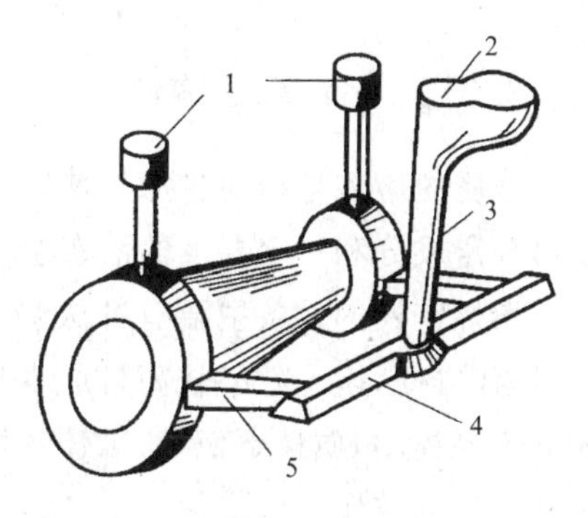

图 2-11 浇注系统
1—冒口；2—外浇口；3—直浇道；4—横浇道；5—内浇口

2.2.6 合型

将制作好的砂型和砂芯按铸造工艺图的要求装配成铸型的过程，称为组合铸型，简称“合型”。合型前要检查型腔内和砂芯表面的浮砂与脏物是否清除干净，检查各出气孔道、浇注系统各部分是否畅通，然后再合型。合型时先将上型垂直抬起，找正位置后垂直下落，按原有的定位方法和记号准确合型。合型之后必须紧固砂箱，紧固砂箱的方法如图2-12所示，小型铸件的抬型力不大，可使用压铁压牢砂箱；中、大型铸件的抬型力较大，可使用螺栓或卡子紧固砂箱。

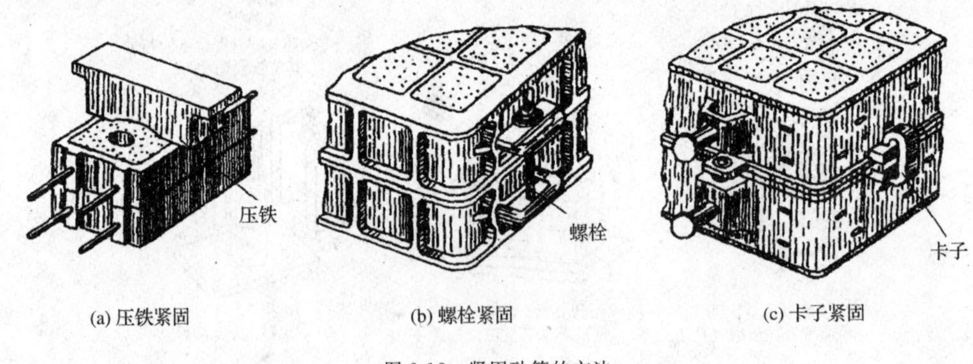

图 2-12 紧固砂箱的方法

2.3 金属的熔炼、浇注与铸件的落砂、清理

2.3.1 金属的熔炼

金属的熔炼是指通过加热使固态金属熔融转变为液态金属的过程。熔炼的目的是要获得预定成分和一定温度的液态金属，并尽量减少液态金属中的气体和夹杂物。

熔炼铸铁的设备主要有冲天炉、反射炉、电弧炉和工频炉等。由于冲天炉的结构简单、操作方便，熔炼效率较高且成本较低，故在生产中应用较广。但冲天炉熔炼的铸铁液成分不易控制，质量不稳定，工作环境较差。随着电力工业的发展，电弧炉熔炼已经得到越来越多的应用。

熔炼铸钢的设备主要有电弧炉、感应电炉、转炉等。在一般的铸钢车间里常用的熔炼设备是三相电弧炉和感应电炉。

铸造有色合金(如铸铝、铸铜)时，由于有色合金的熔点较低，容易吸气和氧化，因此常采用坩埚熔炼。

2.3.2 金属的浇注

借助于浇包将液态金属注入铸型的操作，称为浇注。浇注过程对铸件的质量影响很大，若浇注操作不当会引起浇不足、冷隔、气孔、缩孔、夹渣等铸造缺陷，所以浇注前应做好充分准备，浇注时应控制好浇注温度与浇注速度。

1. 浇注温度

浇注时金属液的温度要合适，如果浇注温度偏低，金属液的流动性差，容易产生浇不足、冷隔、气孔等缺陷；如果浇注温度过高，铸件的收缩率加大，容易产生缩孔、裂纹、晶粒粗大、黏砂等缺陷。合适的浇注温度应根据铸造合金的种类、铸件的大小及形状等确定。铸铁件的浇注温度一般为 1250～1350 ℃，对于形状复杂的薄壁铸铁件浇注温度为 1400 ℃左右。

2. 浇注速度

浇注时的速度也应适中，如果浇注速度太慢，会使液态金属降温过多，金属液的流动性变差，引起浇不足、冷隔等缺陷；如果浇注速度太快，金属液对铸型的冲刷力加大，容易冲垮铸型产生夹渣，还容易使型腔内的密闭气体来不及逸出而产生气孔，所以浇注速度应按铸件的形状及大小来确定。

3. 浇注时的注意事项

浇注时应注意如下事项：

(1)浇注前应清理生产现场，了解铸型情况，估计好金属液的重量，金属液不够时不应浇注；

(2)事先尽量除去浇包内浮在金属液表面的熔渣，以利于浇注时扒渣或挡渣；

(3)开始时应细流浇铸，防止飞溅；结束时也应细流浇铸，防止金属液溢出，并可减少抬箱力；

(4)应及时引燃从铸型的冒口和出气孔中排出的气体，防止 CO 等有害气体污染空气；

(5)浇注过程中不能出现断流，应使外浇口始终保持充满液态金属，以利于熔渣上浮；

(6)铸件凝固后应及时卸去压铁和砂箱紧固装置，以防铸件受到过大的铸造应力产生裂纹。

2.3.3　铸件的落砂、清理

1. 铸件的落砂

将铸件与型砂、砂箱分开的操作，称为落砂。落砂的方法有手工落砂和机械落砂两种。浇注的铸件在砂型中应冷却到一定温度后才能落砂。落砂过早，铸件易产生硬皮，难以切削加工，还会产生铸造应力、变形或开裂等缺陷；落砂过晚，铸件固态收缩受阻，也会产生铸造应力，出现变形或开裂，还会使铸件晶粒变粗大，而且占用生产场地及影响砂箱的回用。落砂之后，铸件上还有表面黏砂、型砂、多余金属等需要清除。

2. 铸件的清理

落砂后从铸件表面上清除黏砂、型砂、多余金属(包括浇冒口、飞边、氧化皮)等的过程，称为铸件的清理。铸件清理是检查和发现铸件缺陷的有效途径之一。除手工操作清理铸件外，还常用清砂滚筒、抛丸机等机械设备，以及水力清砂、化学清砂等方法来清理铸件。

2.4 铸件的检验及常见缺陷分析

铸件清理后，需要对其质量进行检验。常见的铸造缺陷主要有：(1)孔眼类缺陷：气孔、缩孔、缩松、渣眼、砂眼、铁豆等；(2)裂纹类缺陷：热裂纹、冷裂纹等；(3)表面缺陷：黏砂、结疤、夹砂、冷隔等；(4)铸件形状、尺寸和重量不合格：错箱、偏心、浇不足等；(5)铸件成分、组织及性能不合格：白口(过硬)等。

表 2-1 为几种常见铸造缺陷的特征及产生原因分析。在铸造生产过程中影响铸件质量的因素很多，常常是一种铸造缺陷可能由多种因素造成，或者是一种因素可能引起多种铸造缺陷。进行铸造缺陷分析时，必须从生产实际出发，根据具体条件，找出产生缺陷的最主要原因，采取相应措施，才能有效地防止和消除铸造缺陷。

表 2-1 几种常见铸造缺陷的特征及产生原因分析

名称	特征	图例	主要原因分析
气孔	铸件内部和表面的孔洞。孔洞内壁光滑，多呈圆形或梨形		①舂砂太紧或型砂透气性太差 ②型砂含水过多或起模时刷水过多，型芯未干 ③熔炼工艺不合理、金属液吸收了较多的气体 ④浇注系统不合理，使排气不畅通或产生涡流卷入气体
缩孔	铸件厚大部位出现的形状不规则的内壁粗糙的孔形		①铸件结构设计不合理，壁厚不均匀，局部过厚 ②浇、冒口位置不对，冒口尺寸太小 ③浇注温度过高或合金成分不对，收缩过大
砂眼	铸件表面或内部出现的有型砂充填的形状不规则的凹坑		①型(芯)砂强度不够，紧实度不足，合箱时松落或被液态金属冲垮 ②型腔或浇口内散砂未吹净 ③铸件结构不合理，无圆角或圆角过小
裂纹	在夹角处或厚薄交接处的表面或内层产生裂纹，热裂纹表面氧化，冷裂纹的表面不氧化或仅有轻微氧化	裂纹	①铸件结构不合理，厚薄不均匀，冷缩不一 ②浇口位置开设不当 ③铸件结构不合理，壁太薄 ④合金流动性差
冷隔	铸件表面有未完全熔合的缝隙，其交接边缘圆滑		①浇注温度和速度低 ②内浇道位置不当或尺寸过小 ③铸件结构不合理、壁太薄 ④合金流动性差

续表

名称	特征	图例	主要原因分析
黏砂	铸件表面粗糙，黏有烧结砂粒		①浇注温度过高 ②型(芯)砂耐火性差 ③砂型、型芯表面未刷涂料或涂料太薄
错箱	铸件在分型面处有错移		①合箱时上、下砂箱未对准 ②模样上、下半模有错移
偏芯	铸件上孔偏斜或轴心线偏移		①型芯放置偏斜或变形 ②浇口位置不当、液态金属冲歪了型芯 ③型芯座尺寸不对
浇不足	铸件未浇满		①铸件壁太薄、铸型散热太快 ②内浇道尺寸过小，排气不畅 ③浇注温度太低 ④浇注速度太慢或金属液量不够

2.5 特种铸造简介

特种铸造是指除砂型铸造以外的其他铸造方法，如：压力铸造、离心铸造、熔模铸造和金属型铸造等。这些铸造方法各有其优越之处，但在应用上也各有其局限性。

2.5.1 压力铸造

压力铸造简称压铸，是在高压作用下将液态金属以较高速度射压进入高精度的型腔内，在保压状态下快速凝固，以获得优质铸件的高精度、高效率的铸造方法。压力铸造的基本特点是高压(5～150 MPa)和高速(5～100 m/s)。

压力铸造的基本设备是压铸机。压铸机可分为热室压铸机和冷室压铸机两大类，冷室压铸机又可分为立式和卧式，它们的工作原理基本相似。冷室压铸机利用高压油驱动，合型力大，充型速度快，生产率高，应用比较广泛。

压力铸造时使用的模具称为压铸模，它主要由动模和定模两大部分组成。定模固定在压铸机的定模座板上，由浇道将压铸机压室与型腔连通；动模随压铸机的动模座板移动，完成开合型动作。压铸模的总体结构如图2-13所示，完整的压铸模包括模体部分、导向装置、抽芯机构、顶出机构、浇注系统、排气和冷却系统等部分。

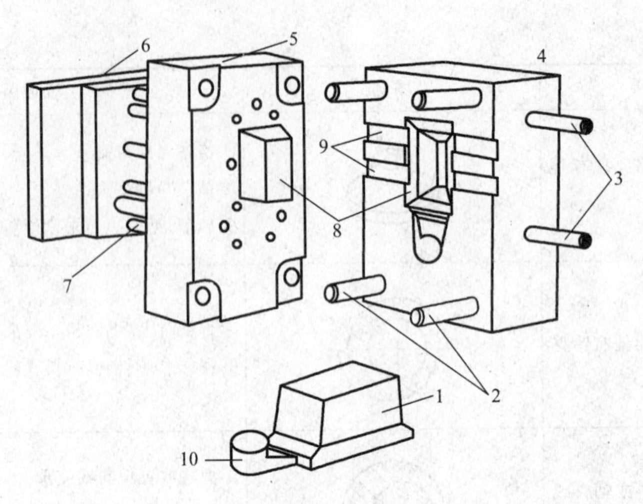

图 2-13 压铸模总体结构

1—铸件；2—导柱；3—冷却水管；4—定型；5—动型；6—顶杆板；7—顶杆；8—模体；9—排气槽；10—浇注系统

卧式冷室压铸机的压铸过程如图 2-14 所示，合型后，将液态金属 3 浇入压室 2，压射冲头 1 向前快速推进，迅速将液态金属 3 经浇道 7 压入型腔 6，保压冷却凝固。开型时，借助压射冲头 1 前伸的动作（因为此时液压系统尚未卸压）使余料 8 离开压室 2，然后连同铸件一道被取出，完成压铸循环。

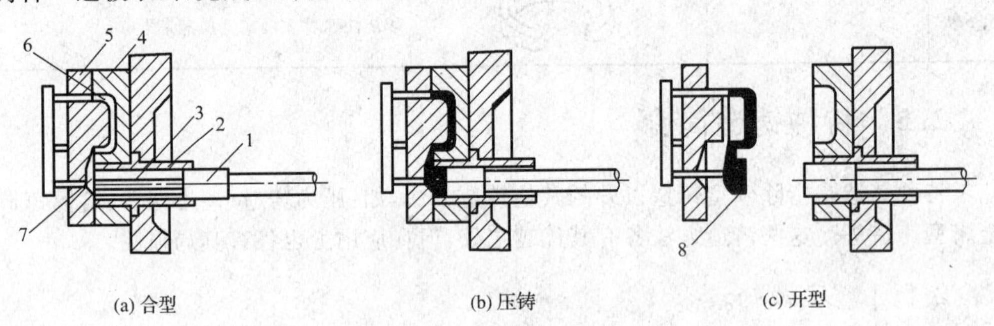

图 2-14 卧式冷室压铸机压铸过程

1—压射冲头；2—压室；3—液态金属；4—定模；5—动模；6—型腔；7—浇道；8—余料

压铸是目前铸造生产中最先进的工艺之一，它的主要特点是生产率高，平均每小时可压铸 50～500 次，可进行半自动化或自动化的连续生产；产品质量好，尺寸精度高于金属型铸造，所得铸件强度比砂型铸造高 20％～40 ％ 。但压铸设备的投资大，压铸模制造复杂、周期长、费用高，只适宜于大批量生产，常用于压铸复杂重要的铝、镁、锌合金零件。

2.5.2 离心铸造

离心铸造是将液态金属浇入高速旋转（250～1500 r/min）的铸型中，使其在离心力作用下填充铸型和凝固而获得所需铸件的方法。离心铸造在离心铸造机上进行，铸型采用金属型或砂型，它既可绕垂直轴旋转，也可绕水平轴旋转，如图 2-15 所示。离心铸造时，液态金属在离心力作用下结晶凝固，可获得无缩孔、气孔、夹杂的铸件，且组织致密，力学性能好。此外，离心铸造不需要浇注系统，减少了金属的消耗量。但离心铸造所得到的筒形铸件内孔尺寸不准确，内孔表面上有较多的气孔、夹杂，因此需要适当加大内孔的加工余量。离心铸造目前主要用于生产空心回转体零件，如：铸铁管、汽缸套、铜套、双金属滑动轴承等。

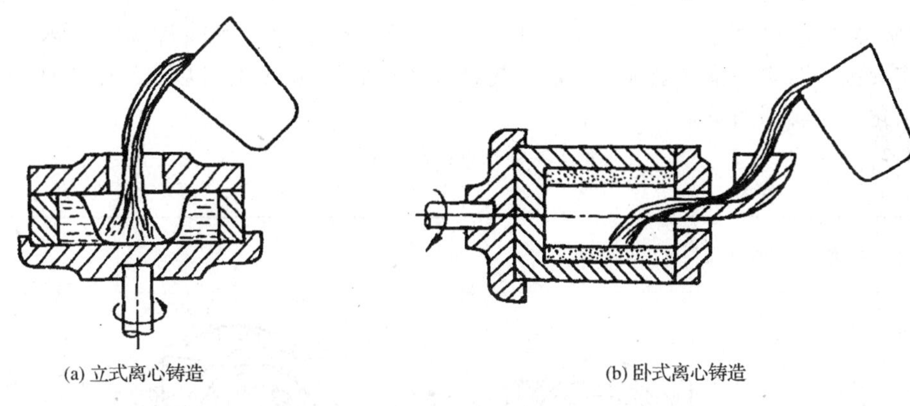

图 2-15　离心铸造

2.5.3　熔模铸造

熔模铸造又称失蜡铸造，属于精密铸造的一种。熔模铸造时，一般先制造蜡模，再将蜡模修整，然后焊在蜡制的浇注系统上，得到蜡模组；把蜡模组浸入用水玻璃和石英粉配制的涂料中，取出硬化结壳；多次重复操作，结壳逐层加厚硬化，获得型壳；在沸水中煮化蜡模，使蜡液流出型壳，便可得到无分型面的铸型型腔。为了排除型壳中的残余挥发物，提高型壳的强度，还需将型壳放在 850～950 ℃的炉内焙烧；再将焙烧好的型壳置于铁砂箱中，周围填充干砂制成砂箱，然后进行浇注即可。

熔模铸造可以生产形状十分复杂的小型铸件，所得铸件的尺寸精度高，表面光洁平整，一次浇注可以获得多件产品；但熔模铸造的工艺过程复杂，生产周期很长，成本较高，且不能生产大型铸件。因此，熔模铸造主要用于制造熔点高、形状复杂、难切削加工的小型碳钢铸件和小型合金钢铸件，如汽轮机叶片、复杂刀具等。

2.5.4　金属型铸造

把液态金属浇入金属制成的铸型内以获得铸件的方法，称为金属型铸造。金属型常用铸铁或碳钢制成。根据分型面的特点不同，金属型可有不同形式，目前广泛使用的是垂直分型式。

金属型浇注前，应在型腔表面涂刷一层脱模涂料，以保护铸型型腔，并可提高铸件的表面质量。金属型应预热并保持一定的工作温度，因为铸型温度太低将使液态金属冷却过快，容易产生浇不足、冷隔、裂纹等缺陷；铸型温度也不可太高，否则会使晶粒粗大，影响铸件的力学性能。

金属型可以多次浇注重复使用，节约了大量型砂和造型工时，提高了劳动生产率；所得铸件的尺寸准确，表面质量好，铸件的力学性能高。但金属型的制造成本较高，而且如果铸铁件冷却速度过快很容易产生白口现象，因此金属型主要用于形状简单的非铁金属及其合金铸件的批量生产。

金工实训报告（铸造成型）

本次实训课题的“金工实训报告”见表 2-2。学生应争取在车间现场完成本课题的“金工实训报告”,实训指导老师尽可能当场批阅评定成绩,必要时可以组织学生展开现场讨论,强化金工实训的效果。

表 2-2　　　　金工实训报告：铸造成型

班级________　姓名________　学号________　日期________　成绩________

实训案例	轴承盖零件的手工造型及浇注操作	
零件图纸	R60 150 60 轴承盖零件	
实训方案	（画出铸造工艺简图,指出分型面,标出各部分名称）	（画出浇注系统简图） 工件材料：________ 熔炼设备：________ 浇注温度：________
实训操作过程记录	（写出所使用的造型工具及操作方法）	

【实训复习思考题】

一、填空题

1.木模砂箱造型时，通常可以选取工件的________作为分型面。

2.铸造成型的优点是可以铸出各种规格及________的铸件，特别是可以铸出________的铸件。

3.铸造成型的种类很多，主要有________铸造、________铸造、________铸造、________铸造以及________铸造等，其中以砂型铸造应用最广泛。

4.砂型铸造的造型材料主要有型砂和芯砂两种，型砂用于________，芯砂用于________，它们都是由原砂(山砂或河砂)、黏土、水按一定比例混合而成。

5.通常型砂应具备良好的________、足够的________、较高的________、必要的________和________。

6.制作好的型芯在使用前必须________ ，以防止型芯内的残留水汽在浇注时产生猛烈蒸发，引起液态金属爆炸事故。

7.若浇注操作不当会引起________、________、________、________、________等铸造缺陷，所以浇注时应当控制好浇注温度与浇注速度。

8.冒口的作用是________、________和________，用来保证铸件的质量。

9.铸铁熔炼设备主要有________炉、________炉、________炉和________炉等。

10.生产大型回转体铸件时为了节约生产成本，可以采用________造型方法。

二、讨论题

1.造型的基本方法有哪几种？各种造型方法的特点及其应用范围如何？

2.试述砂型铸造的工艺过程，并说明铸造生产有哪些优缺点。

3.什么叫作分型面？造型选择分型面时应当注意什么问题？

4.型砂主要由哪些原料组成？它应具备哪些性能？

5.型砂制备时，在型(芯)砂中加入少量煤粉和木屑的作用是什么？

6.常见的铸造缺陷主要有哪几种？它们的特征及产生原因是什么？

7.零件图的形状、尺寸与铸件模样的形状、尺寸是否完全一样？为什么？

8.什么是压力铸造？压铸模的结构由哪几部分组成？

9.浇注系统由哪些部分组成？开设内浇道时要注意什么问题？

10.液态金属浇注时，应采取哪些措施防止铸件产生气孔？

实训专题 3

锻压成型

【实训目的及要求】

◆ 了解锻造成型与板料冲压成型的工艺特点和应用范围，掌握金属可塑性的概念。

◆ 了解坯料加热的目的、方法、常见缺陷及其产生原因，熟悉自由锻的基本工序，学习用自由锻方法锻造简单的锻件。

◆ 熟悉冲压的基本工序及简单冲模结构，了解冲压缺陷及其产生原因，能够完成简单零件的冲压加工。

【实训安全事项】

◆ 必须在熟悉锻造设备和冲压设备的结构、性能、安全操作规程之后，才可以独立操作。

◆ 操作时必须集中注意力，严禁将手或工具等伸进危险区内，严禁用手拿取工件。

◆ 选用锻造夹钳时，必须使钳口与锻坯的几何形状相吻合，保持牢固夹持工件；拔长较大锻件时，钳柄的末端应套上钳箍，保证夹持牢固，避免工件飞出伤人。

◆ 不许悬空脚踩锻锤的踏杆，严禁连击和严禁空击锻模或砧铁，不准锻打过冷的工件。

【实训典型案例】

典型案例 1：轮盘类零件的自由锻成型实训操作

根据零件图纸，制作圆柱齿轮零件的自由锻毛坯件。要求：①复核并确定坯料的尺寸；②根据工件材料，确定加热设备、始锻温度、终锻温度、加热次数、锻造设备等工艺参数；③在老师的指导下完成圆柱齿轮毛坯的自由锻实训操作，并完成本案例的"金工实训报告"。

典型案例 2：铰链零件的冲压成型实训操作

根据零件图纸，完成铰链零件的冲压实训操作。要求：①复核并确定该零件的冲压工序步骤；②根据工件图纸，确定冲压设备的规格型号，写出各工步所用冲压模具的名称；③在老师的指导下完成该零件的冲压成型实训操作，并完成本案例的"金工实训报告"。

3.1 概 述

锻压成型包括锻造成型和板料冲压成型，它们都是对金属坯料施加外力，使之产生塑性变形，以改变坯料尺寸、形状和力学性能，获得原材料、毛坯和零件的加工方法。其中，锻造是指将材料加热至相变点温度以上，在高温状态下对工件进行压力加工成型，故称为“热锻造”，常用于制造大型零件、重要零件的毛坯；板料冲压是指在常温状态下对工件进行压力加工成型，故又称为“冷冲压”，常用于制造薄板类零件及大型薄壁金属覆盖件。

锻压成型具有以下优点：锻压可以使金属坯料获得较细密的晶粒，改善金属的组织，提高其力学性能；锻压可以使锻料的体积重新分配，获得更接近零件外形的毛坯，加工余量小，节约金属材料，提高经济效益；锻压还可以加工各种形状的产品，从简单的螺钉到多拐曲轴，从极轻的表针到百吨大轴。但是锻压也有缺点和不足：锻压不能加工脆性材料，如铸铁；锻压不能加工形状极为复杂的零件，如内腔特别复杂的零件。

锻压成型是机械制造中提供机械零件毛坯的一种主要加工工艺方法。对于承受重载荷、冲击载荷或交变应力的重要零件（如主轴、曲轴、齿轮、连杆等），多以锻件为毛坯；对于金属板料覆盖件，多以冲压成型方法为主，它们在各类机械、仪器仪表、电子器件、电工器材以及家用电器、生活用品制造中都得到广泛应用。

3.2 锻造工艺

锻造的基本方法有自由锻和模锻两类，以及由两者派生出来的胎模锻。锻造工艺过程主要包括：下料—锻前加热—锻造成型—锻后冷却—锻后热处理—清理—检验等环节。

3.2.1 下料

下料是根据锻件的形状、尺寸和质量从选定的原材料上截取相应坯料的工作。中小型锻件通常以热轧圆钢和热轧方钢作为原材料。锻件坯料的下料方法有剪切、锯割、氧气切割等多种。在大批量生产时，可在锻锤或专用的棒料剪切机上进行剪切，所得坯料的断口整齐，但生产率较低，主要适用于中小批量生产；氧气切割的设备简单，操作方便，但断口质量较差，且金属损耗较多，主要适用于单件、小批量生产，或适合于大截面钢坯和钢锭的切割；锻造大型锻件时，一般使用未经轧制的铸型钢锭作为坯料，通常由专业钢铁厂按合同的要求直接供给。

3.2.2 锻前加热

在锻造前必须将锻件坯料加热至相变点温度以上，其目的是调整材料的金相组织状态并使内部组织均匀、提高坯料的塑性和降低坯料的变形抗力，达到用较小的外力作用获得较大的塑性变形而不破裂的目的，提高可锻性。锻件加热的常用设备有电炉、煤炉、煤气炉、油炉、手锻煤炉等。其中手锻煤炉的结构简单，操作方便，适合于学生金工实训使用。

一般来说，金属加热温度越高，金属的强度和硬度越低，塑性也就越好。但温度过高会产生过热、过烧、氧化、脱碳等缺陷，降低锻件的质量，甚至造成废品。锻件允许加热达到的最高温度称为始锻温度，锻件停止锻造的温度称为终锻温度。由于化学成分各异，不同金属材料的始锻温度和终锻温度都是不一样的。常用金属材料的锻造温度范围见表 3-1。

表 3-1　　常用金属材料的锻造温度范围

材料种类	始锻温度(℃)	终锻温度(℃)
低碳钢	1200～1250	800
中碳钢	1150～1200	800
合金结构钢	1100～1180	850

锻件的加热温度，可以采用热电偶高温计或光学高温计进行测量，也可以通过目测钢的表面颜色来判断：工件的火色越浅，亮度越强，加热温度也就越高。碳钢在高温下的火色与加热温度的关系见表 3-2。

表 3-2　　碳钢的加热温度与工件火色的关系

温度(℃)	1300	1200	1100	900	800	700	小于 600
火色	白色	亮黄	黄色	樱红	赤红	暗红	黑色

3.2.3　锻造成型

按成型方式不同，锻造可分为自由锻造和模型锻造两大类。

自由锻造简称自由锻，它是利用简单的通用性工具使坯料受力变形，或者使用锻造设备使坯料在上、下砥铁之间受力变形而获得锻件的压力加工方法。自由锻造时，工件仅有上、下两面受力变形，其余各面的金属不受限制，材料可以自由流动，故称自由锻造。

模型锻造简称模锻，它是将坯料置于模具的型腔中，使坯料在模腔中受压成型而获得所需锻件的压力加工方法。模型锻造时，金属材料只能在模腔内流动，金属的变形受到模具型腔的限制，故称模锻。

无论自由锻造或模型锻造，在锻造过程中锻件的温度都会逐渐降低，伴随而来的是锻件的塑性降低、变形抗力加大，锻造变形越来越困难；当降至一定温度时不但变形困难，而且锻件很容易被锻裂，此时必须停止锻造，这一温度就是终锻温度。如果需要继续锻造，则必须对锻件进行重新加热。

3.2.4　锻后冷却

锻后工件的冷却方式有空冷、坑冷和炉冷三种。空冷是在空气中冷却，锻件的冷却速度较快；坑冷是在填充有石棉灰、砂子或炉渣等绝热材料的坑中冷却，锻件的冷却速度较慢；炉冷是将工件置于 500～700 ℃的加热炉中随炉缓慢冷却，锻件的冷却速度最慢。

一般情况下，形状简单的锻件和中小型锻件可以采用较快的冷却速度；如果锻件材料中的含碳量及合金元素含量很高，或者锻件的体积很大、形状很复杂，则需要考虑采用较慢的冷却速度。

3.2.5　锻后热处理

锻件的锻后热处理目的是调整锻件的硬度，以利于锻件的后续切削加工；调整锻件内应力，改善锻件内部组织，细化晶粒；对于不再进行最终热处理的锻件，应保证达到规定的力学性能要求。锻件最常采用的热处理方法有退火、正火、调质等。

3.3　自由锻作业方法

自由锻分为手工自由锻和机器自由锻两种。

利用简单的手工工具，使坯料产生变形获得锻件的方法，称为手工自由锻；使用机器设备，使坯料在上、下砥铁之间受力变形，从而获得锻件的方法，称为机器自由锻。

手工自由锻的操作简单方便，但因完全依靠人力和手工工具进行操作，因此只能生产小型锻件。机器自由锻的适应性较广，可以生产大型、小型等多种规格的锻件。

3.3.1　自由锻主要设备

1. 机器自由锻设备

机器自由锻设备分为锻锤和液压机两大类：中小型锻件生产中使用空气锤或蒸汽-空气锤；大型锻件生产采用水压机。

(1)空气锤

空气锤由锤身、压缩缸、工作缸、传动机构、操纵机构、锤头落下部分及砧座等部分组成。空气锤的结构和工作原理如图 3-1 所示，电动机通过减速装置带动曲柄连杆机构转动，曲柄连杆机构把电动机的旋转运动转化为压缩缸活塞的上下往复运动，产生压缩空气，并通过上、下旋阀将压缩空气压入工作缸的下部或上部，推动工作活塞与上砥铁做升降运动，实现锤头对锻件的打击动作。空气锤的吨位以锤头落下部分的总质量表示，一般为 50～1000 kg，落下部分包括工作活塞、锤杆、锤头和上砥铁。例如 65 kg 空气锤是指其落下部分总质量为 65 kg，而不是指锤头的打击力。

(2)蒸汽-空气锤

蒸汽-空气锤也是靠锤头的冲击力锻打工件，但蒸汽-空气锤自身不带动力装置，需要另配蒸汽锅炉向其提供具有一定压力的蒸汽，或另配空气压缩机向其提供压缩空气。蒸汽-空气锤的锻造能力明显大于空气锤，一般为 0.5～5 t，常用于中型锻件的锻造。

(3)水压机

水压机是锻压生产中最常用的一种大型液压机，其规格为 500～12500 t，可以锻造重量为 1～300 t 的大型锻件。水压机工作时不依靠锤头的冲击力，而是依靠活塞的静压力使坯料产生变形，因此工作过程平稳、振动较小，作用力的效果深达大型工件的内部，所得锻件的质量良好。

2. 手工自由锻工具

手工自由锻不需要使用锻造机器，而是全部由手工操作完成锻造过程。手工自由锻工作时，可以由一个人独立操作，也可以由打锤工和掌钳工协同配合进行操作。常用的手工自由锻工具如图 3-2 所示，有铁砧、锤子、手钳、冲子、錾子、漏盘等。

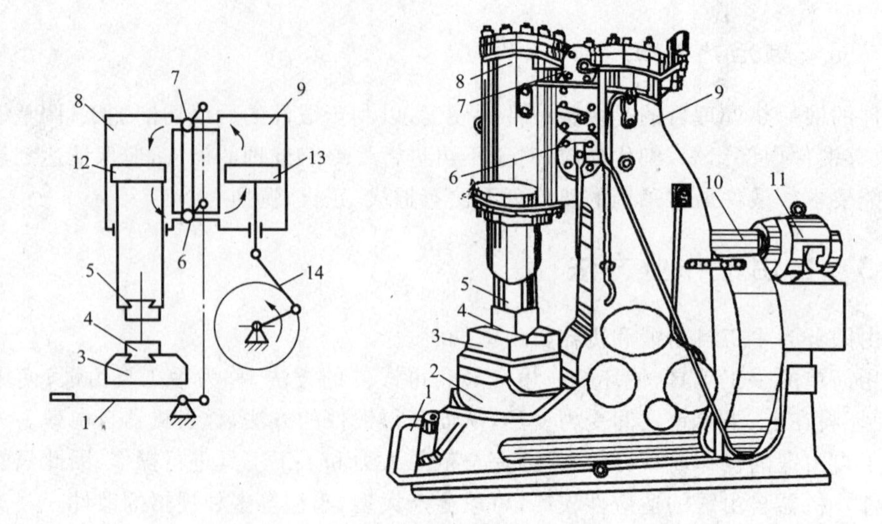

图 3-1 空气锤的结构和工作原理

1—踏杆；2—砧座；3—砧垫；4—下砥铁；5—上砥铁；6—下旋阀；7—上旋阀；8—工作缸；9—压缩缸；10—减速装置；11—电动机；12—工作活塞；13—压缩活塞；14—连杆

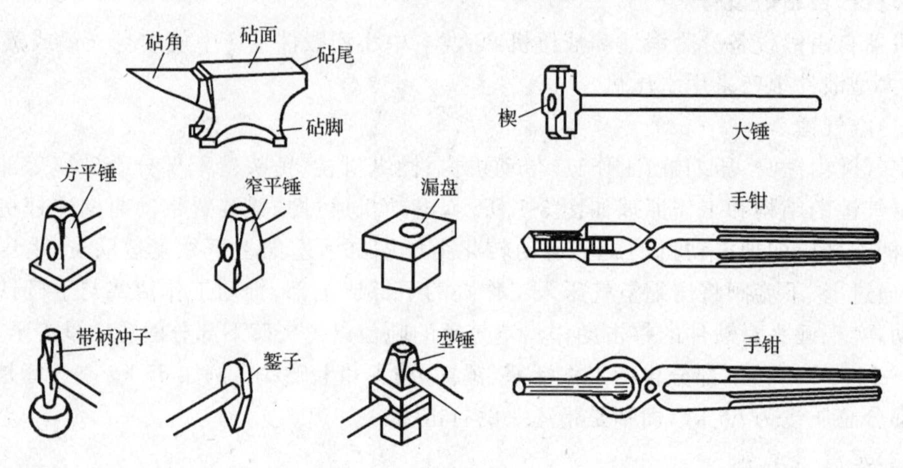

图 3-2 手工自由锻常用工具

3.3.2 自由锻基本工序

自由锻的工序很多，主要包括基本工序、辅助工序和精整工序三类。

自由锻的基本工序是锻造工艺的最主要部分，它包括镦粗、拔长、冲孔、弯曲、切割、错位、扭转、扩孔等，其中镦粗、拔长、冲孔、弯曲这几种工序的应用最多。

1. 镦粗

镦粗是通过锤头击打使坯料的高度减小、横截面积增大的工序，可用于锻造高度小、截面大的锻件，如齿轮、皮带轮、法兰盘等。镦粗可分完全镦粗、局部镦粗和垫环镦粗等，如图 3-3 所示。

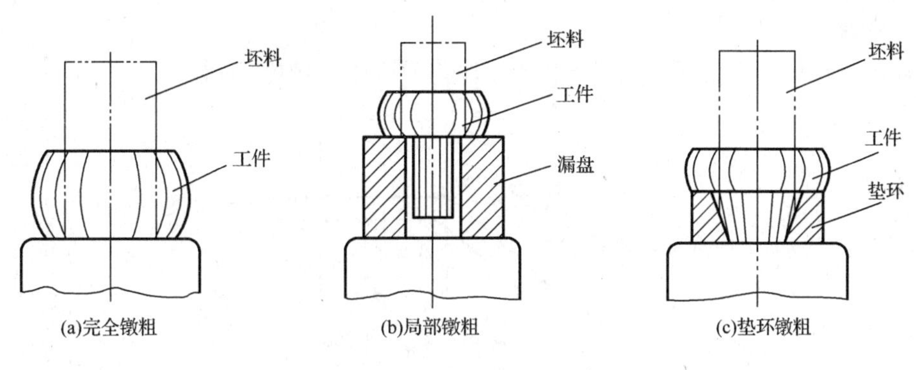

图 3-3　镦粗方法

2. 拔长

拔长是通过锻打使坯料截面减小、长度增加的锻造工艺，主要用于制造长度大、截面小的轴类和杆类锻件，如直轴、曲轴、拉杆、套筒等。拔长可分平砧拔长、赶铁局部拔长、芯棒拔长等，如图 3-4 所示。

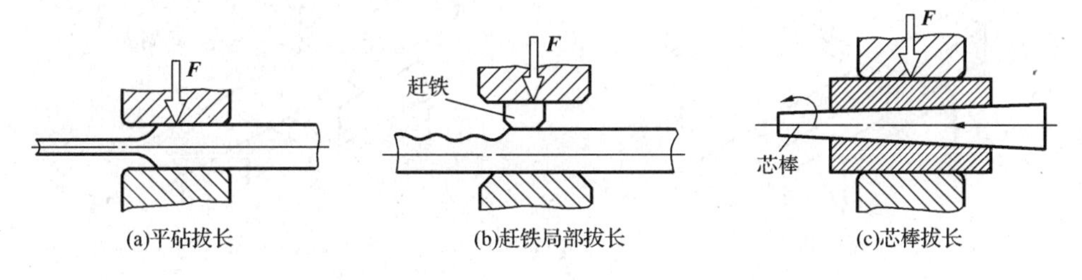

图 3-4　拔长方法

拔长操作时应边锻打，边翻转，边送进坯料；每次的送进量和压下量应合适，既要避免产生夹层，又要考虑工作效率。将圆形截面的坯料拔长时，应该先锻打成方形；待边长接近所需直径时，再锻成八角形；最后锻成圆形。

3. 冲孔

在锻件上锻出通孔或不通孔的工艺，称为冲孔。常用的冲孔方法有单面冲孔和双面冲孔两种，如图 3-5 和图 3-6 所示。较薄的工件可采用单面冲孔；较厚的工件单面冲孔难以完成，需采用双面冲孔。双面冲孔时，先从一边冲至总深度的三分之二左右，再翻面从另一边将孔冲通。

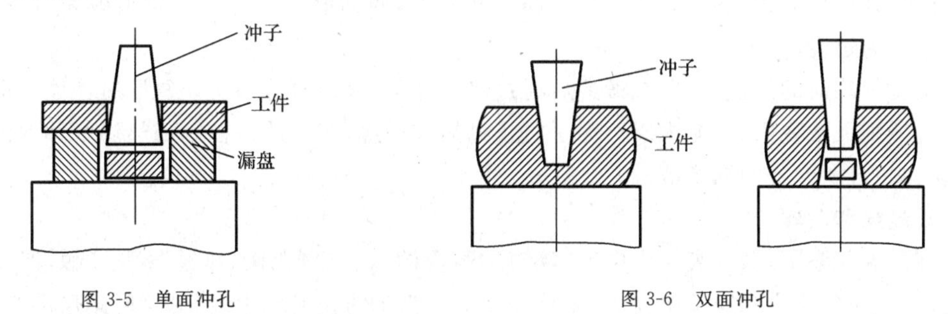

图 3-5　单面冲孔　　图 3-6　双面冲孔

4. 弯曲

使坯料弯成一定角度或一定形状的工序称为弯曲，如图 3-7 所示。

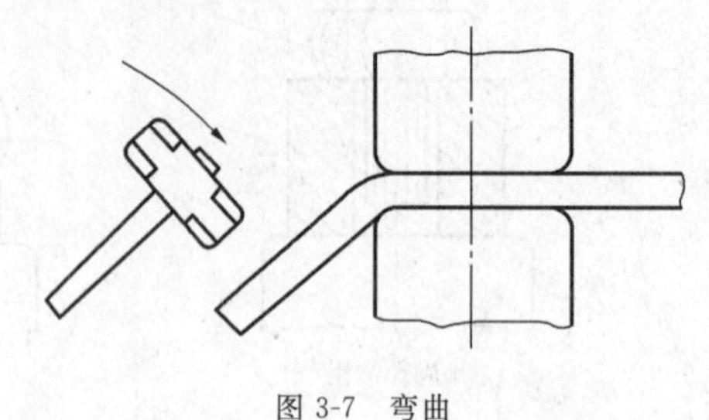

图 3-7 弯曲

5. 切割

将坯料切断或切除锻件余量的工序称为切割，如图 3-8 所示。切割方形截面的锻件时，先从一面用剁刀切入锻件，至快断开时，将锻件翻转，再用剁刀或克棍截断；切割圆形截面的锻件时，先将锻件放在带有圆凹槽的剁垫中，边用剁刀切割边旋转锻件，直至切断。

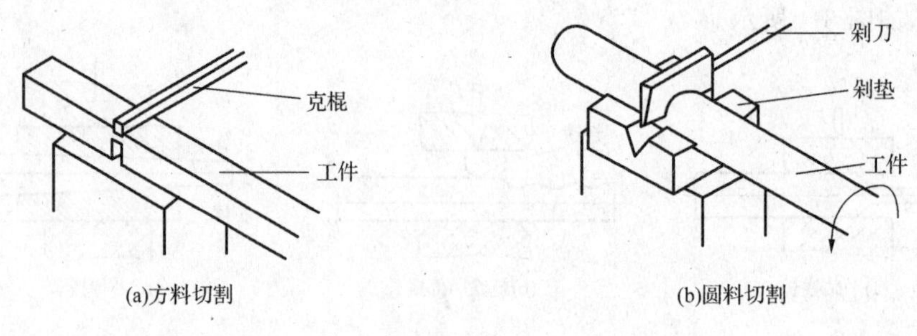

(a)方料切割 (b)圆料切割

图 3-8 切割

3.3.3 锻件的加热缺陷与预防

锻件锻前加热温度的掌握，是保证锻造顺利进行和保证锻件质量的技术关键，如果掌握不当往往会产生缺陷。这些缺陷有以下几种：

1. 过热和过烧

金属受热温度过高，或者保温时间过长，金属内部晶粒急剧长大，形成粗大的晶粒，此种缺陷称为过热。金属受热到达更高温度并做较长时间的停留，空气中的氧渗入金属内部使晶界处发生氧化，晶粒间的联系被削弱和破坏，遇到锻造外力就会发生破裂，此种缺陷现象称为过烧。

金属加热时的过热，可以在锻造后通过热处理（正火）细化晶粒，恢复原有性能。但金属的过烧则无法挽回，只能报废。为了防止过热和过烧，应该严格控制加热温度和保温时间，切勿超过所允许的温度范围。

2. 氧化和脱碳

在高温状态下，锻件表层中的铁、碳与炉膛内的氧、二氧化碳、水蒸气等接触，产生化学反应，形成氧化皮和脱碳层，称为氧化和脱碳。为了防止或减少氧化皮、脱碳层的产生，可以采用快速加热或无氧化加热法。

对氧化皮和脱碳层的处理措施，通常是加大锻件的加工余量，以便在后续的机械切削加工过程中将它们切除。

3. 裂纹

锻件毛坯在加热过程中由于热传导因素的影响，表面与内部存在一定的温度差，从而产生热应力。当热应力超过金属本身的强度极限时，就会产生裂纹。防止产生加热裂纹的主要措施是控制加热速度，缩小表层与内部的温度差。

3.4 模锻与胎模锻简介

3.4.1 模锻

模锻又称为模型锻造，是将加热后的坯料放入固定于模锻设备上的锻模内进行压力成型的一种锻造方法。模锻可以在多种锻压设备上进行，通常的锤上模锻大都采用0.5～30 T的蒸汽-空气锤，而压力机上模锻大都采用摩擦压力机进行。

模锻的锻模结构有单模膛锻模和多模膛锻模之分。如图 3-9 所示为单模膛锻模，它借助燕尾槽和斜楔配合使锻模固定，防止锻模脱出和左右移动；借助键和键槽的配合使锻模定位准确，并防止锻模前后移动。单模膛锻模仅有终锻模膛，锻造时还需借助空气锤制坯，再经终锻模膛的多次锤击后一次成型，最后取出锻件切除飞边。

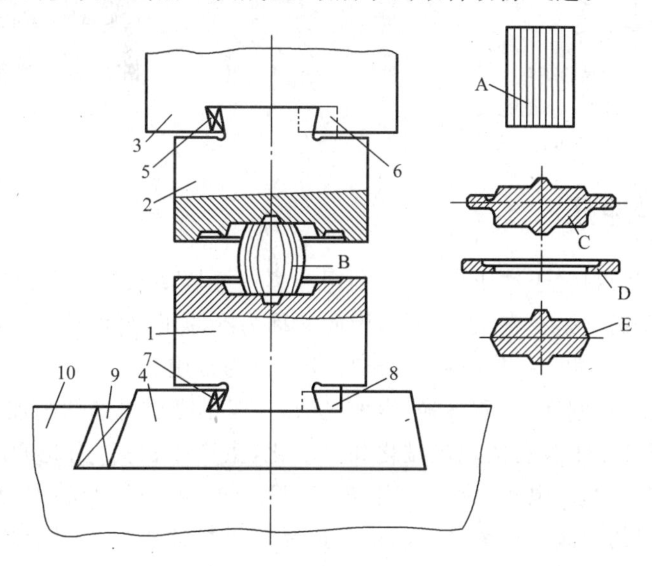

图 3-9 单模膛锻模

1—下模；2—上模；3—锤头；4—模座；5—上模用楔；6—上模用键；7—下模用楔；8—下模用键；9—模座楔；10—砧座；A—坯料；B—变形；C—带飞边的锻件；D—切下的飞边；E—锻件

模锻的生产率和锻件精度比自由锻造高，通常可以锻造形状比较复杂的锻件，但需要使用专用设备，且模具的制造成本较高，故适用于大批量生产。

3.4.2 胎模锻

胎模锻是自由锻和模锻相结合的一种锻造加工方法。胎模锻造时，通常是先采用自由锻制坯,后在胎模中锻造成型,整个锻造过程都是在自由锻设备上进行。胎模的结构如图 3-10 所示,在胎模的上模与下模侧面,都装有供操作者握持操作的手柄 5,还制有定位销孔 3 和导销 2;工作时先将下模块 6 置于空气锤的下砧座上但不固定;锻造时将坯料放入胎模的模膛 1 内,合上上模块 4,用锤头多次击打上模;待上模与下模合拢后,便可得到成型锻件,如图 3-11(a)、3-11(b)所示。

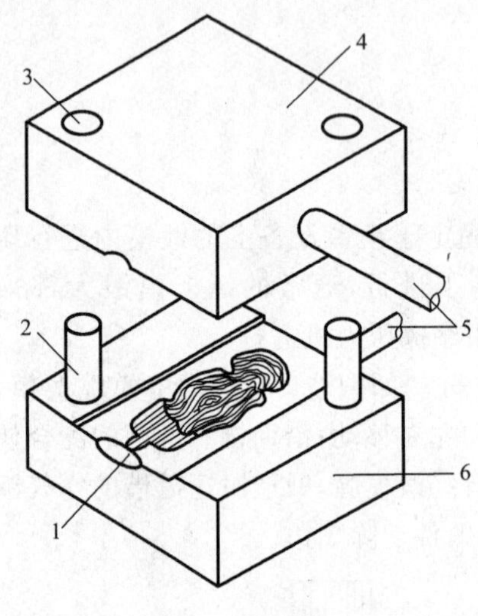

图 3-10　胎模的结构

1—模膛;2—导销;3—销孔;
4—上模块;5—手柄;6—下模块

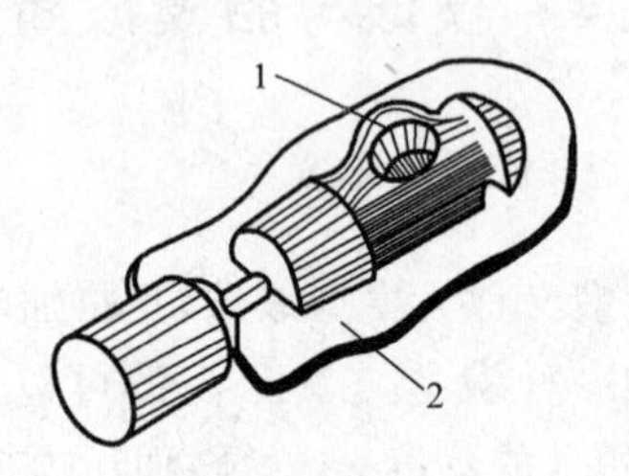

(a) 有连皮1和飞边2的胎模锻件

(b) 锻件成品

图 3-11　成型锻件

3.5　板料冲压

板料冲压是将板料置于冲压模具内,利用冲模使金属薄板发生分离或变形的加工成型方法。板料冲压通常是在室温下进行,因此又称为冷冲压,简称冲压。冲压所用金属板料的厚度一般在 6 mm 以下,其中≤3 mm 的薄板最为常用。

冲压件的精度高、刚性好、质量轻、表面光洁,一般不需要再经切削加工就可直接装配使用。此外,冲压工作很容易实现机械化和自动化,生产率很高,因此冲压加工的应用很广泛,在家电、五金、钟表、电机、仪器仪表、汽车、摩托车、航空等产品中,都使用着许多种采用冲压方法获得的金属薄板零件成品或半成品。板料冲压除了用于制造金属材料(最常用的是低碳钢、铜、铝及其合金)的冲压件以外,还用于许多非金属材料(如胶木、云母、石棉、皮革等)的加工。

3.5.1　冲压设备

冲压的基本设备主要有冲床和剪板机两种。开式冲床的构造与工作原理如图 3-12 所示。冲床的规格大小是以滑块在特定位置时,偏心轴所能承受的最大压力表示。单柱冲床的规格为 63～2 000 kN。冲压所需的常用设备还有剪板机,用于将整张板料裁剪成小条料,以便于后续冲压操作。

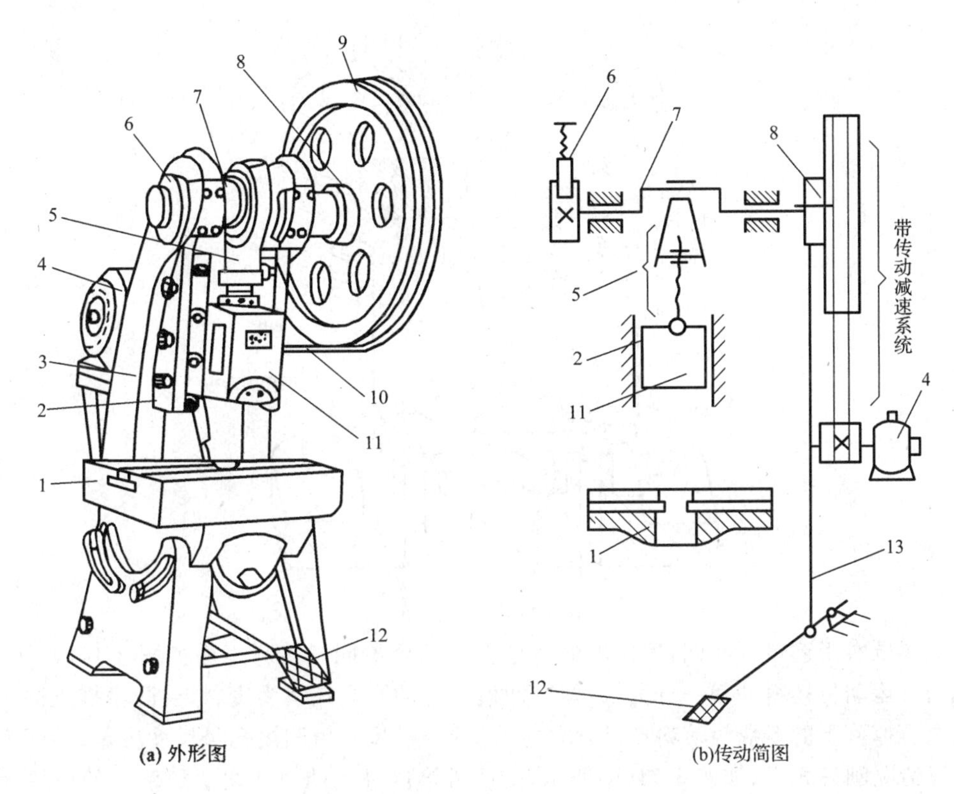

图 3-12 开式冲床的构造与工作原理

1—工作台;2—导轨;3—床身;4—电动机;5—连杆;6—制动器;

7—曲轴;8—离合器;9—飞轮;10—V 形带;11—滑块;12—踏板;13—拉杆

3.5.2 冲压模具

实现冲压工序所需的工艺装备称为冲压模具,简称冲模。常用冲模有:落料模、冲孔模、拉深模、弯曲模、修边模、落料冲孔复合模等。

某冲模的结构如图 3-13 所示,冲模由上模和下模两部分组成,下模固定在工作台上,工作时静止不动;上模借助模柄固定在冲床滑块上,工作时随滑块上下运动。冲模的工作部分为凸模和凹模,它们用模具钢精密制造并经热处理淬硬,借助于凸模固定板和凹模固定板分别固定在上模板和下模板上,用于直接使坯料分离或成型。导套和导柱用来引导凸模与凹模对准定位,导板控制着坯料的进给方向,定位销控制坯料的进给长度。卸料板的作用是当上模回程时,将坯料从凸模上卸下。

3.5.3 冲压基本工序

冲压基本工序可分为分离工序和变形工序两大类。落料、冲孔、切口、修边等属于分离工序;弯曲、拉深、翻孔、卷边、压印、整形等属于变形工序。在生产中,常见的冲压工序主要有落料、冲孔、弯曲、拉深等。

1. 落料和冲孔

落料和冲孔统称为冲裁,属于分离工序,它们所用的冲模都称为冲裁模。落料工序与

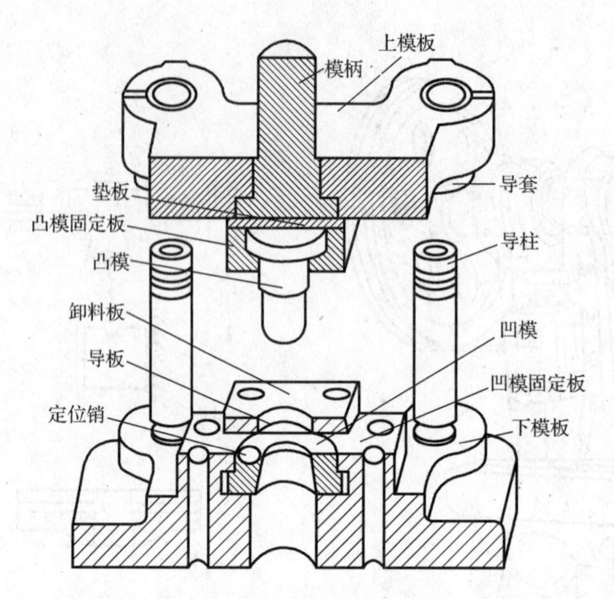

图 3-13 冲模的结构

冲孔工序虽然工艺过程相同,但两者的工作目的完全不同。落料工序如图 3-14(a)所示,凸模向下运动将坯料冲裁一分为二,留在凹模上方的剩余坯料为废料,受凸模推压进入凹模孔之后掉落下的料块为落料产品,落料产品的外径尺寸由凹模孔径尺寸决定;冲孔工序与上述情况刚好相反,如图 3-14(b)所示,受凸模推压进入凹模孔之后掉落下的料块为废料,继续留在凹模上方的剩余坯料为冲孔产品,冲孔产品的孔径尺寸由凸模外径尺寸决定。

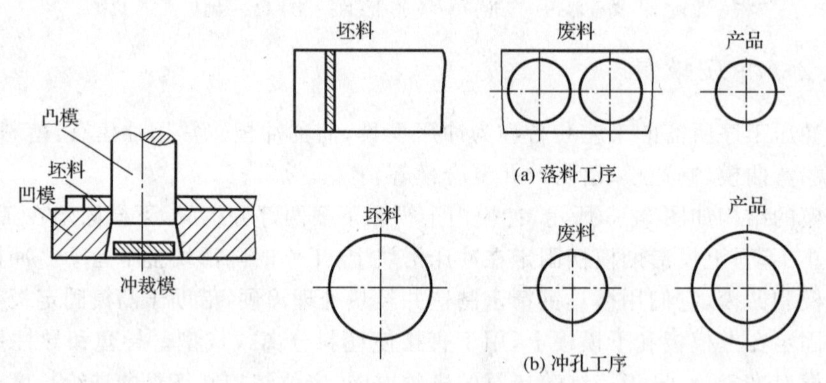

图 3-14 落料工序和冲孔工序

冲裁模的凸模刃口与凹模刃口必须保持锋利,凸模与凹模之间应留有合适的间隙,通常单边间隙为板料厚度的 3%～10%,具体依板料厚度和材质而定。如果间隙过大或过小,冲裁件的边缘都会出现毛刺,且冲裁断面的质量下降。

2. 弯曲和拉深

弯曲是使板料产生变形以获得各种不同弯角形状零件的冲压工序,如图 3-15 所示。弯曲模的凸模工作部分应做成一定的圆角,以防止弯曲半径太小使工件的外表面被拉裂。

拉深是采用拉深模使板料产生局部变形,以获得空心筒状零件或空心盒状零件的冲压工序，如图 3-16 所示。拉深所用坯料应预先制成一定的形状和尺寸，通常采用落料方法获得。拉深件在拉深过程中容易产生起皱与拉裂的缺陷。为了防止工件起皱，拉深时需要使用压边圈将坯料的边缘压住，并适当调整压边圈的压边力使之均匀，才能正常进行拉深；为了防止工件被拉裂，拉深模的凸模和凹模边缘应制有尽可能大的圆角，拉深凸模与拉深凹模之间应留有略大于板料厚度的间隙，此外还需要合理选择被拉深板料的材质。

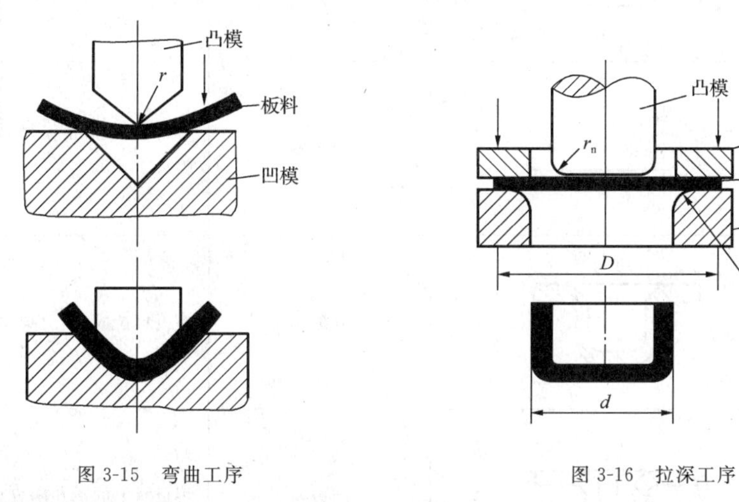

图 3-15　弯曲工序　　　图 3-16　拉深工序

3. 其他冲压工序

其他冲压工序还有很多，表 3-3 列出了常见的冲压工序及示意简图。

表 3-3　　常见的冲压工序及示意简图

工序名称		简图	所用的模具名称	简要说明
分离工序	落料	废料　零件	落料模	冲下的部分是零件
	冲孔	零件　废料	冲孔模	冲下的部分是废料
	切边		切边模	切去多余的边缘
	切断	零件	切断模	将条料或板料切断
	剖切		剖切模	将一个工件剖切成两个或多个

续表

工序名称		简图	所用的模具名称	简要说明
成型工序	弯曲	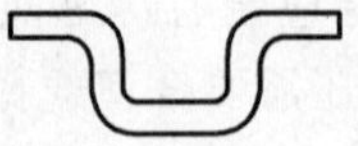	弯曲模	将板料弯曲成各种形状
	圈圆	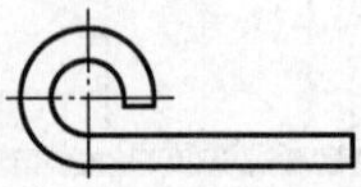	卷圆模	将板料端部卷成接近封闭的圆头
	拉深	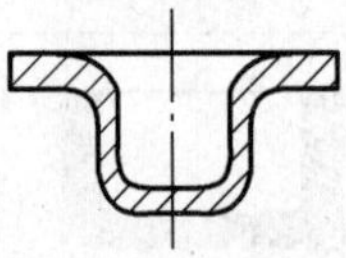	拉深模	将板料拉成空心容器的形状
	翻边	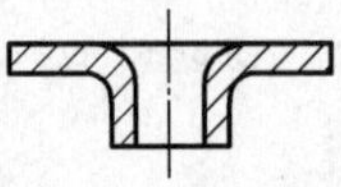	翻边模	将板料上的平孔翻成竖立孔
	胀形	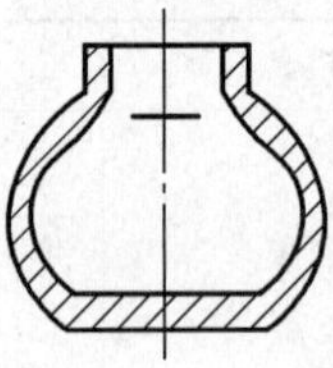	胀形模	将柱状工件胀成曲面状工件
	压印	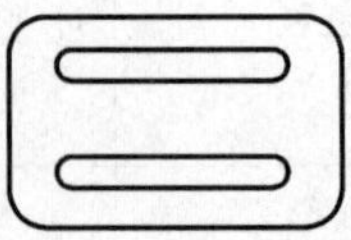	压印模	在板料的平面上压出加强筋或凹凸标识

金工实训报告(锻压成型)

本次实训课题的“金工实训报告”见表 3-4 和表 3-5。学生应争取在车间现场完成本课题的“金工实训报告”,实训指导老师尽可能当场批阅评定成绩,必要时可以组织学生展开现场讨论,强化金工实训的效果。

表 3-4 **金工实训报告:锻造成型**

班级________ 姓名________ 学号________ 日期________ 成绩________

<table>
<tr><td>实训案例</td><td colspan="5">轮盘类零件的自由锻成型实训操作</td></tr>
<tr><td>零件图纸</td><td colspan="3">(齿轮锻件图:)
φ38±5
72±2
φ158±3</td><td colspan="2">工件材料:________
始锻温度:________
终锻温度:________
加热设备:________
加热次数:________
锻造设备:________</td></tr>
<tr><td rowspan="6">实训操作过程记录</td><td>火次</td><td>工序名称</td><td>加工内容</td><td>使用工具</td><td>操作说明</td></tr>
<tr><td></td><td></td><td></td><td></td><td></td></tr>
<tr><td></td><td></td><td></td><td></td><td></td></tr>
<tr><td></td><td></td><td></td><td></td><td></td></tr>
<tr><td></td><td></td><td></td><td></td><td></td></tr>
<tr><td></td><td></td><td></td><td></td><td></td></tr>
</table>

表 3-5　　　　金工实训报告：板料冲压成型

班级________ 姓名________ 学号________ 日期________ 成绩________

实训案例	铰链零件的冲压成型实训操作			
零件图纸	（零件图：1.5、30、120、180、60、40、80、R30、4-ϕ16、30）	工件材料： 板料厚度： 设备型号： 冲压模具 1： 冲压模具 2： 冲压模具 3：		
实训操作过程记录	工序名称	加工内容	设备名称	工装名称
	1.			
	2.			
	3.			
	4.			

【实训复习思考题】

一、填空题

1. 利用简单手工工具使坯料变形而获得锻件的方法,称为________自由锻;使用机器设备使坯料在上、下砥铁之间受力变形而获得锻件的方法,称为________自由锻。

2. 机器自由锻设备有________锤、________锤和________机等,分别适合小型、中型和大型锻件的生产。

3. 锻件坯料在锻造前必须加热,锻件允许加热达到的最高温度称为________温度,锻件停止锻造的温度称为________温度。

4. 金属材料经锻造后,能消除铸锭中的某些铸造缺陷,使材料内部晶粒细化、组织致密,使________________显著提高。

5. 板料冲压是在________状态下进行压力加工成型的方法,常用于制造薄板类零件及大型覆盖件,故又称为冷冲压,简称冲压。

6. 冲压模具简称冲模,常用冲模有:________模、________模、________模、________模、________模、落料冲孔复合模等。

7. 冲模由上模和下模两部分组成,________固定在工作台上,工作时静止不动;________借助模柄固定在冲床滑块上,工作时随滑块上下运动。

8. 导套和导柱用来引导凸模与凹模________,导板控制着坯料的________,定位销控制坯料的________。

9. 冲压的基本工序分为分离工序和变形工序两大类:落料、冲孔、切口、修边等属于________工序;弯曲、拉深、翻孔、卷边、压印、整形等属于________工序。

10. 冲裁间隙过大或过小,冲裁件边缘都会出现________,使冲裁件质量下降。

二、讨论题

1. 空气锤的规格是怎样确定的? 65 kg 空气锤的打击力是 65 kg 吗?

2. 试述锻件的加热缺陷及其预防措施有哪些?

3. 自由锻有哪些基本操作工序? 各有什么用途?

4. 自由锻镦粗时对坯料的高径比有何限制? 为什么?

5. 模锻的终锻模膛有何特点? 飞边槽有何作用? 模锻能否锻出通孔件? 为什么?

6. 落料与冲孔有什么异同? 剪切与冲裁又有什么异同?

7. 在拉深过程中,为了防止板料起皱或被拉裂,可以采取哪些技术措施?

8. 对照下表,试说明碳钢的加热温度与工件火色的对应关系是什么:

加热温度(℃)	1300	1200	1100	900	800	700	小于 600
火色							

实训专题 4

焊接成型

【实训目的及要求】

◆ 了解焊接的工艺过程及特点，学习焊条、焊剂、焊丝等焊接材料的使用。

◆ 了解手工电弧焊、气焊、气割所用的设备，学习该设备的基本操作方法，并掌握用手工电弧焊进行简单零件的平焊操作。

◆ 了解焊接件缺陷的常见形式、产生原因、预防矫正方法。

◆ 了解氩弧焊、CO_2 气体保护焊、压力焊、钎焊的特点和应用范围。

【实训安全事项】

◆ 电焊之前应检查电焊机的接地是否良好，穿戴绝缘胶鞋、电焊手套和电焊面罩等防护用品；电焊时应防止弧光直射灼伤眼睛；敲击焊渣时应注意焊渣飞出的方向，防止伤人。

◆ 电焊时禁止将焊钳搁置在工作台上，以防短路烧坏电焊机；发现电焊机或线路发热烫手时，应当立即停止工作；电焊操作完毕或检查电焊机及电路系统时，必须拉闸停电。

◆ 气焊、气割操作时必须严格按顺序点火：先开乙炔气，后开氧气，再点火。

◆ 气焊、气割时应注意不要把火焰喷射到身体上或胶皮管上；刚气焊好或气割好的工件不要用手触摸，防止烫伤；气焊、气割操作完毕，应及时关闭各气源气阀，清理现场。

【实训典型案例】

典型案例 1：手工电弧焊的平焊操作及工艺分析

参观实训车间的设备，正确画出完整的手工电弧焊接线简图（电焊机、焊接电缆、焊条、工件等），标明接线极性。画出 5 mm 钢板的平焊接头坡口图，确定该钢板的平焊工艺参数，进行手工电弧焊焊接操作，并完成本案例的“金工实训报告”。

典型案例 2：气焊操作或气割操作

根据实训车间的设备条件，进行厚度约 12 mm 钢板的氧气切割下料实训操作，以及进行厚度约 2 mm 薄壁钢板冲压件的氧气焊接实训操作，并完成本案例的“金工实训报告”。

4.1　概　述

焊接是指通过加热或同时加热加压的方法，使分离的焊件金属之间产生原子间结合力而连成一体的连接方法。焊接属于不可拆连接，通过焊接可以将型材、铸件和锻件拼焊成不可拆的组合体结构，用于制造大型机械零件的毛坯。焊接是一种重要的金属加工工艺方法。与铆接相比，焊接结构省工节料，焊接接头的致密性好，焊接过程便于实现机械化和自动化，在现代工业生产中焊接被广泛用来制造各种金属结构和机械零件。

按照焊接过程的物理特点，焊接方法可分为三大类：熔化焊、压力焊和钎焊。其中，熔化焊的应用比较普遍，具体方法有手工电弧焊、气焊、埋弧自动焊、气体保护焊、电渣焊、等离子弧焊等多种，在实际生产中又以手工电弧焊和气焊较为常见。

4.2　手工电弧焊

4.2.1　基本工艺知识

手工电弧焊是利用电弧放电所产生的高热量，将焊条金属与被焊金属局部加热至熔化形成焊接熔池，经冷凝后固联为一体完成焊接的。

手工电弧焊的工作过程如图 4-1 所示，将工件和焊钳分别连接到电焊机的两个电极上，并用焊钳夹持焊条；将焊条与工件瞬时接触，随即将焊条提起，在焊条与工件之间便产生了电弧；电弧区的温度很高，中心温度可达 6000～8000 K，将工件焊缝附近的金属和焊条金属局部熔化，形成焊接熔池；随着焊条沿焊接方向陆续移动，新的焊接熔池不断形成，原先熔化了的金属迅速冷却和凝固，形成一条牢固的焊缝，将分离的金属焊接为整体。

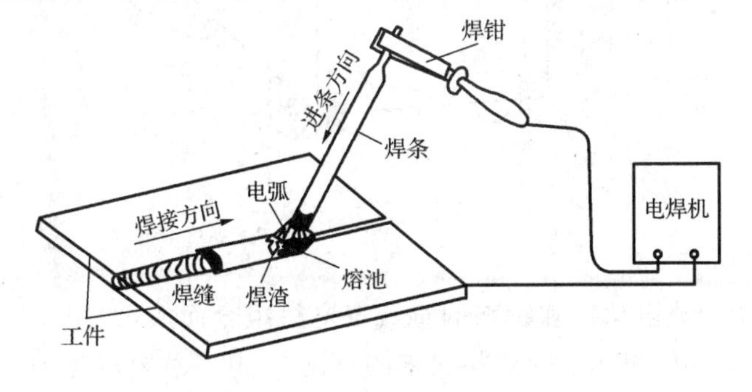

图 4-1　手工电弧焊

1. 电焊条

电焊条是供手工电弧焊用的外层涂有药皮的熔化电极，由金属焊芯和焊条药皮组成。金属焊芯既是焊接时的电极，又是填充焊缝的金属材料；焊条药皮由矿石粉、铁合金粉、水玻璃等配制而成，粘涂在金属焊芯的外层，其作用是帮助引燃电弧并保持电弧稳定燃烧，保护焊接熔池内的高温熔融金属不被氧化，以及补充被烧损的合金元素，提高焊缝的力学性能。

根据被焊接零件的材料不同，电焊条有低碳钢焊条、合金钢焊条、不锈钢焊条、铸铁焊条、铜及铜合金焊条、铝及铝合金焊条等多种。电焊条的规格以金属焊芯的直径尺寸表示。常用电焊条的焊芯直径为 ϕ3.2～6 mm,长度为 300～450 mm。

2. 电焊机

手工电弧焊使用的电焊机有交流电焊机和直流电焊机两种。

(1)交流电焊机

交流电焊机是一种特殊的降压变压器(图 4-2),它能将 220 V 或 380 V 的电源电压降至空载时的 60～70 V 和电弧燃烧时的 20～35 V,能输出几十安培到几百安培的电流,并可以根据需要很方便地调整焊接电流的大小。焊接电流的调节可分粗调和细调两级:粗调是改变输出抽头的接法,调节范围大,如 BXl-330 型电焊机的粗调共分两挡,一挡为 50～100 A,另一挡为 160～450 A;细调是旋转调节手柄,将电流调节到所需要的数值。交流电焊机的结构简单,制造和维修方便,价格低廉,工作时噪声小,应用比较广泛;它的缺点是焊接电弧不够稳定。

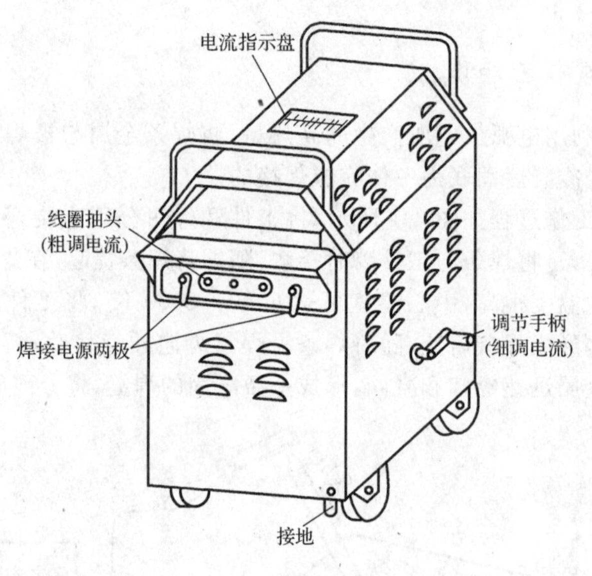

图 4-2　交流电焊机

(2)直流电焊机

直流电焊机由交流电动机和特殊的直流发电机组合而成,如图 4-3 所示。交流电动机带动直流发电机旋转,发出满足焊接要求的直流电,其空载电压为 50～80 V,工作电压约为 30 V,电流调节范围为 45～320 A,同样也可分为粗调和细调两级。

直流电焊机在工作时有正接法和反接法两种接线方法:正接法为工件接正极,焊条接负极;反接法为工件接负极,焊条接正极。由于电弧正极区的温度较高,负极区的温度较低,因此采用正接法时工件的温度较高,常用于焊接黑色金属;采用反接法时工件的温度较低,常用于焊接有色金属和较薄钢板件。直流电焊机的焊接电弧稳定,可以适应各种焊条的焊接;但它的结构复杂,价格较昂贵。

对于交流电焊机和直流电焊机,它们的规格都是以正常工作时可能供给的最大电流表示,如:BXl-330 表示额定电流为 330 A 的交流电焊机。

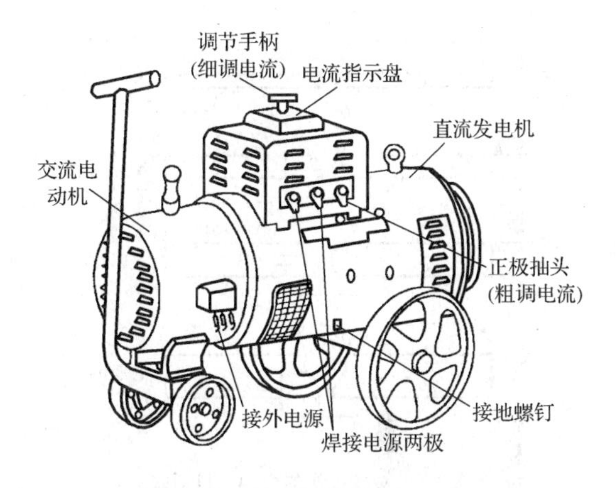

图 4-3　直流电焊机

3. 焊钳和面罩

焊钳的作用是夹持焊条和传导焊接电流，面罩的作用是保护工人的眼睛和面部免被弧光灼伤。在手工电弧焊时必须使用面罩方可作业，切不可裸眼直视弧光进行操作。

4. 焊接接头、坡口、焊缝位置

在手工电弧焊中，由于产品的结构形状、材料厚度和焊件质量的要求不同，常常需要采用不同形式的接头和坡口进行焊接。焊接的接头形式有对接、搭接、T 型接和角接等多种，如图 4-4 所示。

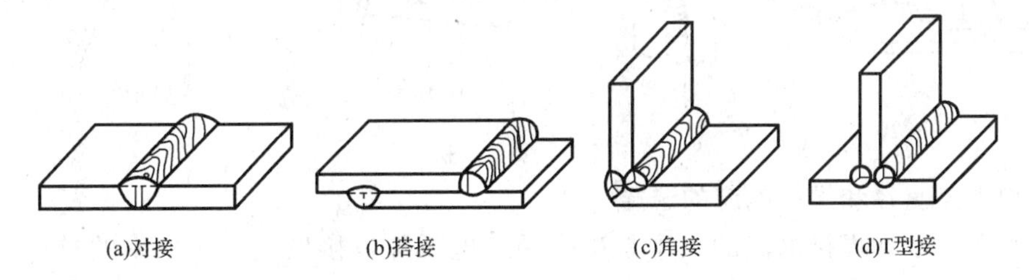

图 4-4　焊接的接头形式

对接接头受力比较均匀，是最常用的焊接接头形式。当被焊件较薄时，对接接头可不开坡口，仅需在被焊件接头之间留出适当的间隙即可。当工件厚度小于 3 mm 时可以单面施焊；当工件厚度为 4～6 mm 时需要双面施焊；当工件厚度大于 6 mm 时为了保证焊透，必须预先开出焊接坡口。

各种形式的对接接头的焊接坡口如图 4-5 所示，V 形坡口的加工比较方便，但加工量比较大；X 形坡口由于焊缝两面对称，焊接应力和焊接变形较小，而且在厚度相同时，X 形坡口比 V 形坡口的加工量小，节省焊条；当焊接锅炉、高压容器等重要的厚壁构件时，需要采用 U 形坡口，这种坡口容易焊透，且工件变形小，但加工坡口比较费时。

除了对接接头之外，T 型接头在生产中也常被采用；T 型接头与对接接头相似，对于较厚的焊件也可预先开出各种形式的坡口。搭接接头受力时将产生附加弯矩，且金属消耗量也较大，一般应避免采用。角接接头的受力情况相对复杂，强度比较低，在生产中很少采用。

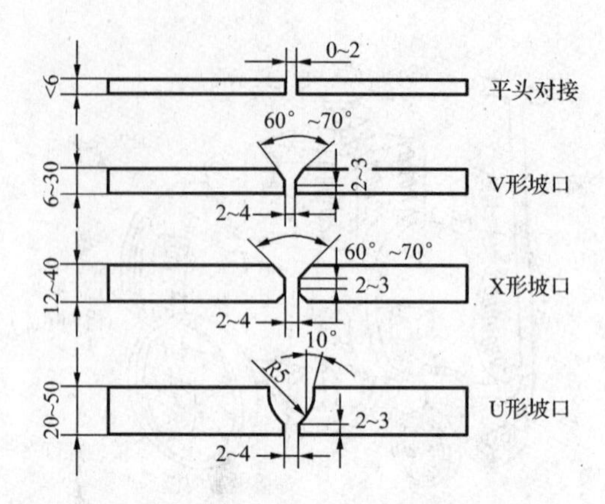

图 4-5 对接接头的焊接坡口形式

按照焊缝在空间的操作位置不同,焊接方法可分为平焊、立焊、横焊和仰焊四种,如图 4-6所示。平焊操作容易,工人的劳动强度低,焊缝的质量高;立焊、横焊和仰焊由于焊接熔池中的液态金属有滴落的趋势,操作比较困难,焊接质量不易保证,所以应尽可能地采用平焊。

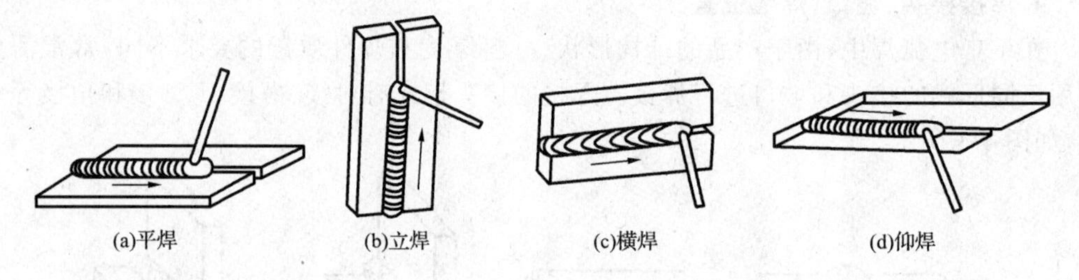

图 4-6 焊接方法

5. 电焊条直径和焊接电流的选择

电焊条直径和焊接电流的大小是影响手工电弧焊焊接质量与生产率的重要工艺因素。电焊条直径 d 取决于工件的厚度、接头形式、焊缝在空间的操作位置等,通常可按工件的厚度选取。例如平焊低碳钢时,电焊条直径可按表 4-1 选取。

表 4-1 **电焊条直径选择**

焊件厚度/mm	2	3	4～5	6～12	>12
焊条直径/mm	2	3.2	3.2～4	4～5	5～6

手工电弧焊的焊接电流大小,可参考工件的厚度,按电焊条直径选取。当工件较厚、焊工的技术水平高、野外操作时焊接电流宜取大值;在相同的焊接条件下,立焊比平焊时的焊接电流要减少 10%～15%,仰焊则应减少 15%～20%。

4.2.2 手工电弧焊基本操作方法

手工电弧焊的基本操作主要包括“引弧”、“运条”和“焊接点固”。

1. 引弧

引弧是将焊条与工件接触,形成瞬间短路,然后迅速将焊条提起 2～4 mm,使焊条与工件之间产生稳定的电弧。引弧的方法如图 4-7 所示,通常有敲击法和擦划法两种。敲击法是将焊条垂直地触及工件表面,然后迅速地向上提起引弧,这种方法比较难掌握;擦划法类似模拟擦火柴的动作,将焊条在工件表面划一下即可引弧,这种方法比较容易掌握,但擦划法有时容易损伤工件的表面。

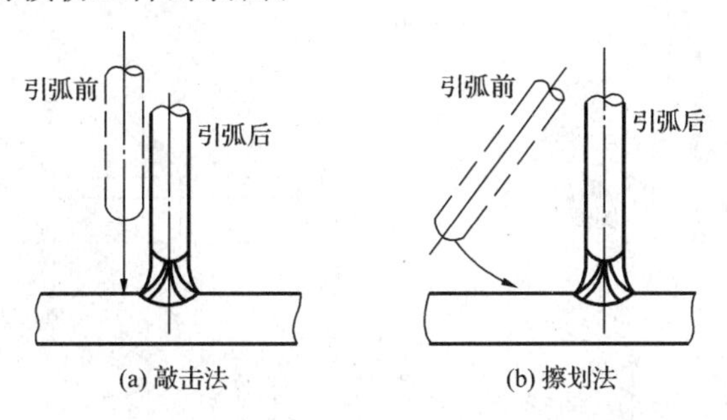

图 4-7　引弧的方法

引弧时如果焊条和工件黏结在一起,可将焊条左右摇动后拉开;如果拉不开,则要松开焊钳,切断焊接电路,待焊条稍稍冷却之后再拉开。但应当注意,短路的时间不可太长,以免烧坏电焊机。有时焊条与工件多次瞬时接触后仍不能引弧,这往往是焊条端部的药皮妨碍了导电,此时只需将焊条端部包住焊芯金属的药皮敲掉少许即可。

2. 运条

手工电弧焊运条有三个基本动作,如图 4-8 所示:(Ⅰ)引弧后,将焊条与工件平面倾斜,保持 70°～ 80°方位角,均匀地向下送进焊条,以维持一定的电弧长度;(Ⅱ)将焊条沿焊接方向缓慢均匀地向前移动,使工件焊透;(Ⅲ)焊条垂直于焊缝方向做横向往复摆动,以获得所需的焊缝形态。

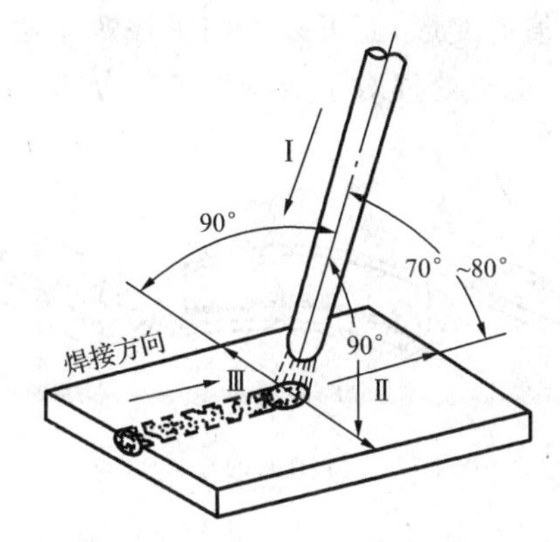

图 4-8　运条的三个基本动作

Ⅰ—向下送进;Ⅱ—沿焊接方向移动;Ⅲ—横向往复摆动

手工电弧焊运条的路径如图 4-9 所示。对于薄板、窄焊缝,可采用直线形或直线往返形运条;对于平焊、立焊缝,可采用锯齿形或月牙形运条;对于横焊、仰焊、立焊缝,可采用斜三角形运条或斜圆圈形运条。

3. 焊接点固

手工电弧焊时为了便于定位和焊接装配,常常在较长焊缝施焊前每隔一定距离,点焊一小段焊缝,使焊件的相对位置固定,这通常称为焊接点固,如图 4-10 所示。

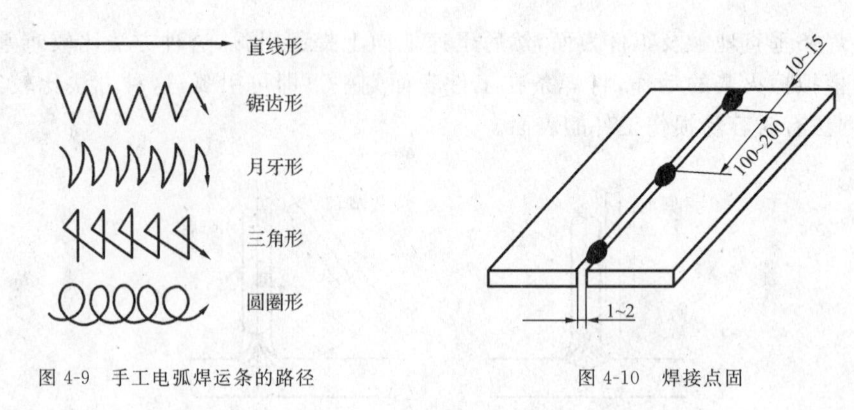

图 4-9 手工电弧焊运条的路径

图 4-10 焊接点固

4.2.3 焊接变形和焊接缺陷

1. 焊接变形

焊接时，焊件受到不均匀的局部加热，焊缝及其附近金属的温度分布极不均匀，受热膨胀金属受周围温度较低部分金属的限制无法自由膨胀，因此，冷却后的焊件将会发生纵向(沿焊缝长度方向)和横向(垂直焊缝长度方向)的收缩，引起整个工件的变形；与此同时，在工件内部也不可避免地会产生残余应力，从而降低焊接结构的承载能力，并引起进一步的变形甚至产生裂纹。

焊接变形的基本形式如图 4-11 所示，主要有：尺寸收缩、角变形、弯曲变形、扭曲变形、翘曲变形等。焊接变形降低了焊接结构的尺寸精度，应当采取措施防止。防止和减少焊接变形的工艺措施主要有反变形法、加裕量法、刚性夹持法，以及选择合理的焊接次序等。若已经发生了超过允许值的变形，还可以采用机械矫正法和火焰加热矫正法来进行矫正。此外，焊前预热和焊后退火处理对于减少焊接应力都是很有效的方法，同时预热法对于减少焊接变形也很有帮助。

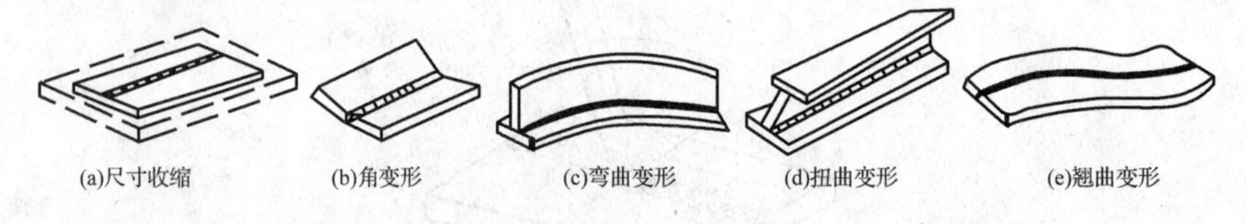

图 4-11 焊接变形的基本形式

2. 焊接缺陷

由于焊接工艺参数选择不当、操作技术不佳等原因，焊接过程中可能产生焊接缺陷，包括外观缺陷与内部缺陷两大类，主要反映在焊接接头形状和焊缝连续性两个方面。焊接缺陷将会导致应力集中，使承载能力降低，因此必须采取措施限制焊接缺陷的产生，努力减轻它的不良影响。

焊接接头的外观缺陷如图 4-12 所示，主要有咬边、焊瘤、烧穿、未焊满等。其中，咬边是指焊缝表面与母材交界处产生的沟槽或凹陷，形成咬边的主要原因有焊接电流太大、电弧太长、操作不当等；焊瘤是指在焊接过程中，熔融金属流溢到焊缝之外未熔化的母材上，冷却后形成的金属瘤。

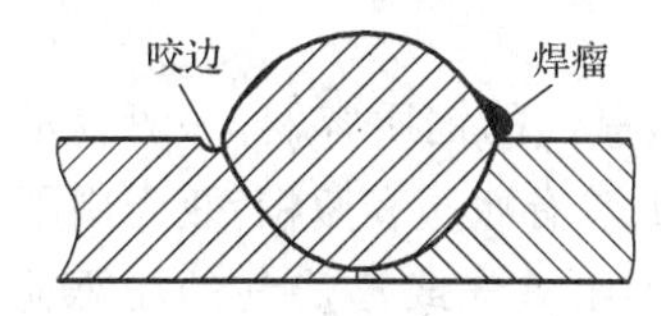

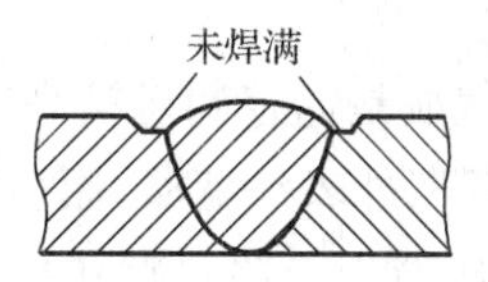

图 4-12　焊接接头的外观缺陷

焊接接头的内部缺陷如图 4-13 所示，主要有：夹渣、未焊透、裂纹、气孔等。裂纹是在焊缝区或近缝区的焊件内部或表面产生的横向或纵向的微小缝隙，分为冷裂纹和热裂纹。产生裂纹的原因主要是材料(母材或焊条材料)选择不当、焊接工艺不正确等。减少裂纹产生的措施有：合理设计焊接结构，合理安排焊接顺序，以及采取预热、缓冷等。气孔是焊缝表面或内部出现的微小孔洞，产生气孔的原因有焊条受潮、坡口未彻底清理干净、焊接速度过快、焊接电流不合适等。夹渣指的是残留在焊缝内部的熔渣，产生夹渣的原因为坡口角度过小、焊接电流太小、多层焊时清渣不够干净等。未焊透是指焊接接头的根部未完全熔合的现象，是由于焊接电流太小、焊速过快、坡口角度尺寸不合适等原因造成的。

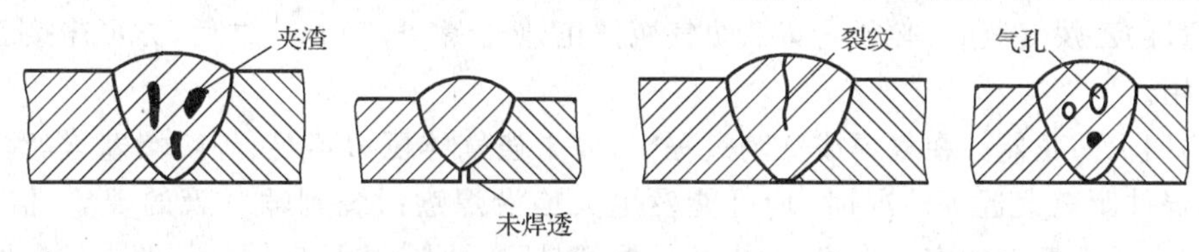

图 4-13　焊接接头的内部缺陷

为了保证焊接产品的质量，工件焊完后一般都应根据产品的技术要求进行检验，生产中常用的检验方法有外观检查、着色检查、无损探伤(包括磁粉探伤、射线探伤和超声波探伤)、密封性试验等。

4.3　气焊与气割

4.3.1　基本工艺知识

气焊与气割是利用气体的燃烧火焰热量进行金属焊接和切割的方法。生产中最常用的是氧－乙炔气焊，它的火焰温度最高可达 3150 ℃，热量也较分散，加热工件缓慢，但比较均匀，适合于焊接 0.5～2 mm 薄钢板件、有色金属件和铸铁等工件。气焊的另一个优点是不需使用电能，因此在没有电源的地方也可以应用。

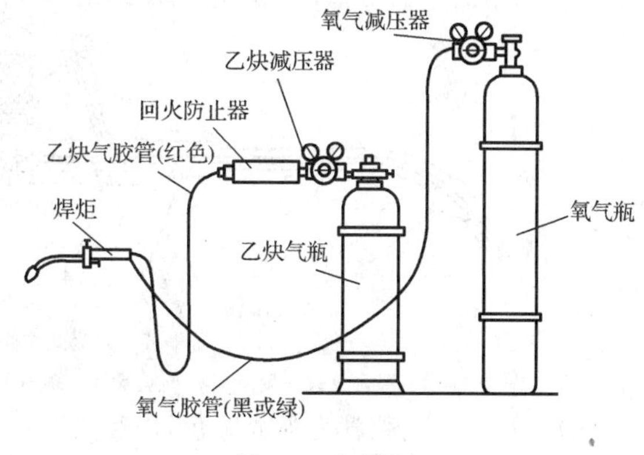

图 4-14　气焊设备

1. 气焊设备

气焊设备如图 4-14 所示，主要由氧气瓶、氧气减压器、乙炔发生器(或乙炔气瓶和乙炔减压器)、回火防止器、焊炬和气管等组成。

(1)氧气瓶　氧气瓶是储存和运输高压氧气的钢质容器,一般容量为40 L,贮氧的最高压力为15 MPa。氧气瓶外表涂蓝漆,瓶口上装有瓶阀和瓶帽,瓶壳周围装有橡皮防震圈。

(2)减压器　减压器用于将气瓶中的高压氧气或乙炔气的压强降低到工作所需的低压范围内,并在气焊过程中保持气体压强基本稳定不变。

(3)乙炔发生器和乙炔气瓶　乙炔发生器是使水与电石相接触进行化学反应,从而产生具有一定压强的乙炔气体的装置。我国主要应用的是中压式(0.045～0.15 MPa)乙炔发生器,其结构形式有排水式和联合式两种。

乙炔气瓶是储存和运输乙炔的容器,其外表涂白漆,并用红漆标注"乙炔"字样。乙炔气瓶内装有浸透丙酮的多孔性填料,使乙炔气体得以安全而稳定地储存于气瓶中。多孔性填料通常由活性炭、木屑、浮石和硅藻土混合制成。乙炔气瓶的额定工作压力为1.5 MPa,一般容量为40 L。必须特别注意的是:乙炔气瓶在搬运、装卸、使用时都应竖立放稳,严禁将乙炔气瓶卧放在地面上直接使用,以免发生爆炸危险;如果万一需要使用已经卧放过的乙炔气瓶时,必须先将乙炔气瓶扶正,竖立静止20 min之后,方可连接乙炔减压器使用。

(4)回火防止器　在气焊或气割过程中,如果遇气体压力不足、焊嘴堵塞、焊嘴过热、焊嘴离焊件距离太近等情况时,均可能发生火焰沿焊嘴回烧到输气管的现象,俗称"回火"。回火具有极大的安全隐患,回火防止器就是防止回火火焰向输气管路或气源回烧的一种安全保险装置,它有水封式和干式两种结构。

(5)焊炬　焊炬的作用是将氧气和乙炔气按所需比例均匀混合,然后以确定的速度通过焊嘴喷出,点燃后形成具有足够能量和性质稳定的焊接火焰。按乙炔气进入混合室的方式不同,焊炬可分为射吸式和等压式两种。生产中最常用的是射吸式焊炬,其工作原理及构造如图4-15所示,工作时,高速氧气气流从喷嘴4以极高速度射入射吸管3,将低压乙炔气吸入射吸管,两者在混合管2内充分混合;混合气体由焊嘴1喷出,点燃成为高温焊接火焰。焊炬工作时应该先打开氧气阀门,后打开乙炔气阀门,两种气体便可在混合管内均匀混合。控制各阀门的打开大小,即可调节氧气和乙炔气的不同比例,从而改变焊接火焰的温度和性质。一般焊炬备有3～5个孔径不同的焊嘴,以便用于焊接不同厚度的工件。

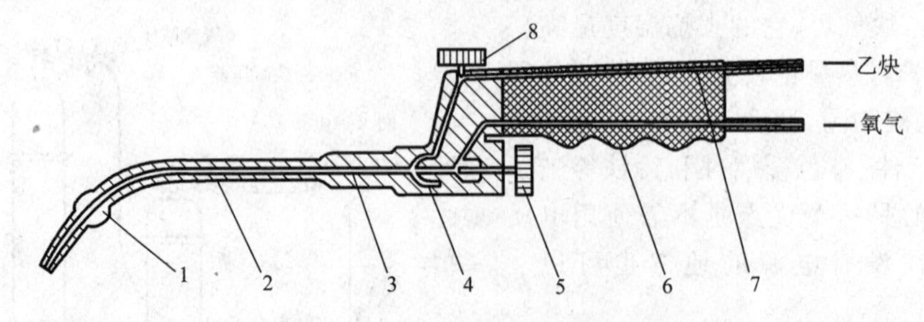

图4-15　射吸式焊炬的构造

1—焊嘴;2—混合管;3—射吸管;4—喷嘴;5—氧气阀;6—氧气导管;7—乙炔管;8—乙炔阀

(6)气管　氧气胶管为黑或绿色,内径为8 mm,工作压力为1.5 MPa;乙炔气胶管为红色,内径为10 mm,工作压力为0.5 MPa或1.0 MPa。气管的长度一般为10～15 m。

2. 气焊火焰

气焊主要采用氧-乙炔火焰，调节氧气和乙炔气的混合比例，可以得到三种不同形态的火焰，即中性焰、碳化焰和氧化焰，它们对焊缝质量有十分重要的影响。

(1)中性焰　中性焰如图 4-16(a)所示，由焰心、内焰、外焰三部分组成，焰心 1 呈亮白色的圆锥体，温度较低；内焰 2 呈暗紫色，温度最高，适用于焊接；外焰 3 的颜色从淡紫色逐渐向橙黄色变化，温度递降，热量分散。当氧气与乙炔气的混合比为 1～1.2 时，气体燃烧过后无剩余氧或乙炔，燃烧充分，热量集中，产生中性焰，其火焰温度可达 3050～3150 ℃。中性焰的应用最广，低碳钢、中碳钢、铸铁、低合金钢、不锈钢、紫铜、锡青铜、铝及铝合金、镁合金等材料气焊时都是使用中性焰。

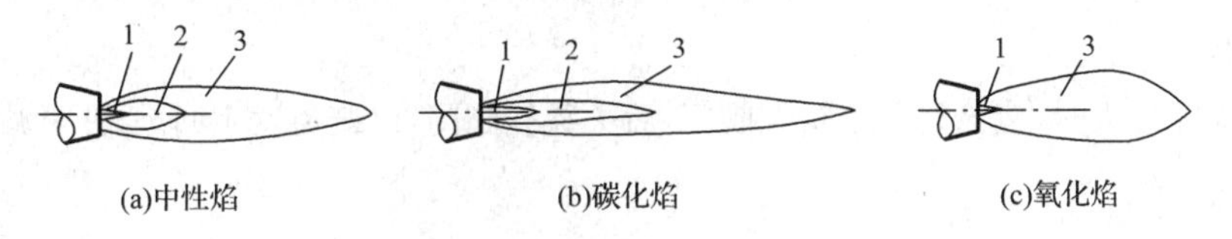

图 4-16　氧-乙炔火焰的形态

1—焰心；2—内焰；3—外焰

(2)碳化焰　碳化焰如图 4-16(b)所示，整个火焰比中性焰长，呈蓝白色，发出声音较弱，火焰温度最高达 2700～3000 ℃。当氧气与乙炔气的混合比小于 1 时，部分乙炔气未燃烧完全，由于过剩乙炔气分解为碳粒和氢气的原因，碳化焰具有还原性，使焊缝金属的含氢量增加，焊接低碳钢时有渗碳现象，所以碳化焰适用于高碳钢、铸铁、高速钢、硬质合金、铝青铜等的气焊。

(3)氧化焰　氧化焰如图 4-16(c)所示，焰心 1 短而尖，内焰区的氧化反应剧烈，火焰挺直发出“嘶嘶”声，火焰温度可高达 3100～3300 ℃。当氧气与乙炔气的混合比大于 1.2 时，燃烧过后的气体中仍有过剩的氧气，由于氧化焰易使金属氧化，焊接碳钢时容易产生气体并出现熔池沸腾现象，故一般很少采用，仅在焊接黄铜、锰黄铜、镀锌铁皮等材料时使用氧化焰。

4.3.2　气焊基本操作

气焊的基本操作有点火、调节火焰、焊接和熄火等几个步骤。

1. 点火

气焊点火时，先把氧气阀门略微打开，然后再开大乙炔气阀门，即可点燃火焰。若有火焰爆破声，或者火焰点燃后立即熄灭，应当减少氧气或排放掉不纯的乙炔气，再次进行点火。

2. 调节火焰

刚开始点燃的火焰是碳化焰，随后逐渐开大氧气阀门，调接成中性焰。

3. 焊接

气焊时，右手握持焊炬，左手拿焊丝。焊接刚开始时，为了尽快地加热和熔化工件形成焊接熔池，焊嘴的倾角应为 80°～ 90°，如图 4-17 所示；进入正常焊接阶段时，改变焊嘴的倾角保持在 40°～ 50°，将焊丝有节奏地向焊接熔池送进，填入熔池熔化，控制焊炬和焊丝自右向左保持合适的均匀速度移动，使焊接熔池保持适当大小。为了使工件焊透，获得良好的焊缝，焊炬和焊丝还需要做横向摆动。

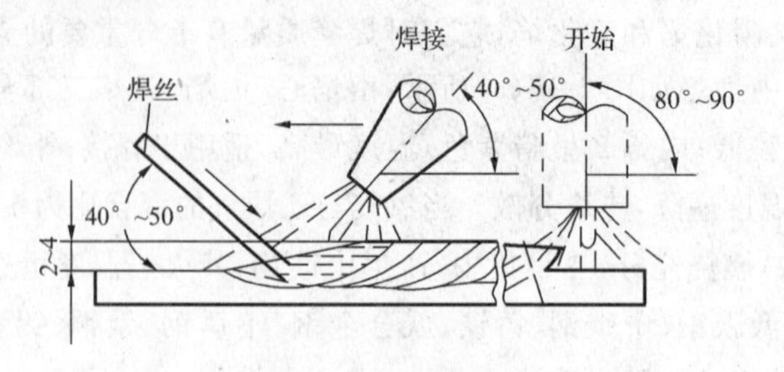

图 4-17 焊嘴的倾角

4. 熄火

工件焊完熄火时，应该先关乙炔气阀门，后关氧气阀门，以避免发生回火，并可减少烟尘。

4.3.3 氧气切割

氧气切割简称气割，是利用高温金属在纯氧中燃烧氧化而将工件分离的工艺方法。气割时必须使用气割割炬，气割割炬如图 4-18 所示，它与焊炬的结构明显不同，增加了输送切割氧气的管道，割嘴的结构也不一样。

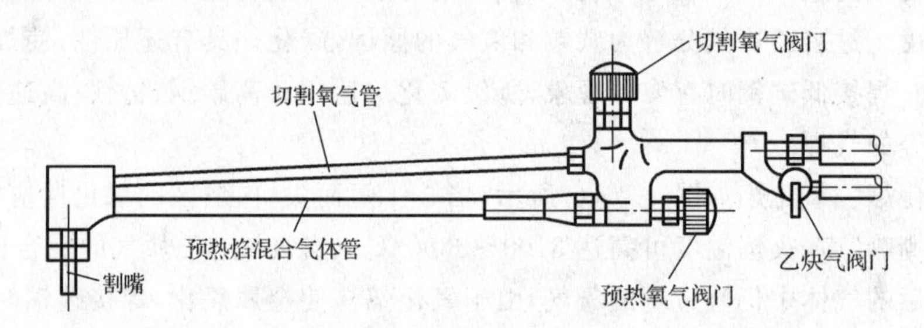

图 4-18 气割割炬

气割时，先用氧-乙炔焰将金属预热到接近熔点温度，碳钢为 1100～1150 ℃，呈淡黄色；然后开大氧气开关，送出过量高压纯氧，使高温熔融金属迅速氧化燃烧，生成氧化物熔渣并被高压氧气吹走，形成气割切口，如图 4-19 所示；熔融金属在氧化燃烧时放出大量的热能，将工件待切割的部分预热；随着割炬缓慢移动，即可完成氧气切割全过程。

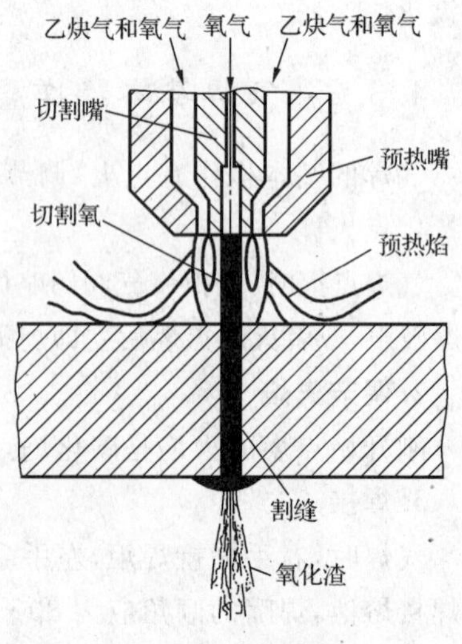

图 4-19 氧气切割

气割的操作方便，切口平整，生产率较高，能切割形状复杂工件和较厚的工件，广泛适用于切割低碳钢和中碳钢板料。

4.4 其他焊接方法

4.4.1 气体保护电弧焊

在采用电弧焊焊接铝、铝合金、高合金钢等容易被氧化的金属材料时，由于浮在焊接熔池表面起保护作用的熔渣中含有氧化物，不容易获得优质的焊接接头。为了保护焊缝，提高焊接质量，需要采用气体保护电弧焊。

气体保护电弧焊是利用二氧化碳气体、氩气等不活泼气体作为保护介质，将高温熔焊区与周围空气隔绝开来，防止空气中的活泼气体对焊缝金属产生不良影响。工业上常用的气体保护电弧焊有氩弧焊和二氧化碳气体保护焊。

1. 氩弧焊

氩弧焊是以氩气为保护气体的电弧焊。按照电极结构不同，氩弧焊可分为熔化极氩弧焊和非熔化极氩弧焊两种。熔化极氩弧焊如图 4-20(a)所示，它采用送丝轮机构连续送进的裸露金属焊丝作为一个电极引弧，氩气由喷嘴处喷出覆盖焊接熔池进行保护，焊接时金属焊丝不断熔化滴入焊接熔池填充焊缝，成为焊缝的组成部分。非熔化极氩弧焊如图 4-20(b)所示，它采用小直径钨棒作为一个电极引弧，由于钨的熔点极高，焊接时钨棒电极不会被熔化，电弧产生的高热仅仅使被焊接工件局部熔化，相互融合形成焊缝，生产中许多不锈钢薄壁件制品焊接就是采用非熔化极氩弧焊。如果焊缝较大，非熔化极氩弧焊在焊接时也可以另加填充焊丝，补充焊缝。

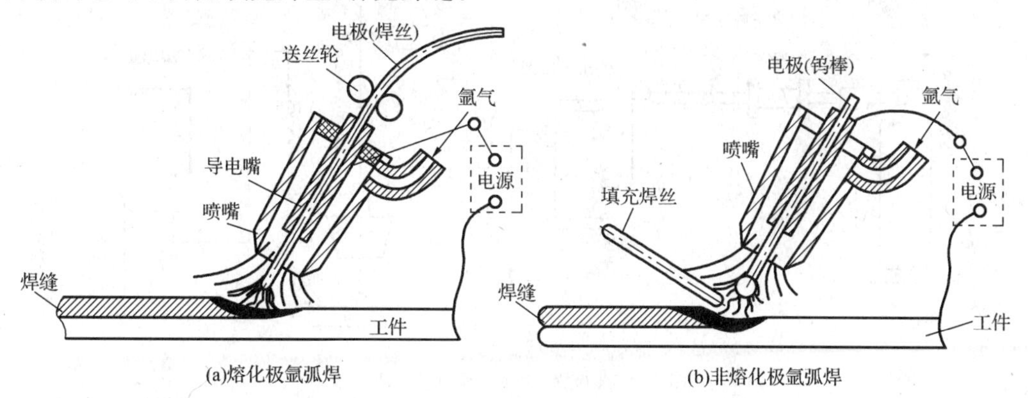

图 4-20 氩弧焊示意图

氩气属于惰性气体，它既不与金属起化学反应，也不溶于液态金属。在氩弧焊焊接时，氩气包围着电弧和焊接熔池，使电弧稳定地燃烧，因此热量集中，工件变形小，焊缝致密，表面无熔渣，成型美观，焊接质量高。氩弧焊适合焊接所有钢材、有色金属及其合金，但因氩气的制备费用较高，氩弧焊设备也比较复杂，目前主要用于铝、镁、钛和稀有金属材料以及合金钢、模具钢、不锈钢的焊接。

2. 二氧化碳气体保护焊

二氧化碳气体保护焊简称 CO_2 保护焊，是利用 CO_2 作为保护气体的一种电弧焊方法。CO_2 保护焊属于熔化极焊接方式，它的工作原理如图 4-21 所示。

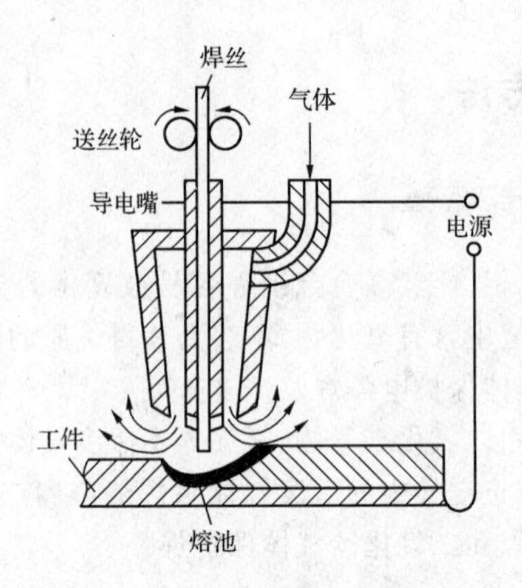

图 4-21　CO_2 气体保护焊原理

与手工电弧焊相比，CO_2 气体保护焊对焊接熔池的保护效果好，焊接变形小，焊缝的质量比较理想，不需清渣，生产率较高，既可以焊接低碳钢和低合金钢，也很适合焊接高合金钢，特别适合于焊接薄板类零件。CO_2 气体价格低廉，生产成本适中。但是 CO_2 在高温条件下可分解出氧原子，使电弧气氛具有强烈的氧化性，容易氧化烧损焊缝金属中的碳、硅、锰等有益元素和出现气孔，因此必须使用含锰、硅等脱氧元素较多的裸露金属焊丝。此外，当使用较大电流焊接时，CO_2 气体保护焊的金属飞溅较严重，焊缝表面成型不够美观，需要使用直流电源。CO_2 气体保护焊所使用的焊接设备如图 4-22 所示。

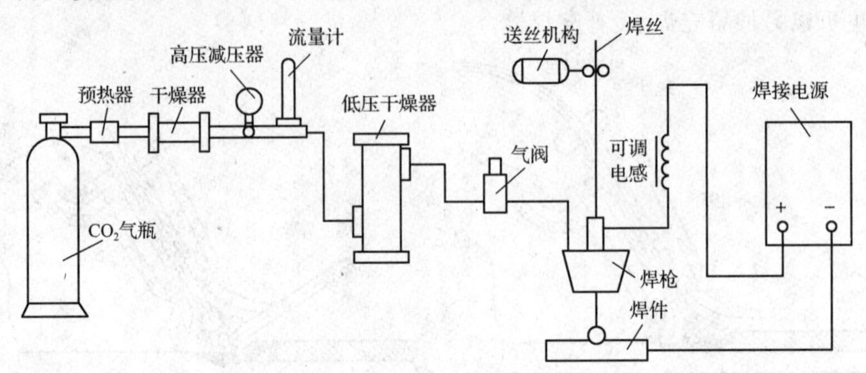

图 4-22　CO_2 气体保护焊的焊接设备

4.4.2　电阻焊

电阻焊又称接触焊，它是利用电流通过焊件接头的接触面及邻近区域产生的电阻热，将焊件加热到塑性状态或局部熔融状态，再在压力作用下形成牢固接头的一种压力焊接方法。电阻焊的基本形式有三种：点焊、缝焊、对焊，如图 4-23 所示。

电阻焊具有操作简单，焊缝质量好，生产率高，不需要填充金属，焊接变形小，生产成本低，易于实现机械化和自动化作业等一系列优点。电阻焊焊接时的焊接电压很低（几伏至十几伏），但焊接电流很大（几千安至几万安），故要求电源功率较大。电阻焊通常适用于成批、大量的生产方式。

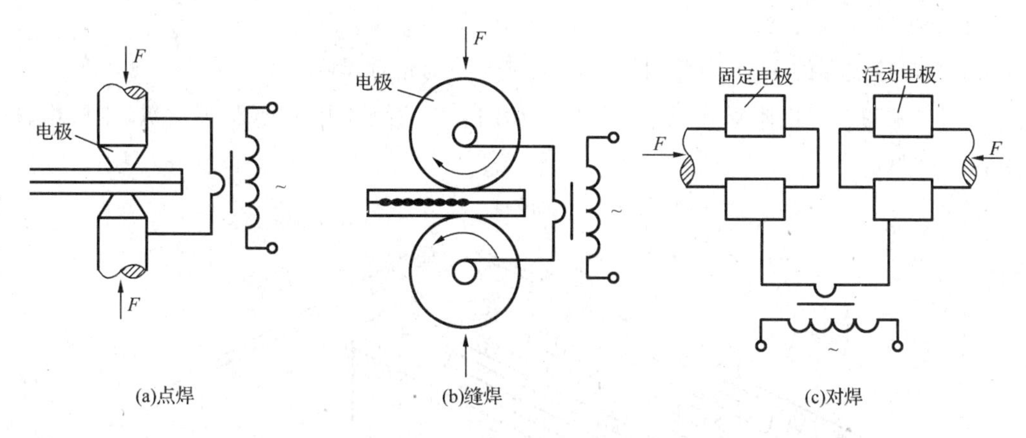

图 4-23　电阻焊的三种基本形式

1. 点焊

点焊主要用于薄板壳体和厚度较薄的钢板构件搭接。点焊使用的设备称为点焊机，点焊机的工作原理如图 4-24 所示。焊接时，先将被焊工件放到圆柱形紫铜上、下电极之间，用脚踩住踏板对工件预加压；接通低压大电流，在极短的瞬间因大电流短路使被焊工件触点附近加热到熔融状态，然后立即断电；断电后，圆柱形紫铜上、下电极之间保持继续加压，工件在压力作用下互相贴紧融合并冷却、凝固，形成一个组织致密的焊点。重复上述操作，即可得到所需的焊接效果。点焊机较长时间工作时，为了防止点焊机的变压器、紫铜电极、电极臂等零部件过度发热，通常可以采用循环水进行冷却。

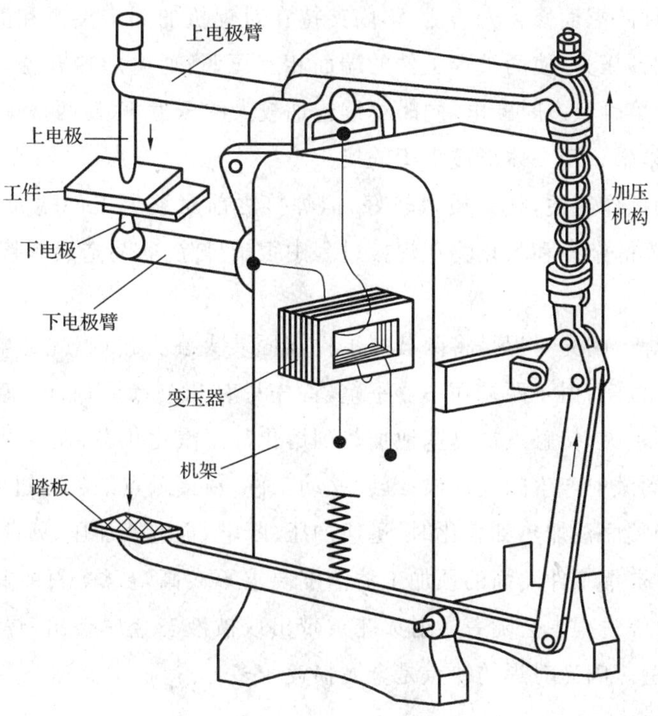

图 4-24　点焊机的工作原理

2. 对焊

根据焊接过程的不同，对焊可分为电阻对焊和闪光对焊两种。

(1)电阻对焊　电阻对焊机的工作原理如图 4-25 所示，由变压器、夹钳、加压机构、机架等部件组成。

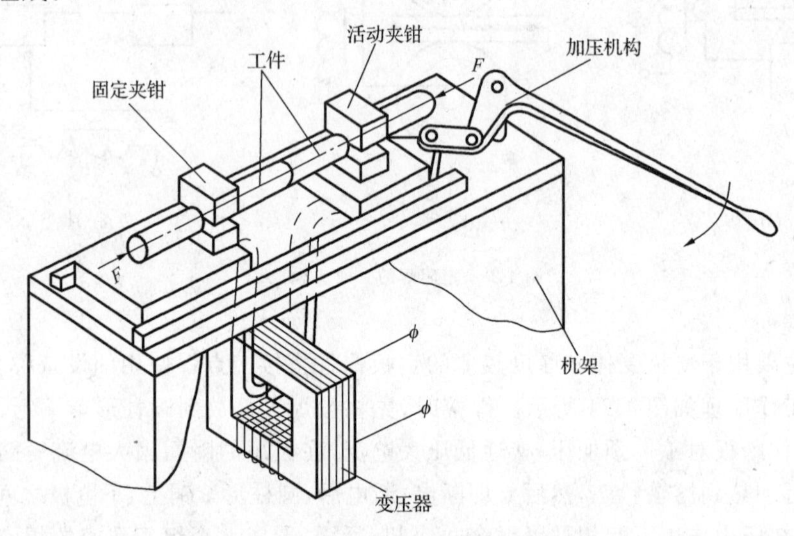

图 4-25　电阻对焊机的工作原理

电阻对焊常用于焊接直径小于 ϕ20 mm 的圆钢和强度要求不高的工件。电阻对焊时，将两被焊工件的端面修整光洁后，牢固夹持在对焊机的固定夹钳和活动夹钳内；借助于加压机构施加预压力，使两被焊工件的端面相互压紧；通电加热升温，使接头附近从红热到呈黄白色半熔融状态时断电，同时继续施加较大的压力 F，使两被焊工件的端面接触处产生塑性变形，融合于一体形成牢固的接头。

电阻对焊的操作简便，接头质量较好，但焊接之前对被焊工件端面的清洁度要求较高，否则工件端面的杂质和氧化物在焊接过程中很难排除，容易造成焊接接头夹渣或未焊透等缺陷。

(2)闪光对焊　闪光对焊是将两被焊工件牢固装夹在夹钳内，先通电，然后逐渐移动工件使接头相互接触；由于两端面不够平整，首先只有几个点接触，电流经少数接触点流过时的电流密度很大，接触点被迅速地加热到熔化甚至汽化状态，在电磁力的作用下发生爆裂，火花向四周溅射产生闪光现象；继续移动工件，新接触点的闪光过程连续产生；如此反复使工件整个端面被加热到熔化时，迅速加压、断电，再继续加压，就能焊接成功。

闪光对焊对被焊工件端面的预加工清洁度要求不太高，被焊工件端面的残留杂质和氧化物在闪光对焊过程中会随着溅射火花被带出或被液态金属挤出，焊接接头的质量很好，应用比较普遍。闪光对焊的缺点是金属损耗较多。

4.4.3　钎焊

钎焊是利用熔点比母材低的填充金属（称为钎料）熔化后填充到被焊件的焊缝之中，并使之连接起来的一种焊接方法。钎焊的特点是焊接过程中钎料熔化填充焊缝，而被焊件只加热到高温而不熔化。

按钎料的熔点不同，钎焊可分为硬钎焊和软钎焊两种。

1.硬钎焊

钎料的熔点高于450 ℃的钎焊称为硬钎焊。硬钎焊常用的钎料有铜基钎料和银基钎料等。硬钎焊的焊接接头强度较高，适用于钎焊受力较大、工作温度较高的焊件。

2.软钎焊

钎料的熔点在450 ℃以下的钎焊称为软钎焊。软钎焊常用的钎料是锡铅钎料。软钎焊的接头强度低，主要用于钎焊受力不大、工作温度较低的焊件。

钎焊时一般需要使用助焊剂。助焊剂能去除钎料和母材表面的氧化物，保护母材连接表面和钎料在钎焊过程中不被氧化，并改善钎料的浸润性（钎焊时液态钎料对母材的浸润和附着能力）。硬钎焊常用的助焊剂有：硼砂、硼砂与硼酸的混合物等；软钎焊常用的助焊剂有：松香、氯化锌溶液等。

按钎焊过程中加热方式的不同，钎焊可分为：烙铁钎焊、火焰钎焊、电阻钎焊、感应钎焊、炉中钎焊等。

钎焊与熔焊相比，钎焊的加热温度低，接头的金属组织和性能变化小，焊接变形也小，焊件的尺寸容易保证。钎焊可以连接同种金属或异种金属，也可以连接金属和非金属。钎焊还可以连接一些其他焊接方法难以进行连接的复杂结构，且生产率较高。但钎焊接头的强度较低，接头耐热能力较差，钎焊前的准备工作要求较高。钎焊主要用于电子工业、仪表制造工业、航天航空和机电制造工业等领域。

金工实训报告（焊接成型）

本次实训课题的“金工实训报告”见表4-2。学生应争取在车间现场完成本课题的“金工实训报告”，实训指导老师尽可能当场批阅评定成绩，必要时可以组织学生展开现场讨论，强化金工实训的效果。

表 4-2　　　　金工实训报告:焊接成型

实训案例	手工电弧焊的平焊操作及工艺分析			
工件及设备简图	(画出手工电弧焊接线简图,并请标明接线极性) 焊接电缆 接电网　直流电焊机 焊条 工件(3 mm A3钢板)		(请画出焊接坡口图) 1~6 0~2 工件材料: 板料厚度: 焊机型号: 焊条牌号:	
实训操作过程记录	焊接电流(A)	(第 1 次焊接电流:)	(第 2 次焊接电流:)	(第 3 次焊接电流:)
	电弧稳定性			
	焊缝外观成型			
	焊透与咬边			
	焊缝中的气孔			
	飞溅现象			
实训结果分析	(试分析焊接电流对焊接效果的不同影响)			

【实训复习思考题】

一、填空题

1. 手工电弧焊的焊接电流大小可参考工件的厚度，按电焊条的________选取。

2. 手工电弧焊的电焊条由________和________两部分组成。

3. 焊接属于一种________的连接，通过焊接可以将型材、冲压件、锻件拼焊成组合体结构，用于制造机器零件毛坯。

4. 按被焊接零件的材料不同，电焊条有________焊条、________焊条、________焊条、________焊条、________焊条、________焊条等。

5. 手工电弧焊是利用________所产生的高热量，将焊条和被焊金属局部加热至熔化，经冷凝后完成焊接的。

6. 直流电焊机在工作时有正接和反接两种接线方法：正接法为工件接正极、焊条接负极，采用正接法时________的温度较高，常用于焊接黑色金属。

7. 按照焊缝的操作位置不同，焊接可分为________、________、横焊、仰焊四种。

8. 手工电弧焊的基本操作主要包括“________”和“________”。

9. 焊接接头形式有________接、________接、________接和________接等多种。

10. 当被焊件厚度大于 6 mm 时，为了保证焊透，必须预先开出________。

11. 电阻焊的基本形式有________焊、________焊和________焊三种。

12. 按钎料的熔点不同，钎焊可分为________焊和________焊两种。

13. 调节氧气和乙炔气的混合比例，可以得到三种不同形态的火焰，即________焰、________焰和________焰，它们对焊缝质量有十分重要的影响。

14. 工业上常用的气体保护焊有________焊和________焊两种。

二、讨论题

1. 常见的手工电弧焊焊接缺陷有哪些？产生的原因各是什么？

2. 试说明气焊点火操作的正确顺序是什么？

3. 试说明氩弧焊、CO_2 气体保护焊、压力焊、钎焊各有什么特点？

4. 焊接与其他金属连接方法相比，有哪些特点？

5. 焊条药皮有什么作用？在焊接过程中引起电弧不稳定的因素有哪些？如何解决？

6. 焊接坡口的作用是什么？焊接接头的形式有哪些？

7. 如何选择焊条直径和焊接电流？试分析焊条直径过小而焊接电流过大，或者焊条直径过大而焊接电流过小时，对焊接过程分别有什么影响？

8. 气焊火焰有哪几种，如何区别？黄铜气焊时应选择何种火焰？为什么？

实训专题 5

车削加工

【实训目的及要求】

◆ 了解车床的结构与传动原理，了解车削加工的工艺特点及加工范围。

◆ 掌握合理选择与正确使用常规刀具、通用量具及通用工装夹具的方法。

◆ 熟悉车削外圆、端面、内孔的操作，并能独立车削一般的简单零件。

【实训安全事项】

◆ 开车床必须穿戴合适的紧身工作服，长头发必须压入工作帽内，严禁戴手套操作。

◆ 在车床床面上不准堆放工具、量具及其他物件，车刀和工件必须装夹牢固可靠。

◆ 工作时，头部不可离工件太近，防止铁屑飞出伤眼，必要时需戴防护目镜。

◆ 开动车床时不得测量工件，不得用手直接清除切屑，不得开车变换主轴转速，不得用手去刹住转动的卡盘。

◆ 车削操作结束后，应切断电源、清除切屑、清洁机床、加油润滑，保持环境整洁。

【实训典型案例】

典型案例 1：微型手锤锤头的车削成型实训操作

根据"微型手锤锤头"零件图纸的要求，首先拟定该零件的车削加工工步，然后确定各工步的加工部位、装夹方法、刀具简图、切削用量等工艺参数，完成零件实物车削加工，并完成本案例的"金工实训报告"。

典型案例 2：精密尺寸的测量方法实训操作

根据"微型手锤锤头"零件图纸中精密尺寸（带公差尺寸）的要求，合理选择 1～2 种通用量具对"典型案例 1"车削所得到的零件实物进行等精度重复测量，做出合理性结论。

5.1 概　述

车削加工是指工件旋转做主运动，车刀平移做进给运动的一种切削加工方法，它是金属切削加工的主要方法之一。

5.1.1　车削时的运动与切削表面

1. 车削时的运动

车削时的主运动为主轴卡盘带动工件的转动，车削时的进给运动是拖板刀架带动车刀的移动，如图5-1所示。

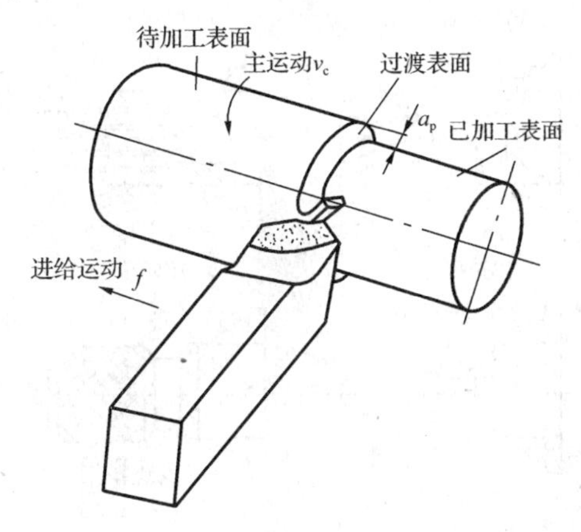

图5-1　车削时的运动与切削表面

2. 车削时的切削表面

车削时的三个切削表面为：已加工表面、待加工表面与过渡表面，如图5-1所示。

3. 切削用量三要素

车削时的切削速度v_c、进给量f和背吃刀量a_p称为切削用量三要素，它们是影响车削工件加工质量和生产率的重要因素。

5.1.2　车削加工范围

在机械加工车间里，车床约占机床总数的50%，其中最普遍采用的是卧式普通车床。卧式普通车床的加工范围广，能加工各种内、外回转表面以及端面、平面等，如图5-2所示。

5.1.3　车削加工特点

与其他切削加工方法比较，车削加工有如下特点：

(1)车削的适应范围广　它是加工不同材质、不同精度、各种回转表面零件不可缺少的切削加工工序。

(2)车削容易保证各加工表面的位置精度　在一次安装中加工零件的多个回转表面时，车削能可靠保证各加工表面之间的同轴度、平行度、垂直度等位置精度要求。

(3)车削的生产成本低　车削时使用的车刀是最简单的单刃刀具，其制造、刃磨和安装都很方便；车床的机床附件齐全，生产准备时间短，生产成本较低。

(4)生产率较高　车削加工通常是等截面连续切削，因此切削力变化小，切削过程平稳，可选用较大的切削用量，生产率较高。

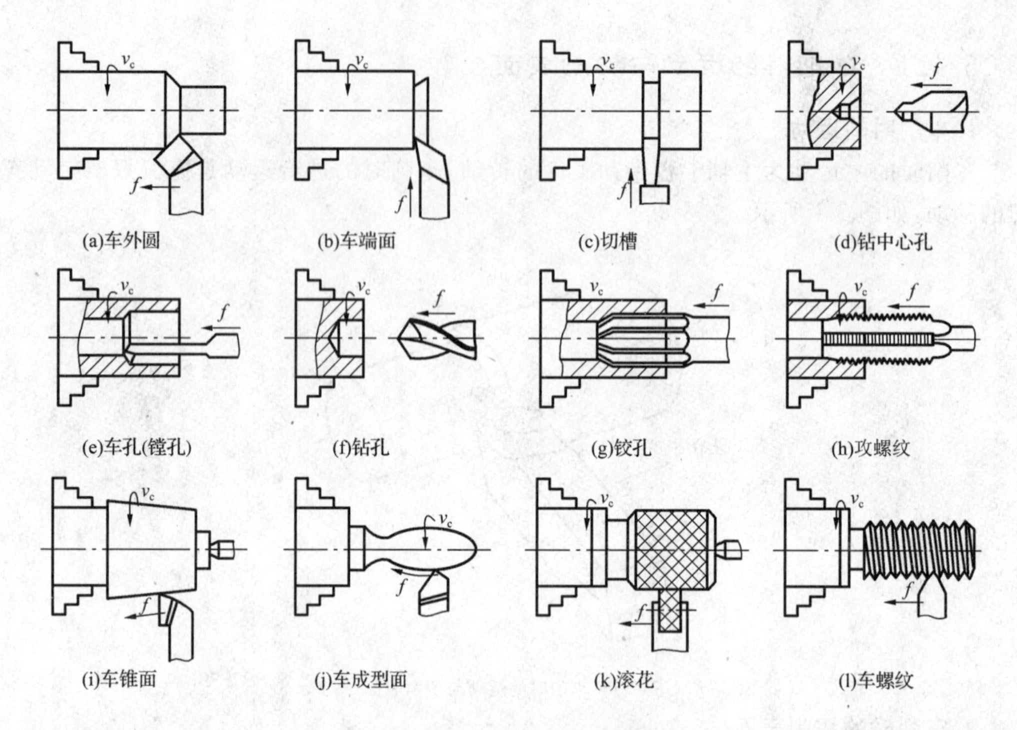

图 5-2 卧式普通车床加工范围

车削加工能达到的尺寸精度为 IT8～IT5，表面粗糙度为 Ra 3.2～1.6 μm。对于不宜磨削的有色金属进行精车加工，可以获得更高的尺寸精度和更理想的表面粗糙度。

5.2 车 床

5.2.1 车床的型号

我国国家标准规定：采用多位汉语拼音字母和阿拉伯数字按一定规律组合进行编码，来表示机床的类型和主要规格。学生在车削加工实训中常用的车床型号为 C6132、C6136 等，它们的结构大致相似。

在 C6132 车床编号中，C 是“车”字汉语拼音的首字母，读作“车”；6 和 1 分别为机床的组别和系别代号，表示卧式车床；32 为机床的主参数代号，表示该车床能加工工件最大车削直径的 1/10，即最大车削直径为 320 mm 。

5.2.2 车床的组成

C6132 型卧式车床的外形如图 5-3 所示，其主要组成部分有：床身、主轴箱、进给箱、变速箱、溜板箱、刀架、尾座、丝杠、光杠、床腿等。

5.2.3 车床的传动系统图

C6132 型卧式车床的传动系统如图 5-4 所示，经分析知，该车的床传动系统由主运动传动链和进给运动传动链两部分组成，其中，主运动传动链的传动路线表达式如下：

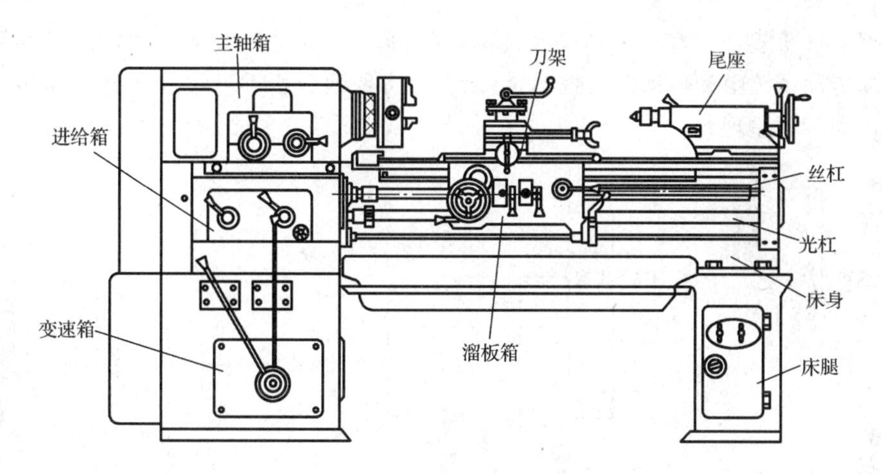

图 5-3　C6132 型卧式车床

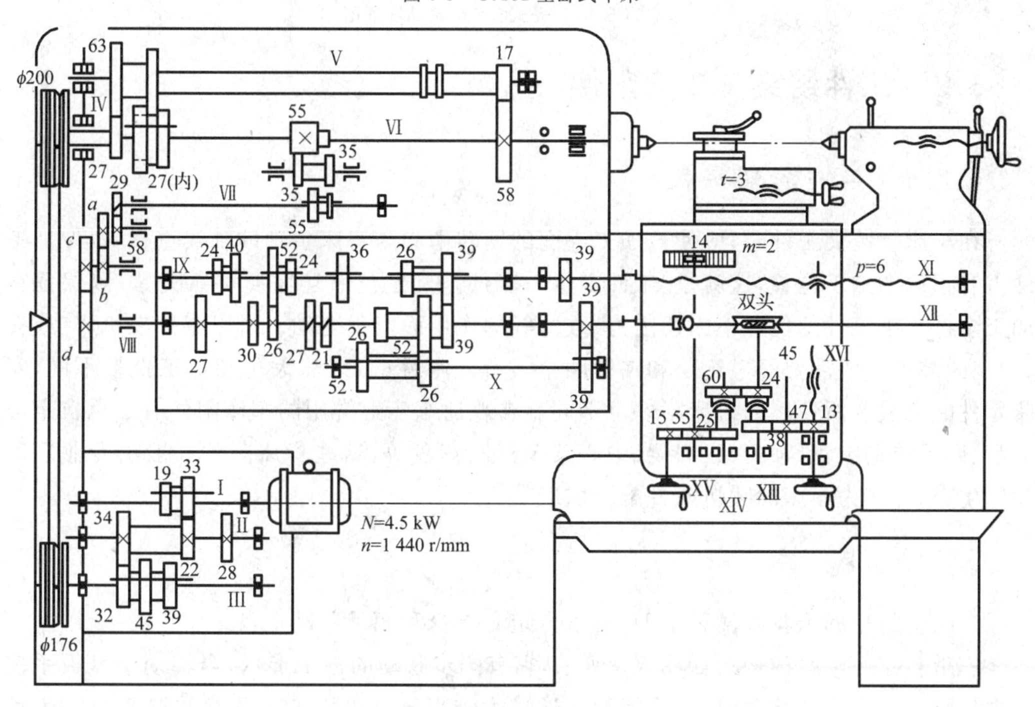

图 5-4　C6132 型卧式车床传动系统图

$$
\begin{matrix}\text{电动机}\\(1\ 440\ \text{r/min})\end{matrix}—\text{I}—\left\{\begin{matrix}\frac{33}{22}\\ \frac{19}{34}\end{matrix}\right\}—\text{II}—\left\{\begin{matrix}\frac{34}{32}\\ \frac{28}{39}\\ \frac{22}{45}\end{matrix}\right\}—\text{III}—\frac{\phi176}{\phi200}\times0.98—\text{IV}—\left\{\begin{matrix}\frac{27}{63}—\text{V}—\frac{17}{58}\\ \frac{27}{27}\end{matrix}\right\}—\text{VI(主轴)}
$$

由主运动传动路线表达式可以算出：主轴正转有 12 种转速，最高转速为 1 980 r/min，最低转速为 43 r/min；主轴反转也可获得 12 种反转转速，它们是通过电动机的反转来实现的。

根据C6132型卧式车床的传动系统图,可以画出其传动路线框图,如图5-5所示。根据车床的传动系统图和传动路线框图,可以十分方便地分析C6132型卧式车床传动的系统的结构和传动原理。

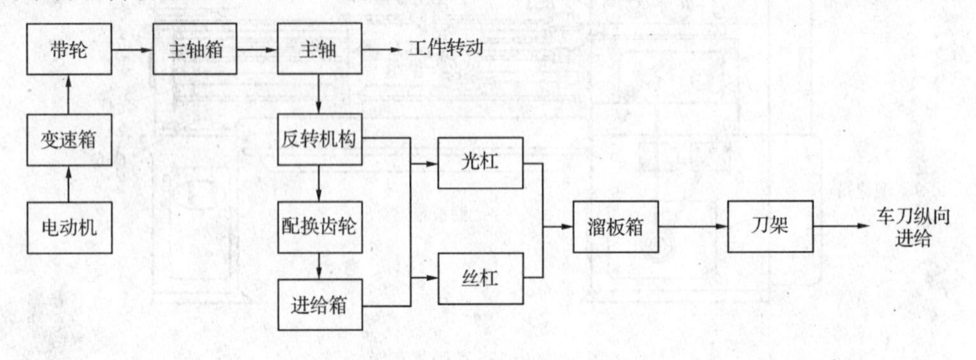

图5-5 C6132型卧式车床传动路线框图

5.3 工件装夹与车床附件

5.3.1 工件装夹要点

在车床上装夹工件时,应使被加工表面的回转中心与车床主轴的轴线重合,以保证工件占有正确的加工位置,这就是“工件定位”;工件正确定位后还需要可靠夹紧,以保证在加工全过程中工件的位置不因切削力、重力等的作用而产生变动。所以零件在机床(或夹具)上的装夹一般需要经过定位和夹紧两个过程。零件的形状、大小和加工批量不同,安装零件的方法及所使用的机床附件也不同。在普通车床上常用的车床附件有三爪自定心卡盘、四爪单动卡盘、顶尖、跟刀架、中心架、心轴、花盘等,这些机床附件一般由专业厂家专门生产,并作为车床的随机附件配套供应。

5.3.2 卡　盘

车床上使用的卡盘有两种类型:三爪自定心卡盘和四爪单动卡盘。

三爪自定心卡盘的构造如图5-6所示,它有同步联动的三个卡爪,当转动卡盘扳手使其中任意一个卡爪3移动时,小锥齿轮1通过大锥齿轮2上面的平面螺纹联动机构带动另两个卡爪同步移动,使三个卡爪始终保持位于与主轴回转轴线同心的圆周上,故称为三爪自定心卡盘。当被夹持工件的直径较大时,可以将三个卡爪换成三个反爪,用于轮盘类工件的装夹。三爪自定心卡盘在车床和磨床上得到了广泛应用。

四爪单动卡盘有四个卡爪,当使用卡盘扳手转动时只能带动一个卡爪,别的卡爪不能动作,更不能自动定心,因此称为四爪单动卡盘。四爪单动卡盘在安装零件时所花费的找正时间较长,要求工人的技术水平较高;但四爪单动卡盘安装零件时的夹紧力大,适合装夹圆形、方形、长方形、椭圆形、内外圆偏心零件或其他形状不规则的零件,用于单件小批量较复杂零件的生产。四爪单动卡盘装夹零件时,一般用划针盘按零件外圆或内孔进行找正,也可按事先划出的加工界线用划针盘进行划线找正,当要求定位精度达到0.01 mm

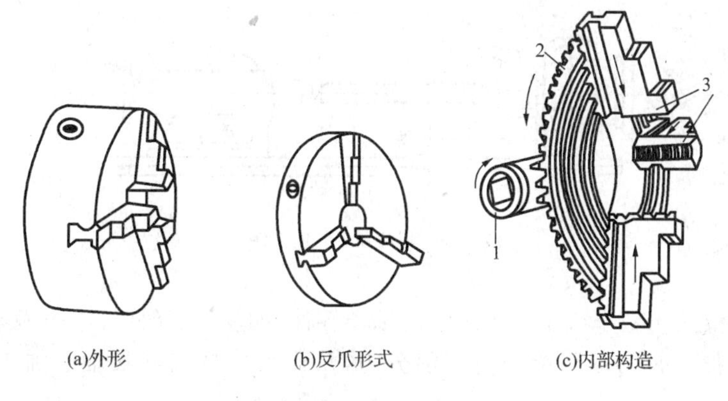

(a)外形　(b)反爪形式　(c)内部构造

图 5-6　三爪自定心卡盘的构造

1—小锥齿轮；2—大锥齿轮；3—卡爪

时还可用百分表找正，如图 5-7 所示。

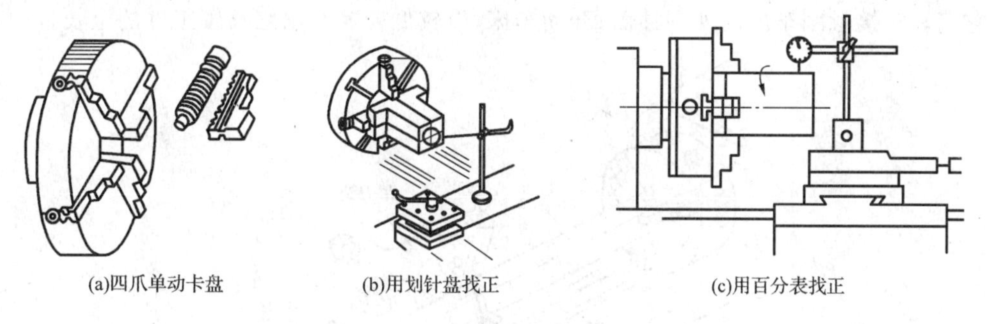
(a)四爪单动卡盘　(b)用划针盘找正　(c)用百分表找正

图 5-7　四爪单动卡盘及其找正

使用卡盘装夹工件时，应注意工件在卡爪间必须放正，夹持长度应大于 10 mm，零件紧固后应随即取下卡盘扳手，防止开车时零件或卡盘扳手飞出伤人或砸坏机床。

5.3.3　顶尖、跟刀架及中心架

加工复杂的长轴类工件时，常在长轴的两端面上划线打中心孔，使用顶尖装夹。这种装夹方法的定位精度很高，即使是多次装卸与掉头，也能保证各圆柱面有较高的同轴度。此外，当车削加工细长轴(长度与直径之比大于 20)时，由于工件的自身刚度不足，为了防止工件在切削力作用下产生弯曲变形而影响加工精度，除了用顶尖装夹工件外，还常采用中心架或跟刀架作为附加的辅助支承。

1.顶尖

车床上使用的顶尖有死顶尖和活顶尖两种。通常情况下，车床的前顶尖采用死顶尖；车床的后顶尖较易磨损，在转速较高时采用活顶尖，在转速较低时采用死顶尖。

采用两顶尖装夹工件的方法如图 5-8 所示，工件夹持在前、后顶尖之间，由拨盘带动鸡心夹头(卡箍)，再由鸡心夹头带动工件旋转。工件安装之前，应擦净两端的中心孔锥面，涂少许润滑油；装夹工件时缓慢转动尾座手轮，调整工件在顶尖间的松紧度，使之既能自由旋转又无轴向松动，最后紧固尾座套筒。

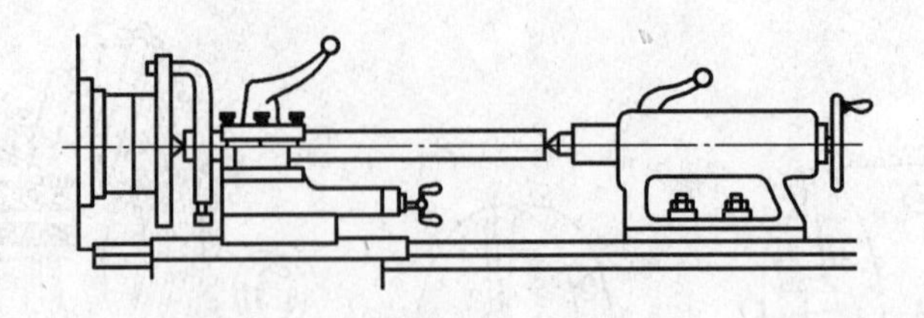

图 5-8 用两顶尖装夹工件

2. 跟刀架

跟刀架主要用于精车或半精车细长的轴类零件，如丝杠、光杠等。跟刀架可以有效抵消细长轴工件加工时的不平衡径向切削分力，从而大大提高细长轴的加工精度和表面质量。

跟刀架的使用方法如图 5-9 所示，将跟刀架固定在车床床鞍上，保持与车刀同步移动；工作时，先在工件后端精车出一小段外圆柱面；精细调节跟刀架上的两个可调支承爪，使它们轻轻接触刚车出的外圆柱面；开动车床，以较低转速车出细长轴工件的全长。

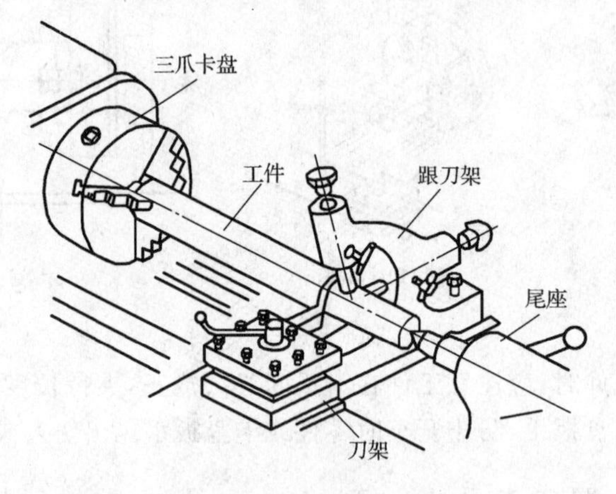

图 5-9 跟刀架的使用方法

3. 中心架

中心架通常用于加工阶梯轴，以及用于在长轴工件的端面上钻孔、镗孔或攻螺纹。对于无法通过机床主轴孔的较大直径长轴工件进行端面车削时，也经常使用中心架。

中心架的使用方法如图 5-10 所示，借助压板螺钉将中心架紧固在车床导轨上；调节互成 120°角的三个支承爪，使支承爪均保持与工件压力适中的良好接触，以增加工件的刚性；加注机油润滑，以低转速进行车削加工。

5.3.4 心 轴

心轴采用前、后两个顶尖顶夹在车床上，用于装夹形状复杂或同轴度要求较高的盘套类工件，以保证工件外圆与内孔的同轴度，以及保证端面与内孔轴线的垂直度要求。

采用心轴装夹工件时，应根据工件的形状、尺寸、精度要求、加工数量的不同，采用不同结构的心轴。装夹时，先将工件的内孔精加工至 IT7～IT6 级，然后以工件的高精度内孔定位。

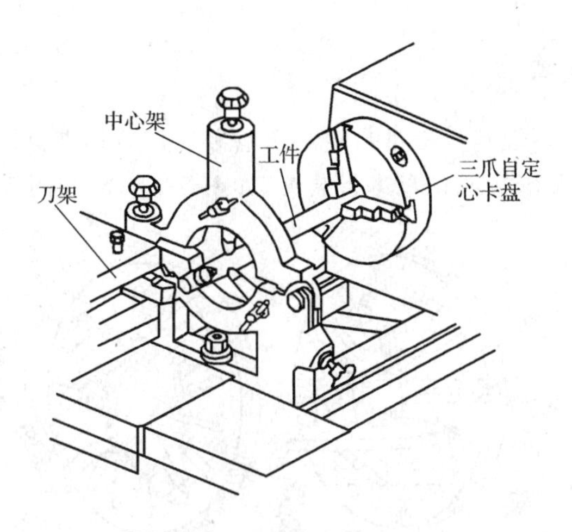

图 5-10　中心架的使用方法

1. 圆柱心轴

当工件的长径比小于1时，应使用带螺母压紧的圆柱心轴，如图5-11所示。工件的左端面靠紧心轴的台阶面，借助螺母及垫圈将工件压紧在心轴上。为了保证内、外圆同心，孔与心轴之间的配合间隙应尽可能小些，否则其定心精度将随之降低。

2. 小锥度心轴

当工件的长径比大于1时，可采用带有小锥度(1/5 000～1/1 000)的心轴装夹工件，如图5-12所示。由于工件孔与小锥度心轴配合时靠接触面之间产生的弹性变形来夹紧工件，故切削力不可太大，以防工件在心轴上滑动而影响正常切削。小锥度心轴的定心精度较高，可达0.01～0.005 mm，多用于磨削或精车加工，但工件的轴向定位不够准确。

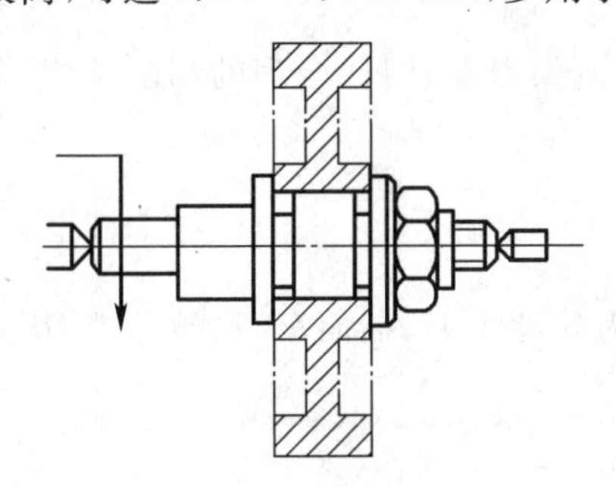

图 5-11　用圆柱心轴装夹工件

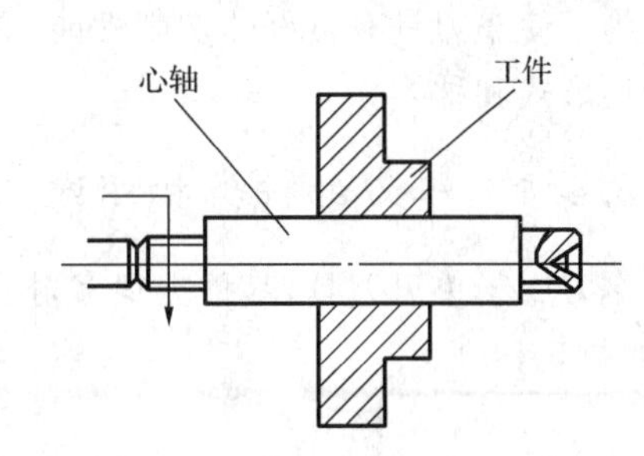

图 5-12　用小锥度心轴装夹工件

3. 膨胀心轴

膨胀心轴通过调整锥形螺杆，使心轴的一端产生微量径向扩张，将工件孔胀紧的一种快速装拆心轴，适用于中小型零件的装夹。

4. 螺纹伞形心轴

螺纹伞形心轴适用于装夹以毛坯孔为基准的或带有锥孔或阶梯孔零件的外圆车削。其特点是：装拆迅速，装夹牢固，能装夹一定尺寸范围内不同孔径的零件。

心轴的种类很多，除上述几种外，还有弹簧心轴、离心力夹紧心轴等。

5.3.5 花盘及弯板

在车床上加工形状不规则且三爪自定心卡盘和四爪单动卡盘均无法装夹的较大型复杂工件时,可采用花盘及弯板或花盘进行装夹,如图 5-13 (a)和图 5-13 (b)所示。

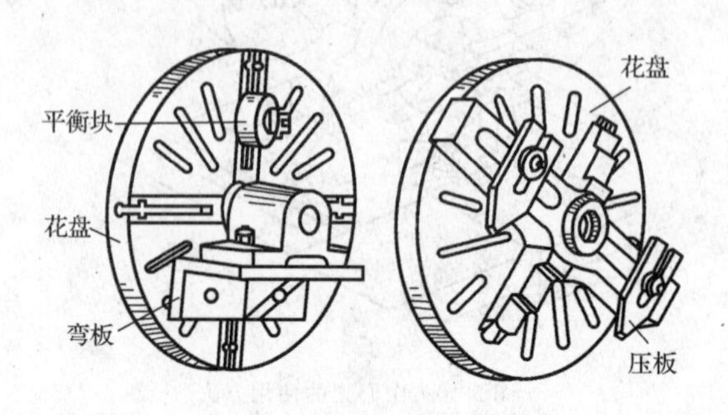

图 5-13 用花盘及弯板安装工件

使用花盘时,需要先在车床主轴上卸下卡盘,然后将花盘正确安装在车床主轴的前端;借助于花盘上的 T 形槽、螺栓和压板,将异形工件轻轻夹紧;使用划针盘,用手转动主轴按线找正工件,最后将工件夹紧。当被加工工件的轴线与花盘安装面平行,或被加工工件的两孔中心线要求相互垂直时,可在花盘上加装弯板,借助于螺栓和压板装夹工件。应注意的是,在车床上使用花盘、弯板装夹工件时,必须考虑加装配重进行平衡,以防止车削加工时因工件的偏心而引起振动、冲击和发生意外事故。

5.4 车 刀

为了使车刀具有良好的切削性能,必须选择合适的刀具材料、合理的切削角度、适当的结构形式和种类。

5.4.1 车刀的种类和用途

车刀属于单刃刀具,其种类很多,按用途可分为外圆车刀、端面车刀、镗孔刀、切断刀等,如图 5-14 所示。

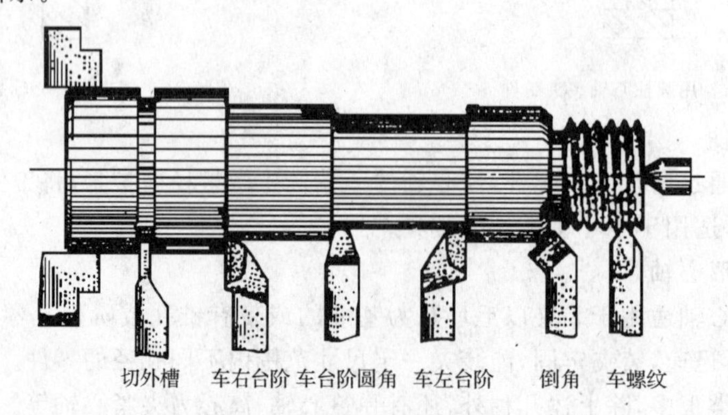

图 5-14 部分车刀的种类和用途

车刀按结构形式可分为整体式、焊接式、机夹式、可转位式四种，如图5-15所示：

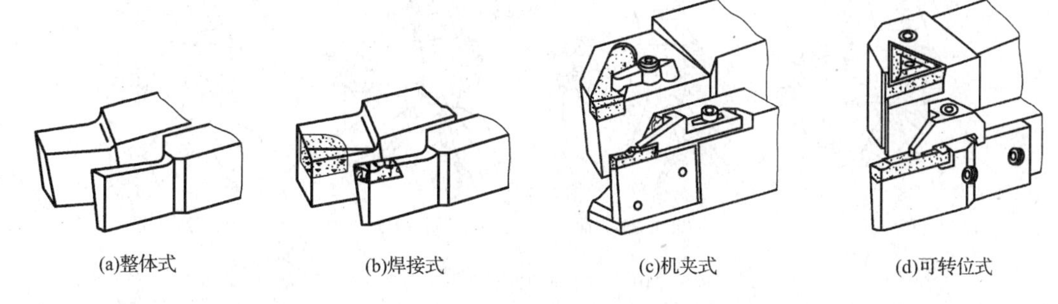

图5-15　车刀的结构形式

(1)整体式车刀　车刀的切削部分与夹持部分都采用昂贵的刀具材料，如高速钢整体式车刀即属此类，常用于小型车床上车削零件，或者用于精车零件。

(2)焊接式车刀　车刀的切削部分与夹持部分材料不同，刀片焊接在中碳钢刀杆上，如硬质合金焊接式车刀即属此类，适用于各类车床，特别是作为中小型车床的刀具。

(3)机夹式车刀　利用螺钉、压板、偏心轴、杠杆等机械装置，将硬质合金刀片紧固夹持在刀杆上，成为机械夹固可重磨式车刀。机夹式车刀的硬质合金刀片避免了因焊接高温引起的应力、变形、裂纹等缺陷，使用效果明显优于焊接式车刀；但机夹式车刀使用钝化后，重磨刀片时也会磨伤刀杆，刀杆的消耗量较大，成本较高。

(4)可转位式车刀　可转位式车刀是指机夹可转位不重磨式车刀，它使用标准化的可转位不重磨式硬质合金刀片，刀具用钝后不需要重新刃磨，只要将刀片转过某一角度之后重新装上夹紧即可再次使用。机夹可转位不重磨式车刀操作方便，刀杆无损耗，可长期重复使用，生产成本低，刀片无焊接产生的应力、变形、裂纹等缺陷，工作寿命长，已经在生产中获得广泛应用，特别适合在数控机床和自动生产线上使用。

5.4.2　车刀的安装

车刀使用时必须正确安装。车刀安装的基本操作要求如下：

(1)刀杆底面平放在车床的方刀架上，刀杆侧面与工件轴线保持垂直，改变垫片的数量使车刀刀尖严格对准工件的回转中心，用两个螺钉交替锁紧车刀。

(2)刀头伸出长度应小于刀杆厚度的2倍，刀具应垫平、放正、夹牢，方刀架应锁紧，以防切削时产生振动影响加工质量。

(3)装好零件和刀具后，应检查可能到达的加工极限位置是否会发生干涉、碰撞，并调整修正。

5.4.3　车刀的刃磨

车刀使用一段时间钝化以后，应重新刃磨以恢复原有的形状和角度。刃磨车刀通常在砂轮机上进行，高速钢车刀刃磨应采用白色氧化铝砂轮，硬质合金车刀刃磨应采用绿色碳化硅砂轮，车刀的刃磨方法如图5-16所示。车刀在砂轮机上刃磨之后，通常还要用油石手工研磨修光，以提高车刀的耐用度和被加工零件的表面质量。

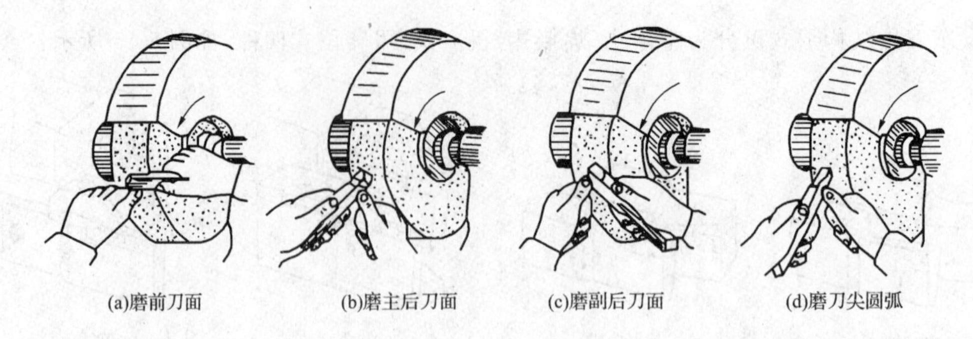

(a)磨前刀面　(b)磨主后刀面　(c)磨副后刀面　(d)磨刀尖圆弧

图 5-16　车刀的刃磨方法

5.5　常用量具

零件在切削加工过程中，需要使用量具进行尺寸检测。生产中常用的量具有卡钳、三用游标卡尺、深度游标卡尺、高度游标卡尺、千分尺、百分表、极限量规、90°角尺、塞尺、刀口尺等。

5.5.1　卡　钳

卡钳是一种间接式测量工具，它必须与钢板尺或其他刻线量具配合使用，方可测得尺寸。图 5-17 为用外卡钳测量轴径的方法。图 5-18 为用内卡钳测量孔径的方法。

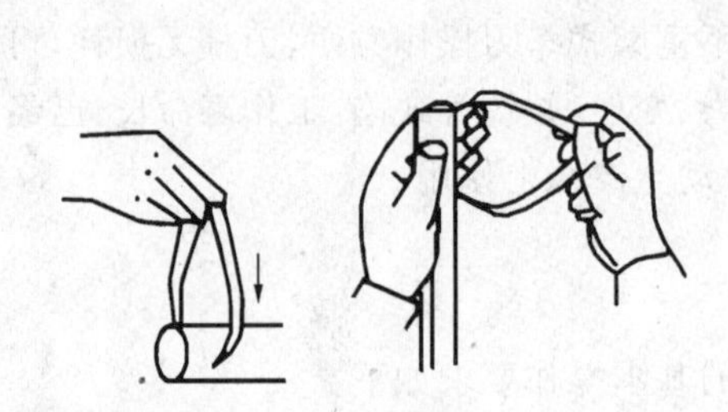

图 5-17　用外卡钳测量轴径的方法

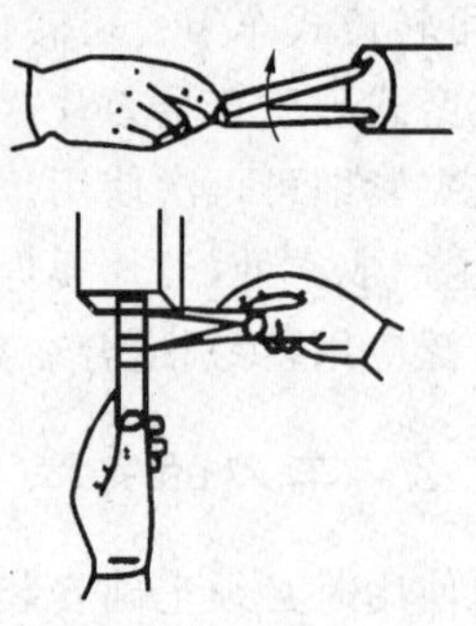

图 5-18　用内卡钳测量孔径的方法

5.5.2　三用游标卡尺

三用游标卡尺的外形如图 5-19 所示，它是一种比较精密的量具，可以直接测量出工件的外径、内径、宽度、深度等尺寸。

1. 刻线原理

游标卡尺的读数与刻度值的精度等级有关，以精度等级为 0.02 mm 的三用游标卡尺为例，游标卡尺的刻线原理如图 5-20(a)所示，在主尺尺身上每隔 1 mm 间距刻一条线；在副尺游标上全长 49 mm 范围内均匀等分刻 50 条线，其刻线间距为 0.98 mm，可见主尺刻线与副尺游标刻线每格之差值为 0.02 mm，它代表着游标卡尺的测量精度。

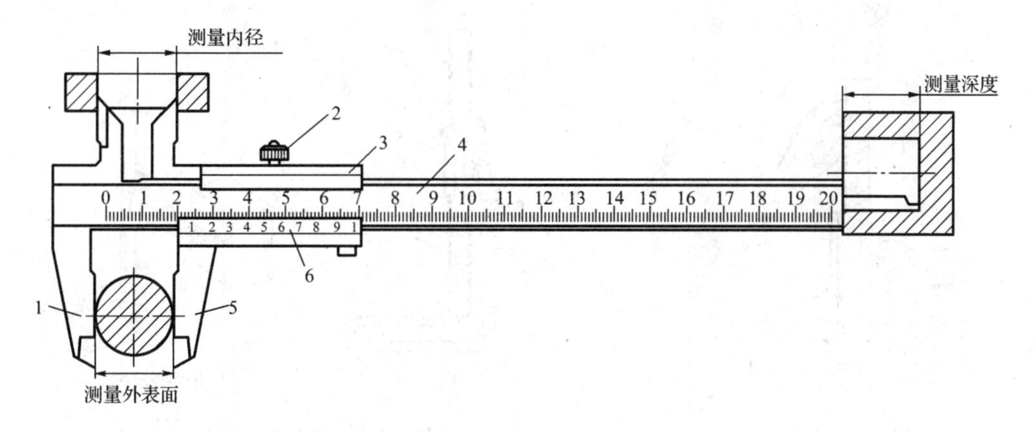

图 5-19　三用游标卡尺

1—固定量爪；2—制动螺钉；3—游标；4—主尺尺身；5—可动量爪；6—副尺游标

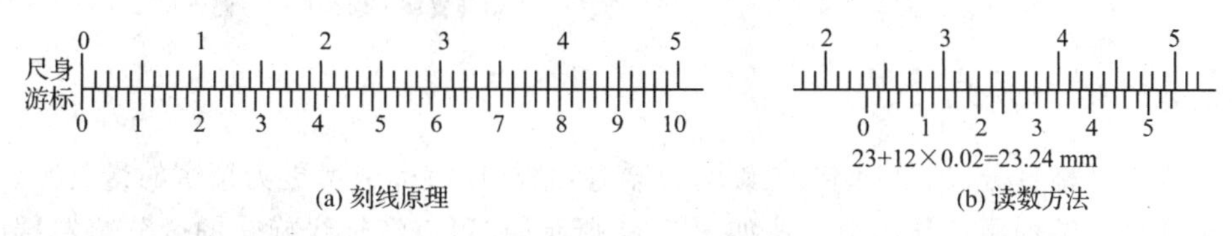

图 5-20　游标卡尺读数原理

2. 读数方法

读数时，先找出副尺游标上“0”刻线左方的主尺最近刻线，据此读出毫米整数值；然后仔细观察找出副尺游标上与主尺尺身上相互对齐重合的刻线，将该刻线在游标上的序号乘以测量精度 0.02 mm，所得值即被测量对象的小数值；最后将二者相加，就得到了所需要测量的被测工件尺寸。按上述读数方法，图 5-20(b)所示的尺寸应为 23.24 mm。

3. 正确使用

正确使用三用游标卡尺的方法如图 5-21 所示。

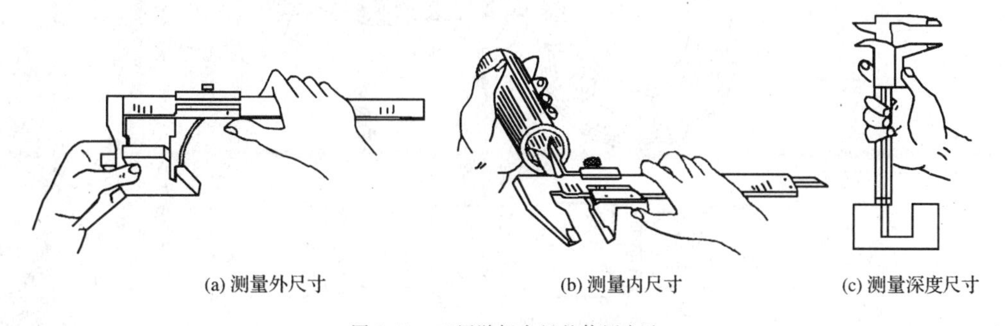

图 5-21　三用游标卡尺的使用方法

5.5.3　深度游标卡尺和高度游标卡尺

深度游标卡尺主要用于测量盲孔、凹槽、阶梯孔的深度以及台阶的高度等尺寸。高度游标卡尺配上所需的专用量爪，主要用于精密划线和测量高度尺寸。二者的读数方法与三用游标卡尺完全相同，它们的使用方法分别如图 5-22 和图 5-23 所示。

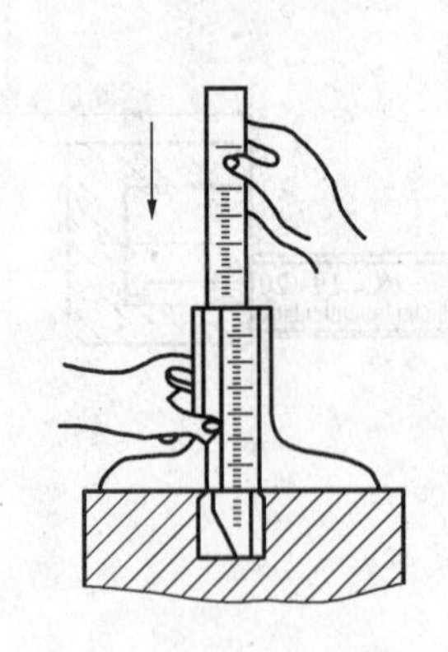

图 5-22 深度游标卡尺的使用方法

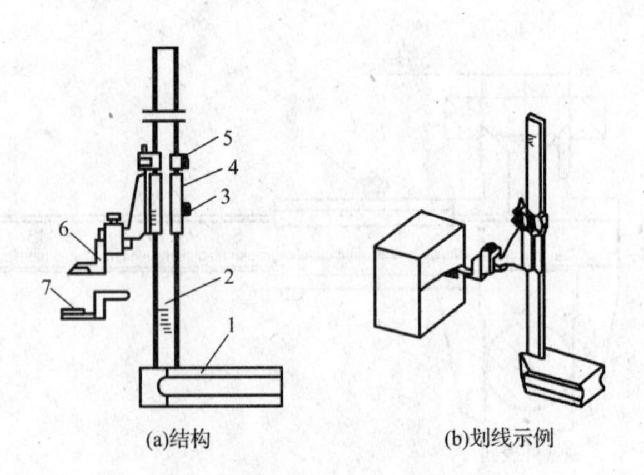

(a)结构 (b)划线示例

图 5-23 高度游标卡尺的使用方法

1—底座；2—尺身；3—紧固螺钉；4—尺框；
5—微动装置；6—划线爪；7—测量尺

5.5.4 千分尺

千分尺又称百分尺、分厘卡、螺旋测微器等，它是比游标卡尺更为精密的量具。

千分尺的结构原理与读数方法如图 5-24 所示，在可以绕轴线旋转的微分筒左端的锥形圆周上，均匀等分刻有 50 条刻线；因测微螺杆 2 的导程为 0.5 mm，故微分筒上每一小格的读数为 0.01 mm；在固定套筒 5 的圆柱面上刻有一条纵向中线，纵向中线的上方和下方分别刻有一排间距均为 1 mm 的等分刻线，但上、下两排刻线相互错开 0.5 mm。测量时先校对零点；然后在固定套筒上读出大数部分(应为 0.5 mm 的整倍数)；再在微分筒上读出小数部分；最后将两者相加，即测量所得的被测工件尺寸。如图 5-24(b)所示的尺寸为 7.35 mm。

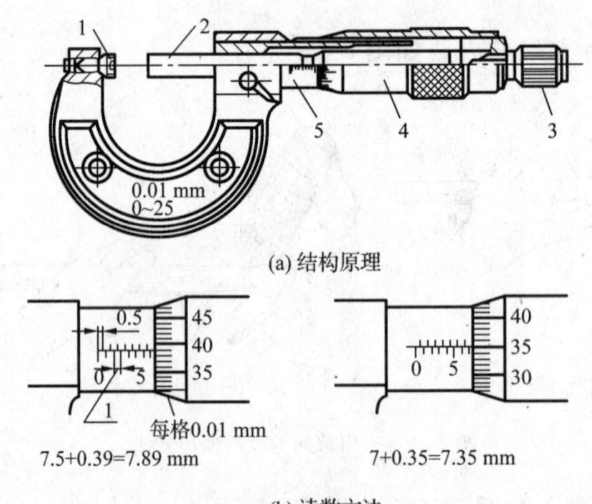

(a) 结构原理

(b) 读数方法

图 5-24 千分尺的结构原理与读数方法

1—砧座；2—测微螺杆；3—棘轮；4—微分筒；5—固定套筒

应该注意，正确使用千分尺的方法是：校对零位后，左手握持千分尺尺架的弓形隔热板，右手拇指和食指缓慢地旋转微分筒；当千分尺的两测量面即将与被测工件上的被测面接触时，改为缓慢旋转棘轮3；待听到“咔咔”声时即可开始读数，此时应提防读错0.5 mm。为了减小测量误差，在同一表面处可多测几次，取重复次数较多的读数作为测量尺寸。

5.5.5 百分表

百分表是一种按比较法原理进行测量的精密量具，它只能测出相对数值，无法测出绝对数值。以精度等级为0.01 mm的百分表为例，如图5-25所示，当测杆3向上（或向下）移动0.01 mm时，长指针沿顺时针（或逆时针）方向转过一小格，表示测杆移动0.01 mm；当长指针转过一圈（100小格）时，小指针刚好转过一格，表示测杆移动1 mm。将两个指针转过的读数相加，即测量所得的被测尺寸。百分表的正确使用方法如图5-26所示，使用时测头应垂直于工件的被测表面，还应避免受到碰撞与冲击。

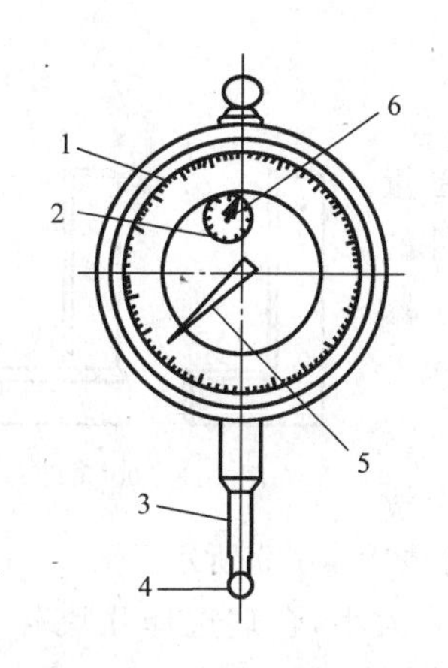

图5-25 百分表的结构
1—表盘；2—转数指示盘；3—测杆；4—测头；5—长指针；6—小指针

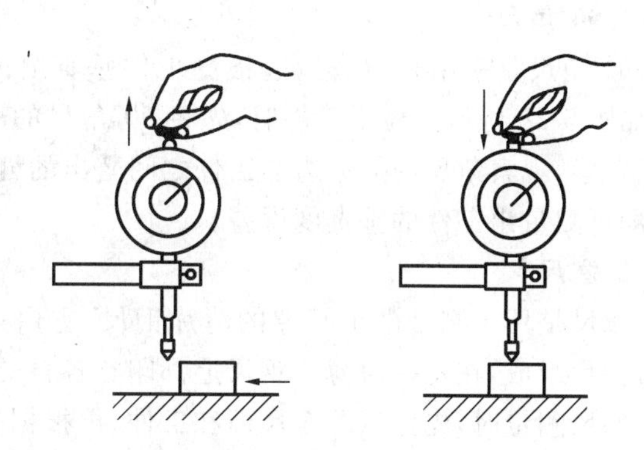

图5-26 百分表的使用方法

5.5.6 极限量规

光滑极限量规用于检验光滑圆柱孔、轴的直径尺寸。检验孔径的极限量规称为塞规，检验轴径的极限量规称为卡规。塞规和卡规都由通端和止端组成。塞规的通端控制孔的最小极限尺寸，止端控制孔的最大极限尺寸；卡规的通端控制轴的最大极限尺寸，止端控制轴的最小极限尺寸。

用量规检验工件时，若通端能够通过而止端不能通过，则表示被检测尺寸合格；若通端、止端都不能通过，则表示被检测的尺寸不合格，被测工件需要返修；若通端、止端都能通过，则表示被检测的尺寸不合格且无法返修，被测工件应当报废。

极限量规的正确使用方法如图5-27所示：塞规测量时，塞规应顺着工件孔的中心线插入孔内，插入后塞规不许转动，不可用通端硬塞、硬卡；卡规测量时，卡规的测量面应平行于工件的轴线，不得歪斜。

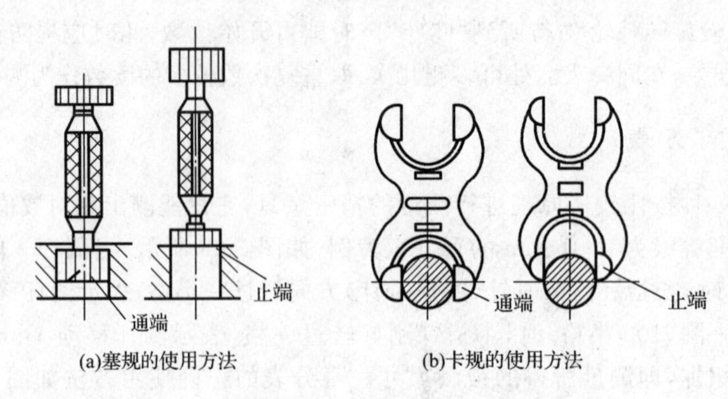

(a)塞规的使用方法　(b)卡规的使用方法

图 5-27　塞规和卡规的使用方法

5.5.7　90°角尺、塞尺、刀口尺

1. 90°角尺

90°角尺是采用光隙法检验被测工件垂直度的一种精密量具，如图 5-28 所示。检测工件时，先将 90°角尺的一边与工件的一面贴紧，观察角尺的另一边与工件之间露出的缝隙，借助于塞尺，即可测量出工件的垂直度误差。

图 5-28　90°角尺

2. 塞尺

塞尺是用于测量微小间隙的薄片钢尺，它由一组厚度不等的薄钢片组成，在每一块薄片钢尺上都印有各自的厚度标记，如图 5-29 所示。

塞尺测量时，先擦拭干净尺面和工件；再根据被测间隙的大小，合理选择几块薄片钢尺组合起来；重叠后，小心插入被测间隙进行测量。例如，若某被测间隙能插入 0.12 mm 的塞尺组，而换用 0.13 mm 的塞尺组插不进去，则说明该被测间隙为 0.12～0.13 mm。为了减小测量误差，用塞尺测量时所组合的尺片数量越少越好，且应注意插入时用力不能太大，以免折弯和损坏尺片。

3. 刀口尺

刀口尺也是采用光隙法检验被测工件直线度或平面度的一种精密量尺，如图 5-30 所示。检测工件时，可以根据刀口尺与被测平面之间的光隙判断误差情况，也可借助于塞尺来测量缝隙的大小。

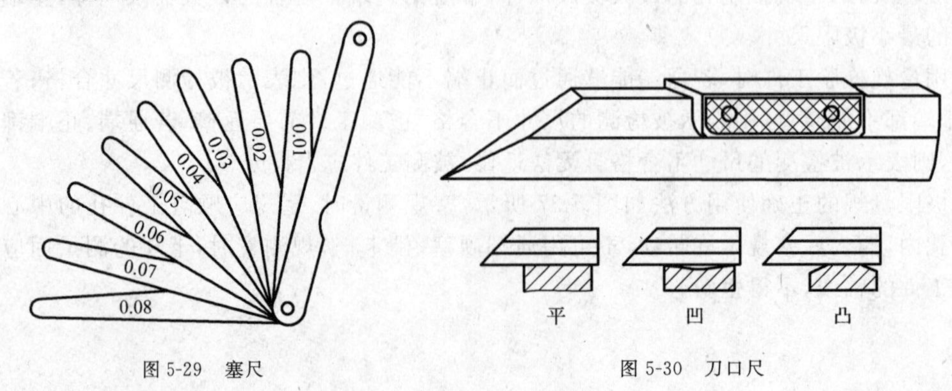

图 5-29　塞尺　　图 5-30　刀口尺

5.6 车削基本操作

5.6.1 调整车床

调整车床包括两项工作：选择主轴转速和选择车刀的进给量。

选择车床主轴转速时，应根据刀片材料所允许的最高切削速度和工件的回转直径进行计算，然后参照车床上的主轴转数铭牌进行选择。

例如，用硬质合金车刀加工直径 D=200 mm 的铸铁带轮，选取的切削速度为 60 m/min，经计算可得主轴转速为 95.5 r/min，此时应从表 5-1 中的主轴转速铭牌中选取略低一挡的转速为 94 r/min，即短手柄扳向左方，长手柄扳向右方，床头箱手柄置于低速挡 I 处。

表 5-1　　C6132 型车床主轴转数铭牌

手柄位置		长手柄					
		I			II		
短手柄		45	66	94	360	530	750
		120	173	248	958	1380	1980

进给量的选择通常根据工件的加工要求确定：粗车时进给量一般取 0.2～0.3 mm/r；精车时进给量应根据被加工零件的表面粗糙度而定，例如表面粗糙度值为 Ra 6.3 μm 时，可选用 0.1～ 0.2 mm/r；粗糙度要求为 Ra 1.6 μm 时，可选用 0.08～0.12 mm/r 等。进给量的调整方法，可对照车床上的进给量铭牌表来扳动手柄的位置，具体方法与调整主轴转速相似。

5.6.2 车外圆

车外圆加工分为粗车和精车两个步骤。粗车的目的是尽快切除多余金属，使工件接近于图纸规定的最后形状和尺寸，通常粗车后应留下单边 0.5～1 mm 的精车余量。精车的目的是使零件达到图纸规定的尺寸精度和表面粗糙度，因此背吃刀量和进给量都比较小，为 0.1～0.2 mm。精车车刀的前刀面、后刀面应采用油石手工研磨抛光，必要时可将刀尖修磨成小圆弧，以改善工件的表面粗糙度。为了保证工件的加工尺寸，可采用试切法车削，试切法车削的操作步骤如图 5-31 所示。

工件车削完毕之后，应采用合适的量具检验。车削外圆主要检验工件外圆的直径是否在公差范围之内。测量时需要多量几个部位，注意是否存在椭圆和锥形误差。

5.6.3 车端面和台阶面

车端面常用弯头车刀或偏刀。安装车刀注意刀尖应对准工件中心，以免在车出的端面中心残留凸台。车端面的方法如图 5-32 所示，工件伸出卡盘不能太长；车削时车刀可

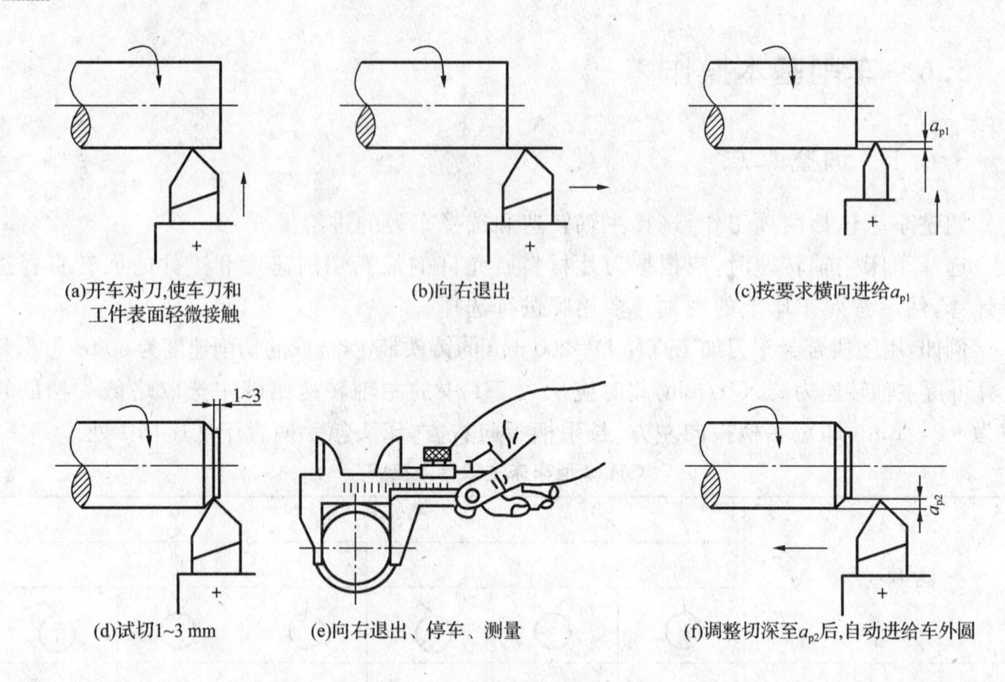

(a)开车对刀,使车刀和工件表面轻微接触　(b)向右退出　(c)按要求横向进给a_{p1}

(d)试切1~3 mm　(e)向右退出、停车、测量　(f)调整切深至a_{p2}后,自动进给车外圆

图 5-31　试切法车削的操作步骤

由外向里进给,也可以由里向外进给;工件上的台阶面可在车外圆的同时用偏刀车出,车刀的主切削刃应垂直于工件的轴线;当台阶面较高时应分层切削,最后一刀应横向退出,以修光台阶面。

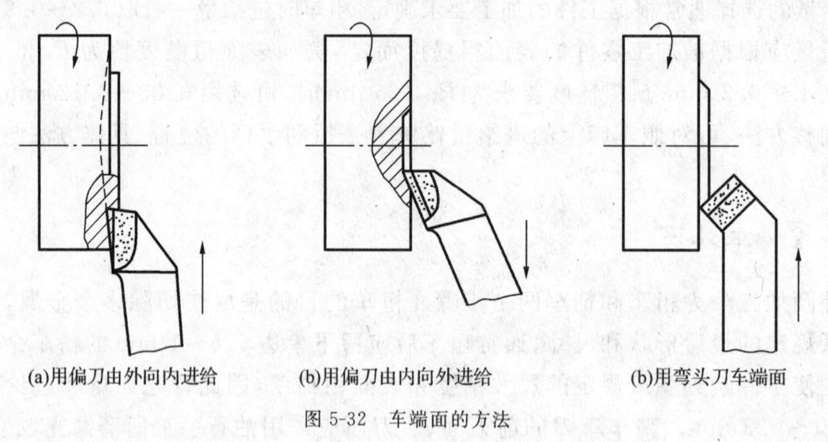
(a)用偏刀由外向内进给　(b)用偏刀由内向外进给　(b)用弯头刀车端面

图 5-32　车端面的方法

5.6.4　钻孔和镗孔

1. 钻孔

在车床上钻孔的方法如图 5-33 所示,工件装夹在卡盘上,钻头安装在尾座套筒的锥孔内;钻孔前先车平端面并车出中心凹坑,钻孔时缓慢转动尾座手轮使钻头进给;钻孔过程中应注意经常退出钻头排屑,钻钢料时应加切削液进行润滑,钻孔进给不能过猛以免折断钻头。

2. 镗孔

在车床上镗孔比车外圆操作困难,故切削用量要比车外圆选取得小些;镗刀刀杆应尽

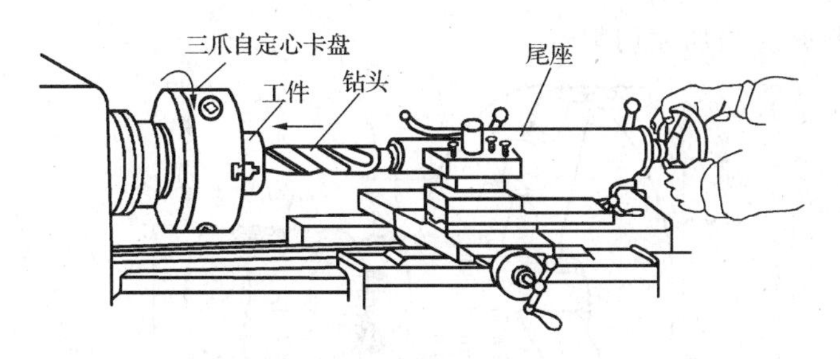

图 5-33　在车床上钻孔的方法

可能粗壮，以增强工艺系统的刚性。在车床上镗孔的方法如图 5-34 所示，装刀时，镗刀杆的伸出长度只要略大于镗孔深度即可；镗孔操作也应采用试切法调整切削深度，并注意手柄的转动方向应与车外圆时的手柄转动方向相反。

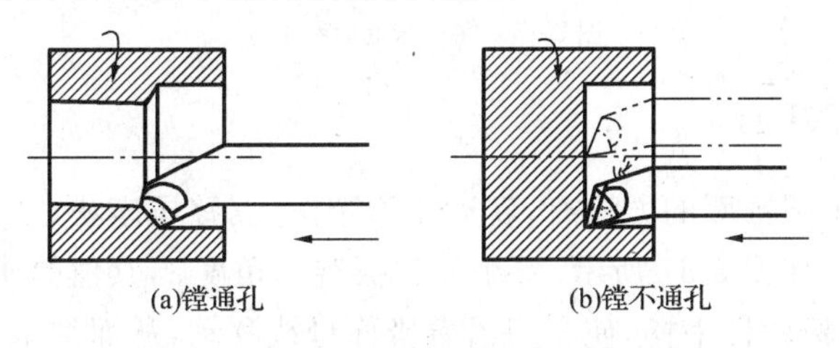

图 5-34　在车床上镗孔的方法

5.6.5　切槽和切断

切槽和切断都是采用切槽刀，切槽刀的刀头较窄，两侧磨有副偏角和副后角，因此刀头颈部更薄弱，特别容易折断。装刀时，应保证切槽刀的刀头两侧对称，使受力均匀。

1. 切槽

切槽的方法如图 5-35 所示，较窄的沟槽可以用宽度等于槽宽的切槽刀一次性横向进给车出；较宽的沟槽可分多次车出，最后精车修光槽的两侧面和底面。切槽时刀具的进给移动应缓慢、均匀、连续，刀头伸出的长度应尽可能短些，避免引起振动。

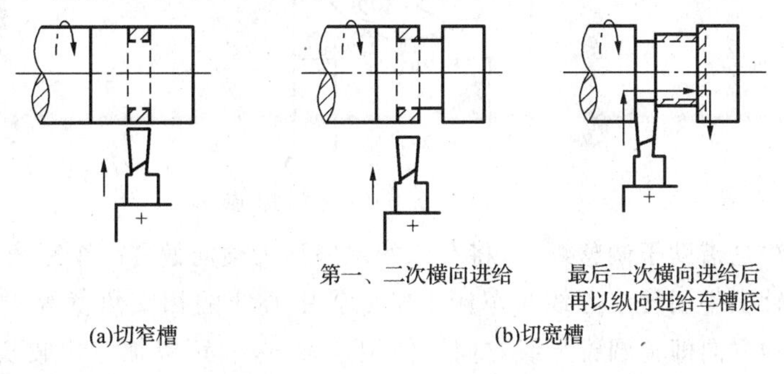

图 5-35　在车床上切槽的方法

2. 切断

切断刀与切槽刀相似，只是刀头更窄更长。切断时，刀头切入工件较深，切削条件较差，加工更困难，因此切削用量应选得更加合适。切断的方法如图 5-36 所示，工件上的切断位置应尽可能靠近卡盘；切断刀必须安装正确使刀尖严格通过工件中心，否则容易折断刀具；在切断钢料时应当加注切削液。

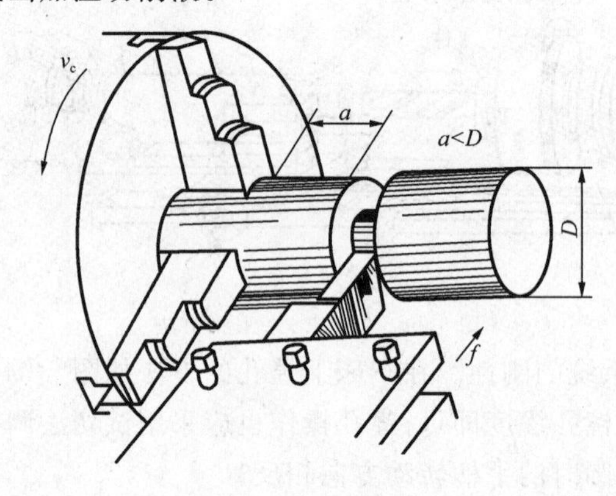

图 5-36 在车床上切断工件

5.6.6 车圆锥面

在卧式车床上车圆锥面的方法有：转动小刀架法、偏移尾座法、宽刀法等，其中最常用的是转动小刀架法。如图 5-37 所示，将小溜板扳转一角度 α，其值等于工件的半锥角。开动机床后，转动小溜板丝杠手柄，使车刀沿着锥面母线移动，从而加工出所需要的圆锥面。这种加工方法的优点是调整方便，操作简单，可以加工任意锥角的内、外圆锥面，应用比较普遍。但是，被加工圆锥面的长度受小溜板行程的限制，不能太长，而且只能手动进给。

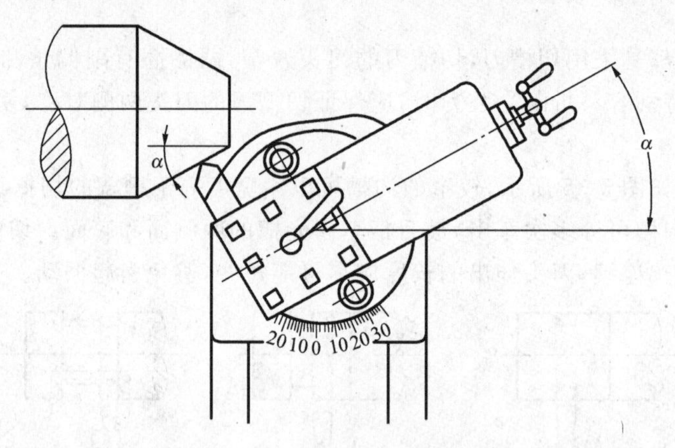

图 5-37 转动小刀架法车圆锥面

偏移尾座法是借助于调整螺钉，将车床的尾座顶尖横向偏移一个距离 S，使安装于两顶尖之间的长轴工件回转中心线与车床主轴回转中心线的相交角度等于工件半锥角 α，车刀纵向进给的方向即为圆锥母线方向。使用这种方法，可以加工出较长的小锥度长轴外圆锥面。

5.6.7 车螺纹

在车床上可以车削加工公制螺纹、英制螺纹、公制蜗杆、英制蜗杆、特殊螺纹等。为了使车出的螺纹牙型正确，必须使螺纹车刀的刀头形状与工件螺纹的截面形状相吻合；安装时应使螺纹车刀的前刀面与工件回转中心线等高，且应采用样板对刀使螺纹车刀刀尖的平分线与工件轴线垂直。可以通过更换挂轮架上的配换齿轮和改变进给箱上的手柄位置搭配得到各种不同的导程。车削螺纹的操作步骤如图 5-38 所示，螺纹车削过程中刀具和工件都必须装夹牢固，不可有微小的松动；螺纹快要车成时，应及时停车，锉去毛刺，用螺纹环规或标准螺母进行检验，以保证所得螺纹牙形和螺距的准确性。

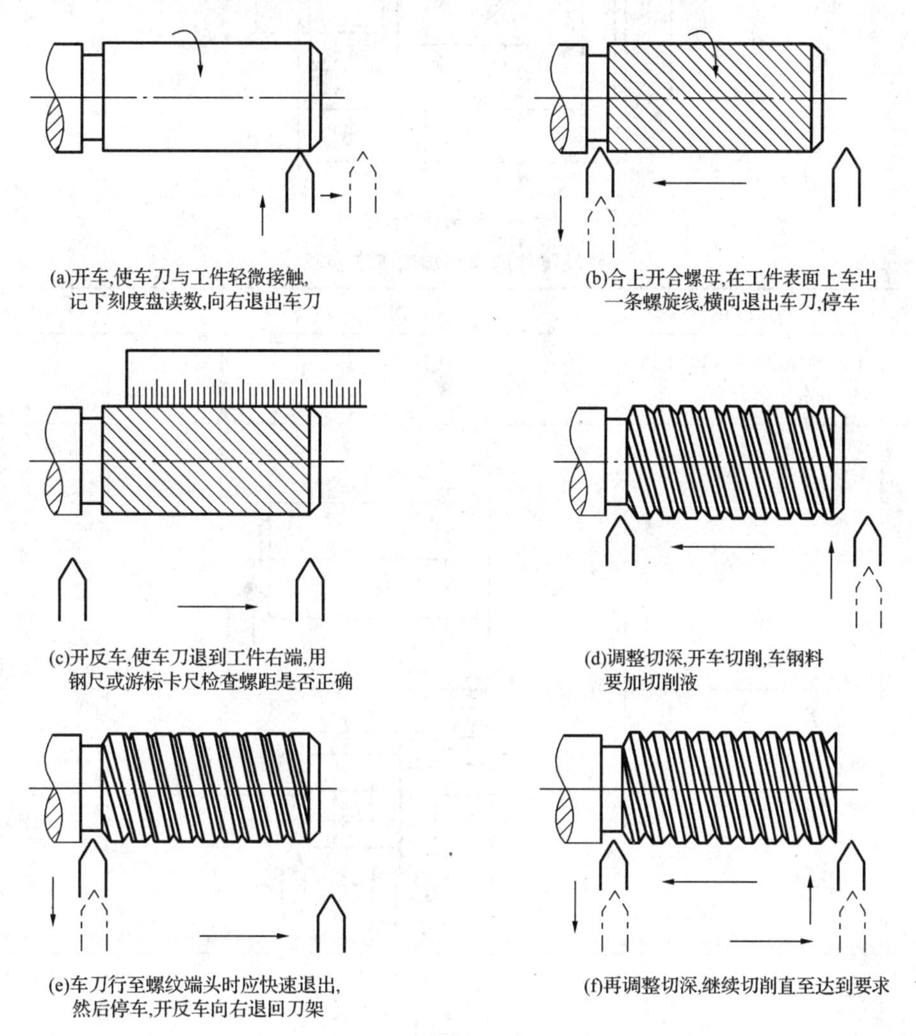

图 5-38 车削螺纹的操作步骤

5.7 车削加工工艺实例

车削加工工艺是指合理正确的车削加工方法，它是保证车削时获得合格工件的重要技术文件，通常由工程技术人员或有经验的工人技师书面编制而成。以图 5-39 所示的销轴零件为例，该销轴的材料为 45 号钢，毛坯形状为 $\phi32$ mm 圆钢棒料，它的车削加工工艺步骤见表 5-2。

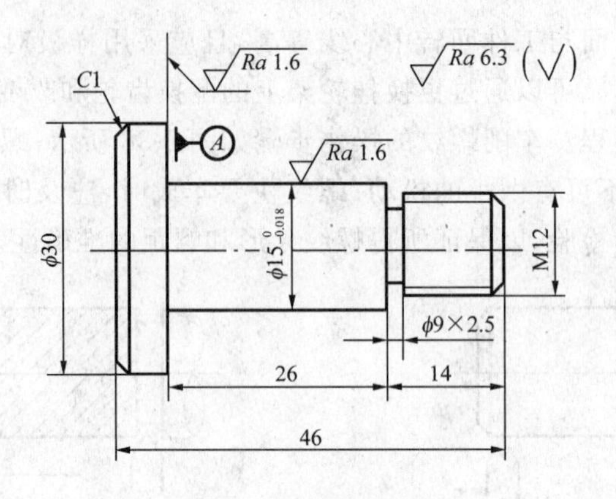

图 5-39 销轴零件图

表 5-2 **销轴零件的车削加工工艺步骤**

序号	操作内容	加工简图	装夹方法
1	下棒料 $\phi32\times49$，10 件共 490 mm		
2	车端面	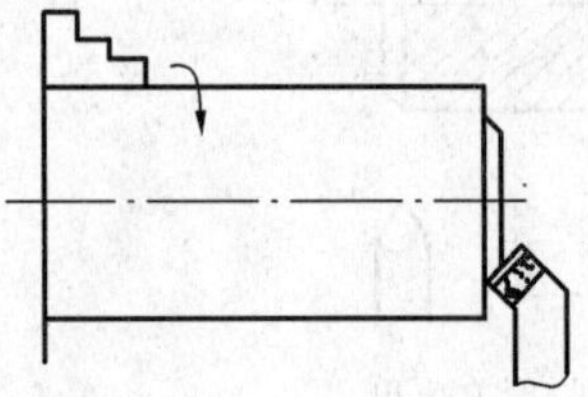	三爪自定心卡盘
3	粗车各外圆 $\phi30\times50$ $\phi13\times14$ $\phi16\times26$	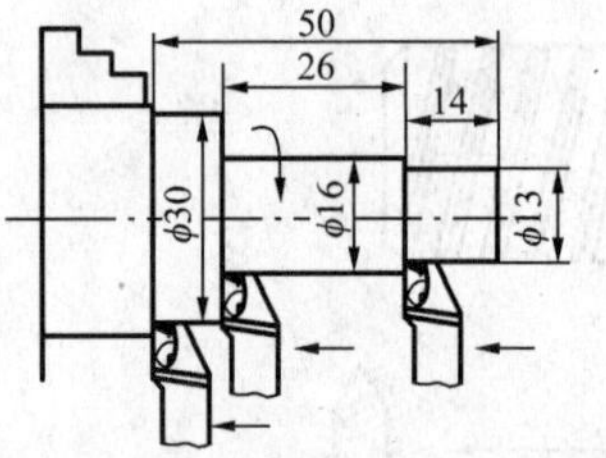 50 26 14 ϕ30 ϕ16 ϕ13	三爪自定心卡盘
4	切退刀槽	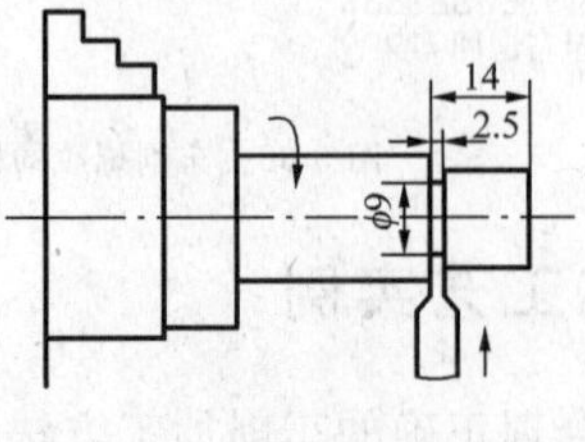 14 2.5 ϕ9	三爪自定心卡盘

续表

序号	操作内容	加工简图	装夹方法
5	精车各外圆 $\phi15\times26$ $\phi12\times14$	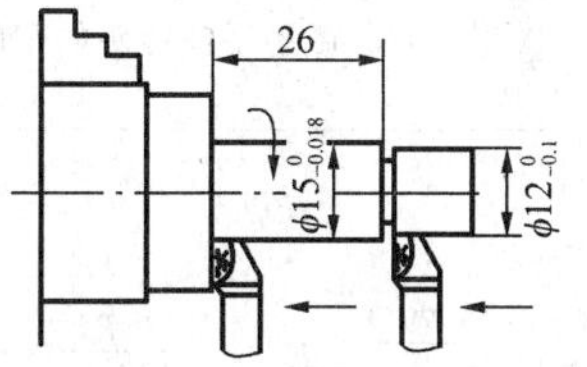 26　$\phi15_{-0.018}^{0}$　$\phi12_{-0.1}^{0}$	三爪自定心卡盘
6	倒角	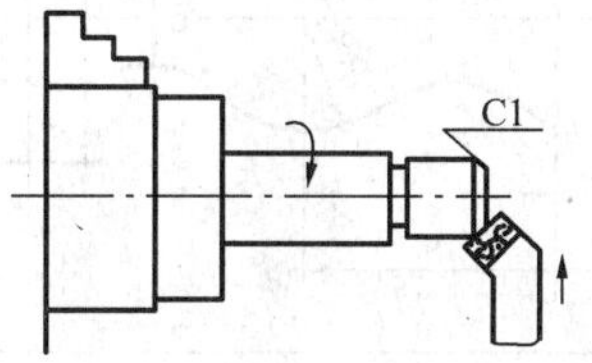 C1	三爪自定心卡盘
7	车 M12 螺纹	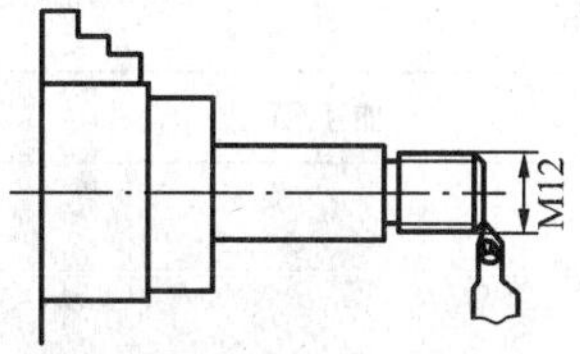 M12	三爪自定心卡盘
8	切断、端面留加工余量 1 mm,全长 47 mm	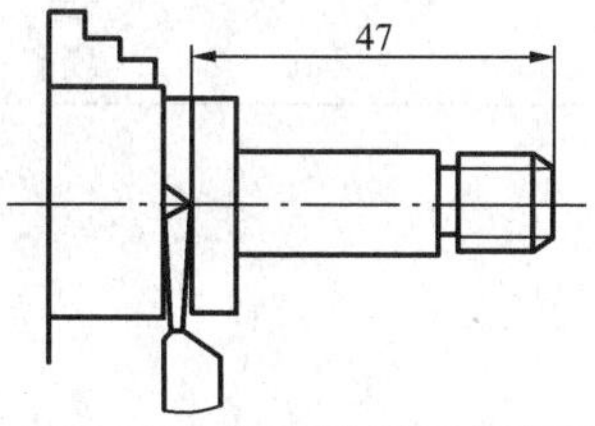 47	三爪自定心卡盘
9	调头、车端面、倒角	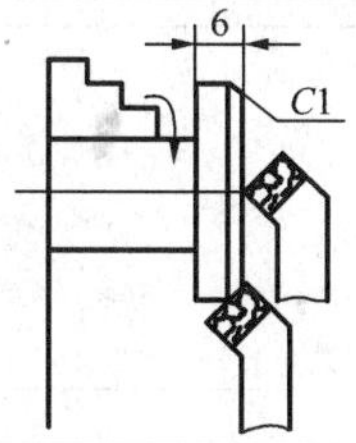 6　C1	三爪自定心卡盘
10	检验		

金工实训报告（车削加工）

本次实训课题的“金工实训报告”见表 5-3。学生应争取在车间现场完成本课题的“金工实训报告”,实训指导老师尽可能当场批阅评定成绩,必要时可以组织学生展开现场讨论,强化金工实训的效果。

表 5-3　　金工实训报告：车削加工

班级________ 姓名________ 学号________ 日期________ 成绩________

<table>
<tr><td>实训案例</td><td colspan="4">微型手锤锤头的车削成型实训操作</td></tr>
<tr><td>零件图</td><td colspan="2">R9
R7
SR6
φ18±0.10
φ16
φ11
φ18±0.10
φ7
φ12±0.10
4
5
16
19
62±0.10</td><td>工艺说明</td><td>1. 毛坯材料和尺寸：
中碳钢，φ20×__________
2. 车床型号：
____
3. 装夹方法：
__________</td></tr>
<tr><td rowspan="6">实训操作过程记录</td><td>工步</td><td>加工简图</td><td>刀具简图</td><td>切削用量</td></tr>
<tr><td>1.</td><td></td><td></td><td></td></tr>
<tr><td>2.</td><td></td><td></td><td></td></tr>
<tr><td>3.</td><td></td><td></td><td></td></tr>
<tr><td>4.</td><td></td><td></td><td></td></tr>
<tr><td>5.</td><td></td><td></td><td></td></tr>
</table>

【实训复习思考题】

一、填空题

1. 车床上使用的卡盘有两种：________卡盘和________卡盘。

2. 车削螺纹时，必须使车刀刀头的形状与被加工螺纹的________相吻合。

3. 车削加工是指________旋转做主运动，________平移做进给运动的一种切削加工方法，它是金属切削加工的主要方法之一。

4. 刃磨高速钢刀具应采用________砂轮，刃磨硬质合金刀具应采用________砂轮。

5. 车削加工细长轴时，由于工件的自身刚度不足，除了用顶尖安装零件外，还常采用________或________作为附加的辅助支承。

6. 车刀按用途可分为________车刀、________车刀、________车刀、________车刀等；车刀按结构形式可分为________式、________式、________式、________式四种。

二、讨论题

1. 车削之前为什么要试切？试切的步骤有哪些？

2. 中心架和跟刀架各起什么作用？分别在什么场合下使用？

3. 车削可以加工哪些表面？车削可以达到的尺寸精度和表面粗糙度值各为多少？

4. 刃磨和安装外圆车刀时，应注意哪些事项？

5. 车床代号 C6132 中，各字符表示什么意义？车床代号 C6140 又各表示什么意义？

6. 车削细长轴类工件时，最容易造成工件报废的原因是什么？可以采用哪些工艺措施来提高车削细长轴类工件的加工精度？

7. 在车床上车削加工成型面的方法有哪几种？

8. 试将车削加工不同零件时所用到的车床附件及装夹方法填入下列表格：

车削加工工作内容	车床附件名称	装夹方法特点
车削一般回转体零件		
车削直径较大、需夹紧力大的圆形零件或截面为椭圆的零件		
车削已有顶尖孔的轴类零件		
车削需精加工的盘套类零件		
车削形状不规则的大型零件(如轴承座等)		

实训专题 6

铣削加工

【实训目的及要求】

◆ 了解常用铣床的型号、铣削加工的特点及铣削工艺范围。

◆ 掌握常用铣床附件(平口虎钳、分度头、回转工作台)的功能和使用方法。

◆ 掌握铣平面、铣斜面、铣直沟槽等的基本铣削方法。

◆ 能独立在铣床上正确安装工件和刀具,能独立按照实训图纸完成铣削加工。

【实训安全事项】

◆ 工作时应穿紧身工作服,扎紧袖口,女同学必须戴工作帽,不得戴手套操作机床。

◆ 工件、刀具和夹具必须装夹牢固,开动机床前必须检查手柄位置是否正确,检查旋转部分有无碰撞或不正常现象,并对机床加油润滑。

◆ 加工过程中操作者不能离开机床,不能用手触摸或测量正在加工的工件。

◆ 严禁开车变换铣床转速,严禁用手抓或嘴吹代替刷子清除切屑。

◆ 实训工作结束后,应关闭电源,清扫地面,清除切屑,保持良好的工作环境。

【实训典型案例】

典型案例 1: 圆弧槽形工件的车、铣成型实训操作

根据零件图纸,首先车削 ϕ70×30 mm 圆钢工件;然后按照图纸在该圆钢工件端面上铣削 2 条宽度 10 mm、深度 5 mm 的封闭状圆弧槽,并完成本案例的“金工实训报告”。

典型案例 2: 斜面垫铁的铣削成型实训操作

根据零件图纸,首先铣削 50×30×60 mm 长方形铸铁工件,达到尺寸精度和几何形状精度要求;然后按照图纸在工件上铣削斜面,最后完成本案例的“金工实训报告”。

6.1 概 述

6.1.1 铣削加工范围

在切削加工中，铣削加工的工作量仅次于车削，应用范围十分广泛。铣削加工是指铣刀旋转做主运动，工件平移做进给运动的一种切削加工方法。铣削通常在卧式铣床或立式铣床上进行，主要用于加工各类平面、沟槽和成型面。利用万能分度头对工件进行分度，在铣床上可以铣花键、铣齿轮，还可以在工件上进行钻孔、镗孔等加工。铣削加工时，工件的尺寸公差等级一般可达 IT10～IT7，表面粗糙度一般可达 Ra 6.3～1.6 μm。常见的铣削加工范围如图 6-1 所示。

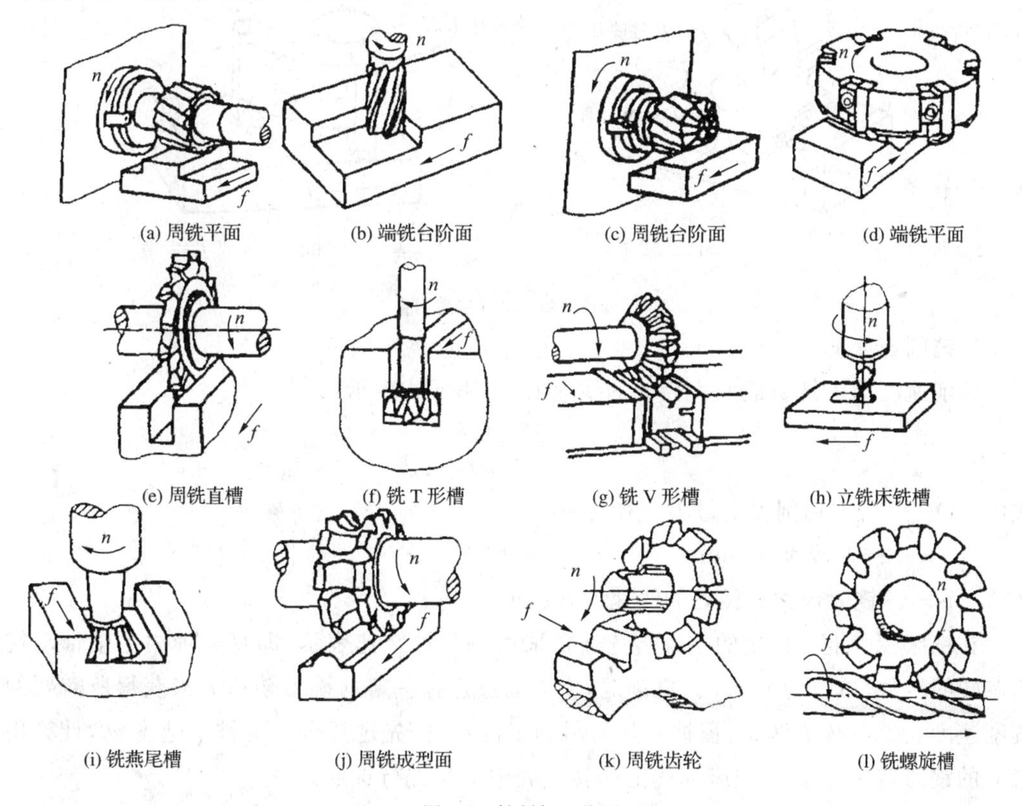

图 6-1 铣削加工范围

6.1.2 铣削加工特点

(1)生产率高 铣削时采用的是旋转的多齿刀具，多个刀齿依次进行间断切削，刀刃的散热条件好，切削速度可以相对提高，故生产率高。

(2)加工范围广 铣刀的规格种类丰富，铣床的随机附件齐全，铣削加工方法灵活多样，因此加工范围很广。

(3)容易产生振动　由于铣刀是多齿刀具，铣刀刀齿不断切入切出，使切削力不断变化，因而容易产生冲击和振动。

(4)加工成本较高　铣床的结构复杂，铣刀的制造和刃磨都比较困难，使得加工成本较高；但由于铣削的生产率高，在大批量生产时可以使生产成本相对降低。

6.1.3　铣削运动及铣削用量

铣削运动有主运动和进给运动。铣削时铣刀绕自身轴线的快速旋转运动为主运动，工件的缓慢直线运动为进给运动。通常将铣削速度(v_c)、进给量(f)、铣削深度(a_p)和铣削宽度(a_e)称为铣削用量四要素，如图 6-2 所示。

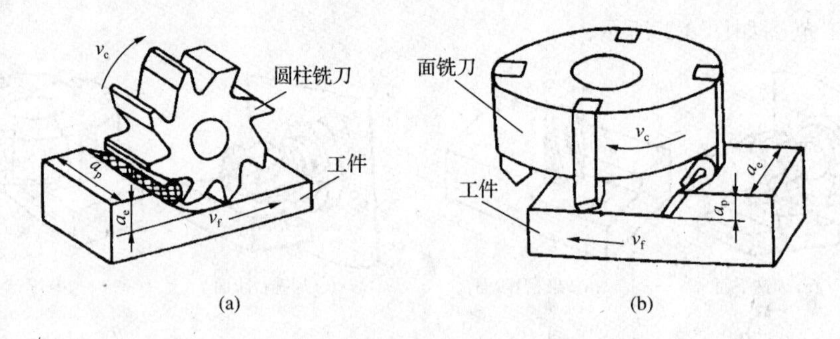

图 6-2　铣削运动及铣削用量

1. 铣削速度 v_c

铣削速度即为铣刀最大直径处的线速度，可用下式表示：

$$v_c=\frac{\pi Dn}{1000}$$

式中　D——铣刀切削刃上最大直径，mm；

n——铣刀转速，r/min；

v_c——铣刀最大直径处的线速度，m/min。

在铣床标牌上所标出的主轴转速通常采用每分钟转速表示，即每分钟内主轴带动铣刀旋转的转数，单位为 r/min。铣削时，应当通过选择一定的铣刀转速 n 来获得所需要的铣削速度 v_c。具体方法是：根据刀具材料和工件材料，先选择合适的铣削速度 v_c，计算出对应的铣刀转速 n，再从铣床标牌上的转速表中适当进行选定。

2. 进给量 f

铣削进给量有三种表示方式：

(1)每分钟进给量 v_f(mm/min)　每分钟进给量 v_f 也称为进给速度，指每分钟内，工件相对铣刀沿进给方向移动的距离。

(2)每转进给量 f(mm/r)　指铣刀每转过一转时，工件相对铣刀沿进给方向移动的距离。

(3)每齿进给量 f_z(mm/z)　指铣刀每转过一齿时，工件相对铣刀沿进给方向移动的距离。

三种进给量之间的换算关系如下：

$$v_f = fn = f_z zn$$

式中　n——铣刀每分钟转速(r/min)；

z——铣刀齿数。

铣床铭牌上所标出的进给量，通常采用每分钟进给量的表示方式。

3. 铣削深度 a_p 和铣削宽度 a_e

铣削深度 a_p 指平行于铣刀轴线方向切削层的厚度(mm)。铣削宽度 a_e 指垂直于铣刀轴线方向切削层的宽度(mm)。

6.2　铣　床

6.2.1　铣床的型号

铣床的种类很多，最常用的是万能卧式铣床和立式铣床，它们的型号如：X5032、X6132 等。在铣床的型号中：左起第一位字母 X 表示铣床；左起第二位 5 表示立式铣床，6 表示卧式铣床；左起第三位 0 表示立式升降台铣床，1 表示万能升降台铣床；最后两位阿拉伯数字为铣床的主参数，它是工作台宽度的 1/10，即表示该铣床工作台的宽度为 320 mm。

万能卧式铣床和立式铣床这两类铣床的适用性广，主要用于加工尺寸不太大的工件。此外，还有加工大型工件的龙门铣床、小型灵活的工具铣床等。近年来又出现了功能强大的数控铣床，它具有适应性强、自动化程度高、精度好、生产率高、劳动强度低等优点。

6.2.2　万能卧式铣床

万能卧式铣床的主要特点是主轴轴线与工作台面平行，呈水平方位配置。工作台可沿纵、横、垂直三个方向移动，并可在水平面内转动一定的角度，以适应不同的铣削工作需要。X6132 万能卧式铣床的外形如图 6-3 所示，它的主要组成部分有：床身、主轴、横梁、刀杆、吊架、纵向工作台、转台、横向工作台、升降台等。参考以前的机床型号表示方法，X6132 万能卧式铣床对应的旧型号为 X62W。

6.2.3　立式铣床

立式铣床的主要特点是主轴铅垂配制，主轴的轴线与工作台面垂直。在立式铣床上，能够使用装有机夹可转位不重磨硬质合金刀片的面铣刀进行高速强力铣削，因而生产率高，应用很广泛。X5032 立式铣床的外形如图 6-4 所示，它对应的旧型号为 X52。

6.2.4　铣床的传动系统

X6132 万能卧式铣床的传动系统图如图 6-5 所示。经分析知：该铣床的主运动与进给运动是由两个电动机分别驱动两套不同的传动系统来实现的，两套传动系统之间没有必然的机械联系，所以计算进给速度时只能依据某一段时间内的主轴转数和工作台移动距离来计算，这就是铣削加工通常采用每分钟进给量表达方式的根本原因。

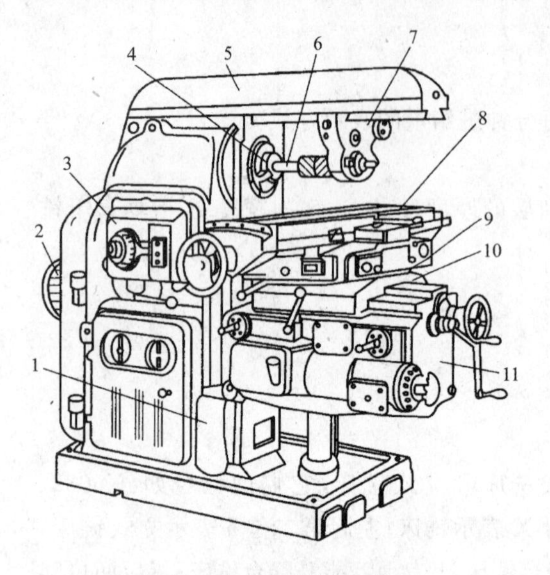

图 6-3　X6132 万能卧式铣床

1—床身；2—电动机；3—主轴变速机构；4—主轴；5—横梁；6—刀杆；7—吊架；8—纵向工作台；9—转台；10—横向工作台；11—升降台

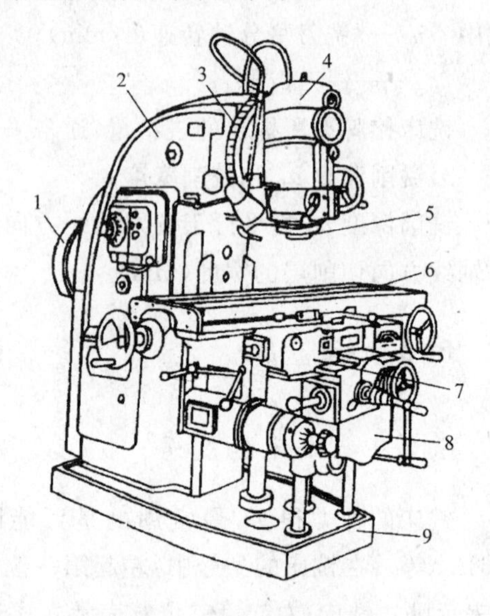

图 6-4　X5032 立式铣床

1—电动机；2—立式床身；3—主轴头架旋转刻度盘；4—主轴头架；5—主轴；6—纵向工作台；7—横向工作台；8—升降台；9—底座

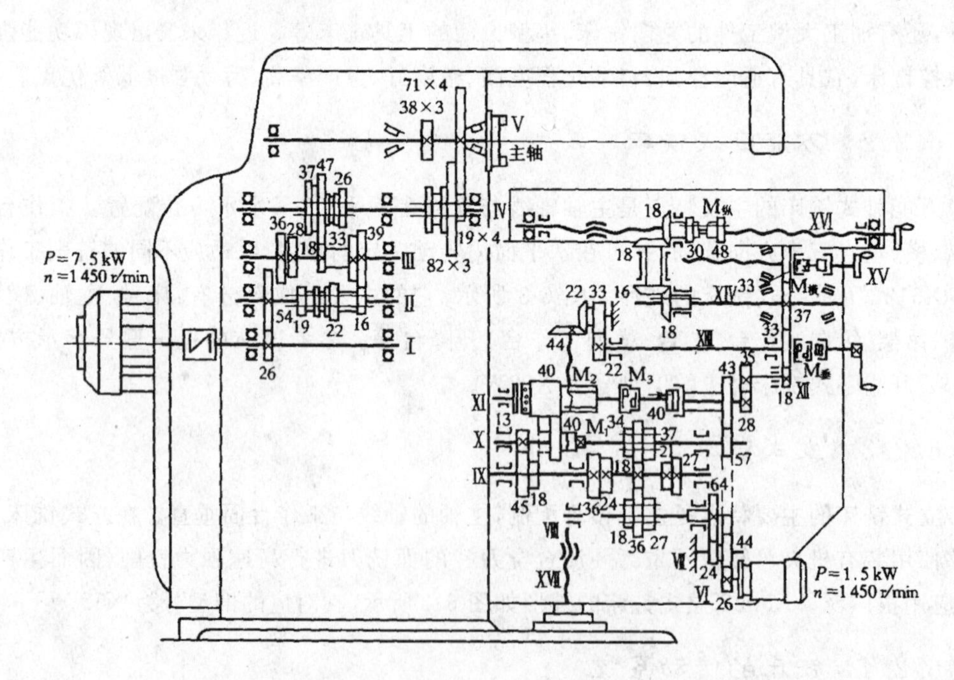

图 6-5　X6132 万能卧式铣床的传动系统图

6.3 铣 刀

6.3.1 铣刀的种类

铣刀按其装夹方式的不同,可分为带孔铣刀和带柄铣刀两大类。

采用孔装夹的铣刀称为带孔铣刀,它们有很多种类,一般用于卧式铣床加工。其中,圆柱铣刀如图 6-6(a)所示,它的圆柱面上制有多刃刀齿,主要采用周铣方式铣削平面;三面刃铣刀如图 6-6(b)所示,主要用于周铣加工不同宽度的直角沟槽、小平面和台阶面等;锯片铣刀如图 6-6(c)所示,主要用于切断工件或铣削窄槽;成型铣刀如图 6-6(d)(g)(h)所示,主要用于卧铣加工各种成型面,如凸圆弧铣刀、凹圆弧铣刀、模数铣刀等;角度铣刀分为单角度铣刀和双角度铣刀两种,双角度铣刀又分为对称双角度铣刀和不对称双角度铣刀,如图 6-6(e)、图 6-6(f)所示,它们的周边刀刃具有各种不同的角度,可用于加工各种角度的沟槽及斜面等。

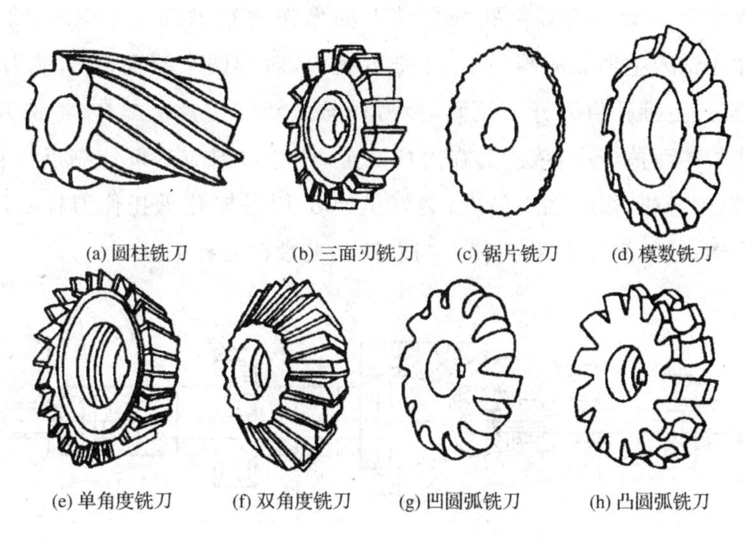

图 6-6 带孔铣刀

采用柄部装夹的铣刀称为带柄铣刀,分别有锥柄和直柄两种形式,它们多用于立式铣床加工。其中,镶齿面铣刀如图 6-7(a)所示,它镶有多个硬质合金刀片齿,刀杆伸出部分较短,刚性很好,可采用端铣方式进行平面的高速铣削;圆柱立铣刀如图 6-7(b)所示,有直柄和锥柄两种,由于它们的端面心部有中心孔,不具备任何切削能力,因此主要用于周铣铣削加工平面、斜面、沟槽、台阶面等;键槽铣刀和 T 形槽铣刀如图 6-7(c)、图 6-7(d)所示,键槽铣刀专门用于加工封闭式键槽,T 形槽铣刀专门用于加工 T 形槽;燕尾槽铣刀如图 6-7(e)所示,专门用于加工燕尾槽。

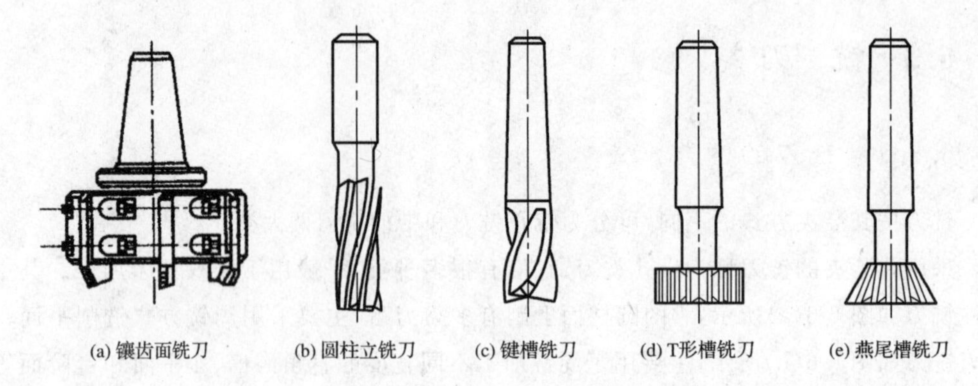

(a) 镶齿面铣刀　(b) 圆柱立铣刀　(c) 键槽铣刀　(d) T形槽铣刀　(e) 燕尾槽铣刀

图 6-7　带柄铣刀

6.3.2　铣刀的安装

1. 带孔圆盘铣刀的安装

带孔圆盘铣刀大多数情况是安装在卧式铣床上使用，安装时通过长刀杆、压紧套筒、螺母等元件将铣刀夹紧。安装带孔圆盘铣刀的操作过程如图 6-8 所示，将刀杆一端的 7∶24外锥体插入铣床主轴 2 前端的 7∶24 锥度孔内，对准两个端面键 3，使刀杆 6 准确定位；用拉杆 1 穿过主轴孔将刀杆 6 拉紧，使刀杆与主轴锥孔紧密配合；将铣刀 5 和套筒 4 等零件的内孔与端面擦干净，依次套在刀杆 6 上，注意铣刀应尽可能靠近主轴，以增加刚性，避免刀杆发生弯曲，影响加工精度；装好吊架 8，用吊架孔承托住刀杆 6 的游离端，防止刀杆弯曲变形；拧紧螺母 7，将刀杆 6 与套筒 4 夹紧在刀杆上。

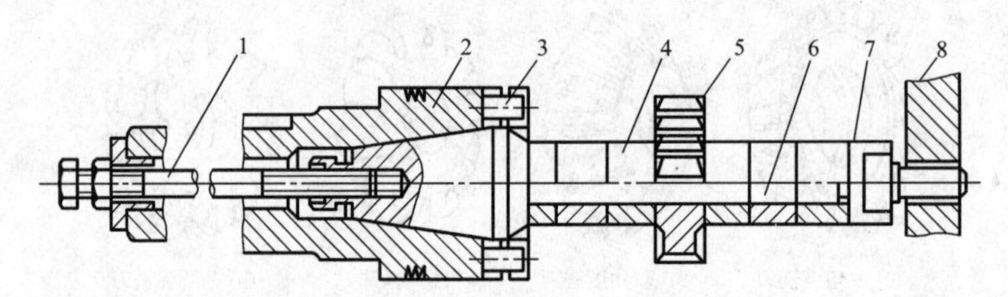

图 6-8　带孔圆盘铣刀的安装

1—拉杆；2—主轴；3—端面键；4—套筒；5—铣刀；6—刀杆；7—螺母；8—吊架

2. 带孔端面铣刀的安装

带孔端面铣刀也可采用短刀轴进行安装，例如在安装中间带有圆孔的镶齿面铣刀、端面铣刀时，通常是将铣刀装在短刀轴上，再将短刀轴装到铣床的主轴上，并用拉杆螺钉将短刀轴拉紧，如图 6-9 所示。

3. 带柄铣刀的安装

对于直径为 10～50 mm 的锥柄立铣刀，安装方法如图 6-10(a)所示，根据铣刀锥柄的规格大小(一般为 2＃～4＃ 莫氏锥度)选择合适的过渡套筒，将它们的各配合面擦净，依次装入铣床主轴孔中；用拉杆将铣刀、过渡套筒、铣床主轴拉紧即可。

对于直径为3～20 mm的直柄立铣刀，安装方法如图6-10(b)所示，将铣刀直柄插入弹簧套的孔内；旋紧螺母，压紧弹簧套的端面，使弹簧套的外锥面受压而孔径缩小，即可将直柄立铣刀夹紧。弹簧套有多种孔径，可以适应各种尺寸规格的直柄立铣刀安装。

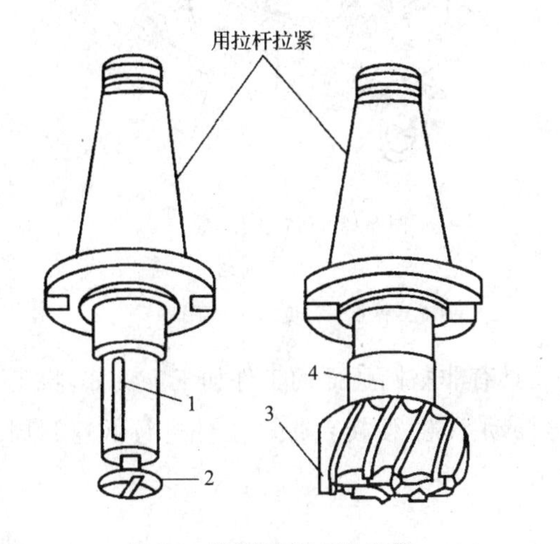

图6-9 带孔端面铣刀的安装

1—键；2—螺钉；3—铣刀；4—垫套

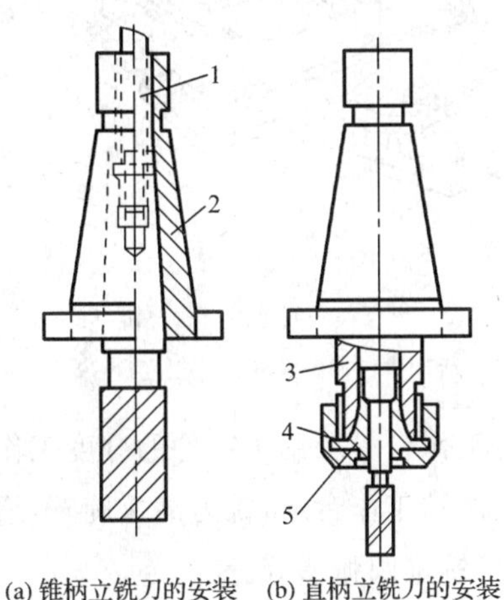

(a) 锥柄立铣刀的安装 (b) 直柄立铣刀的安装

图6-10 带柄铣刀的安装

1—拉杆；2—变锥过渡套筒；3—夹头体；4—螺母；5—弹簧套

6.4 铣床附件及工件装夹

6.4.1 平口虎钳

平口虎钳是铣床上最常用的机床附件。图6-11所示为带转台的平口虎钳，它由底座、钳身、固定钳口、活动钳口、钳口铁、螺杆等零件组成。在平口虎钳底面两端装有定位键，当平口虎钳需要在铣床上安装时，应将两个定位键卡入铣床工作台面的T形槽内，并同时推靠一侧贴紧，使平口虎钳在铣床上获得正确的位置。带转台的平口虎钳钳身上制有可转动的刻度盘，松开钳身上的压紧螺母，即可转动虎钳钳身到达所需的角度方位。

用平口虎钳装夹工件时，为了防止工件上的已加工表面被夹伤，可在钳口与工件之间垫软铜片进行保护。装夹时先用平行垫铁将工件垫起；然后一边夹紧，一边用木榔头或铜棒轻轻敲击工件上部；夹紧后用手抽动工件下方的垫铁进行检查，如有松动应重新操作夹紧。

6.4.2 回转工作台

回转工作台的外形如图6-12所示，它的内部装有传动比为1∶80的蜗杆蜗轮，手柄与蜗杆同轴连接，转台与蜗轮连接。转动手柄，即可通过蜗杆蜗轮机构使转台低速回转；借助转台周围的0°～360°刻度，来观察和确定转台的位置；转台中央的孔内可以安装心轴，用来找正和确定工件的回转中心。

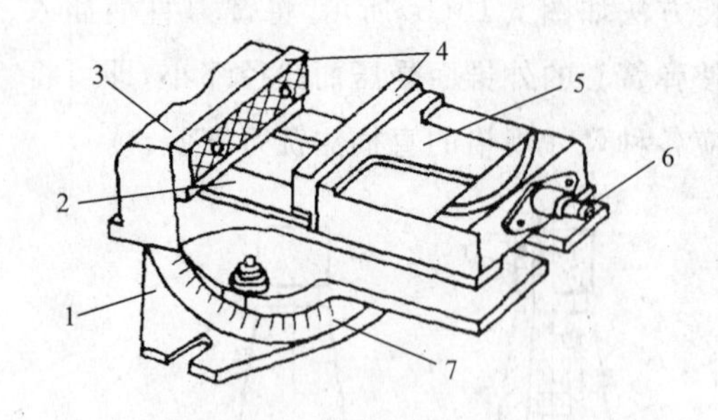

图 6-11 平口虎钳

1—底座；2—钳身；3—固定钳口；4—钳口铁；
5—活动钳口；6—螺杆；7—刻度盘

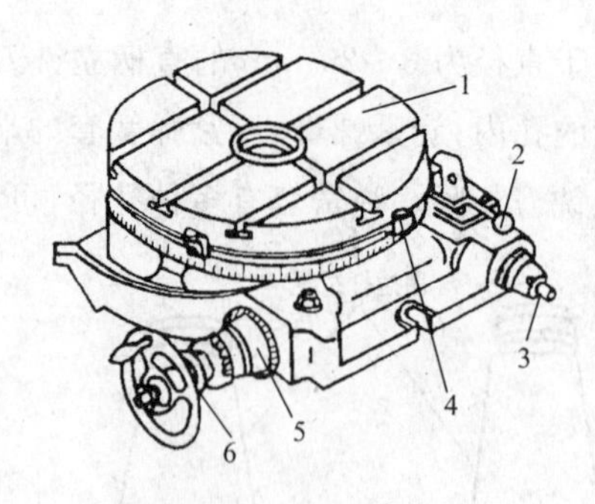

图 6-12 回转工作台

1—回转台；2—离合器手柄；3—传动轴；
4—挡铁；5—刻度盘；6—手柄

回转工作台一般用于零件的分度工作，以及具有非整圆弧面的工件加工。例如，将工件装夹在回转工作台上，铣刀高速旋转，缓慢地摇动手轮，使转台带动工件进行低速圆周进给，即可铣削圆弧槽等。

6.4.3 分度头

1. 分度头的功用

在铣削加工具有均布、等分要求的工件，如：螺栓六方头、齿轮、花键槽时，要求工件每加工一个面或一个槽之后必须转过一个角度，才能接着再加工下一个部位。这种将工件周期性地转动一定角度的工作称为分度。分度头就是用于进行精密分度的装置，生产中最常见的是万能分度头。

万能分度头是铣床的重要附件，其主要功用是能在水平、垂直和倾斜等任何位置对工件进行精密分度，如图 6-13 所示。如果搭配挂轮，万能分度头还可以配合工作台的移动使工件连续旋转，完成铣削螺旋槽或铣削加工凸轮等工作。

2. 分度头的结构

万能分度头的结构如图 6-14 所示，它由底座、分度盘、扇形叉、手柄、蜗杆、蜗轮、主轴等组成。主轴前端安装三爪自定心卡盘或顶尖，分度时拔出定位销，转动手柄，通过蜗轮蜗杆带动分度头主轴旋转进行分度。

3. 分度头的使用方法

(1)工作原理　分度头的传动系统如图 6-15 所示，蜗杆与蜗轮的传动比关系为

$$i=\text{蜗杆的头数}/\text{蜗轮的齿数}=1/40$$

当手柄转一圈时，通过齿数比为 1∶1 的直齿圆柱齿轮副使单头蜗杆也转一圈，相应地使蜗轮带动主轴转 1/40 圈，其效果相当于将工件做 40 等分。可见，若需要将工件在整个圆周上做 Z 等分时，则每一次分度手柄所需转过的圈数 n 可由下列比例关系求得：

$$1:\frac{1}{40}=n:\frac{1}{Z}\quad \text{即}\quad n=\frac{40}{Z}$$

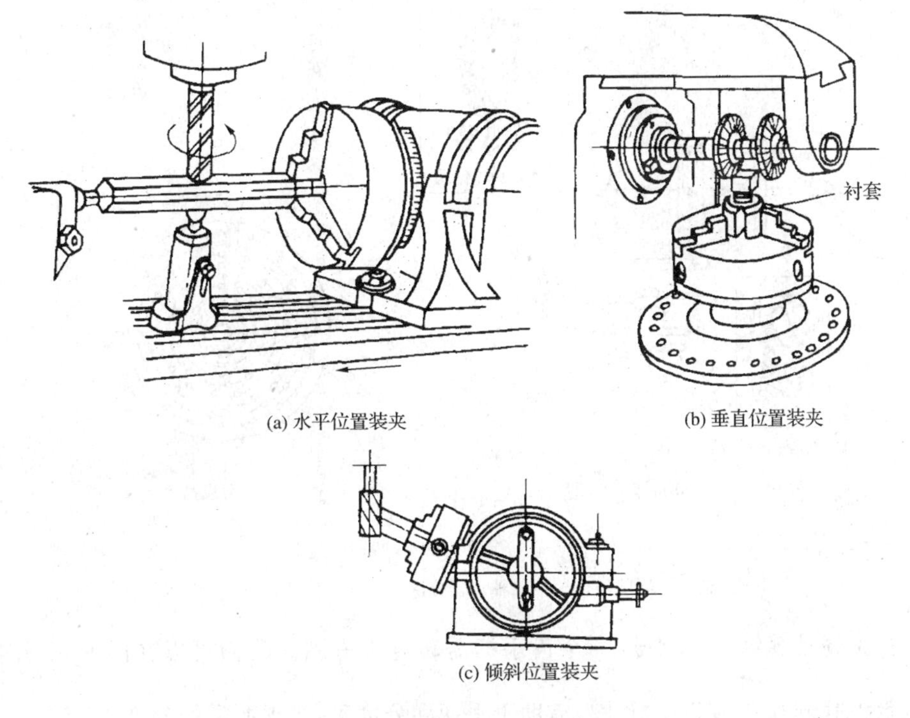

(a) 水平位置装夹

(b) 垂直位置装夹

(c) 倾斜位置装夹

图 6-13 用分度头装夹工件

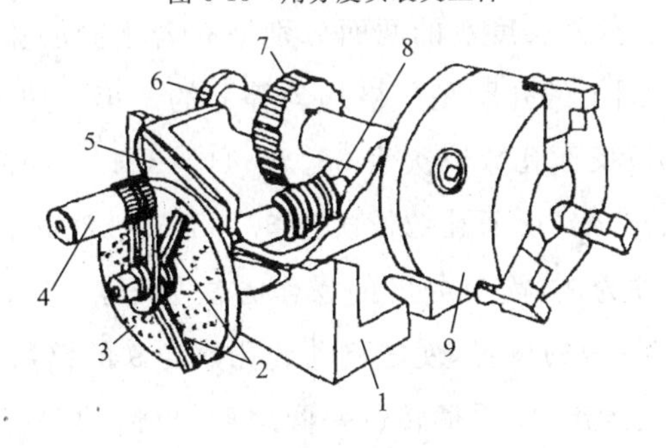

图 6-14 万能分度头的结构

1—底座；2—分度叉；3—分度盘；4—手柄；5—回转体；6—分度头主轴；7—蜗轮；8—蜗杆；9—三爪自定心卡盘

式中 n——手柄转动的圈数；

Z——工件等分数；

40——分度头定数。

(2)分度的方法 使用分度头分度的方法很多，有直接分度法、简单分度法、角度分度法和差动分度法等。这里仅介绍最常用的简单分度法。

简单分度法的计算公式为 $n=40/Z$。例如铣削直齿圆柱齿轮时，工件的齿数为 36，每一次分度时，手柄所需转数为：

$$n=\frac{40}{Z}=\frac{40}{36}=1\ \frac{1}{9}=1\ \frac{6}{54}(\text{圈})$$

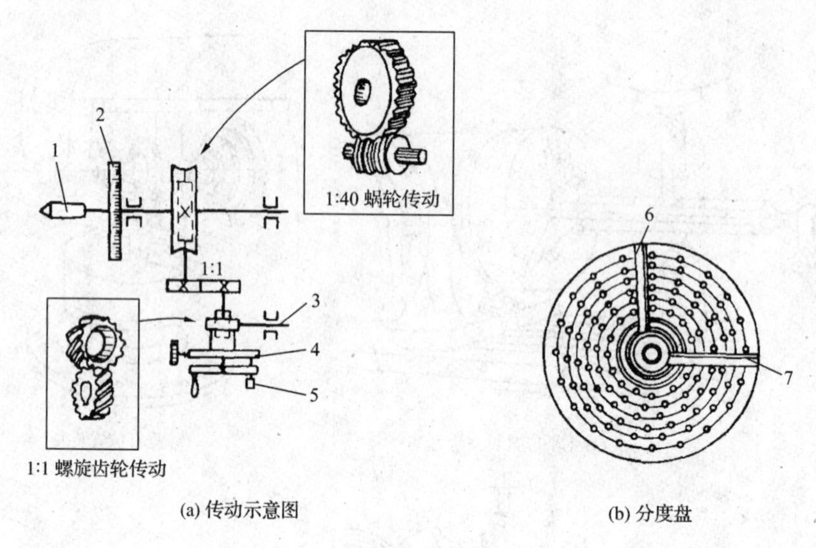

(a) 传动示意图 (b) 分度盘

图 6-15 分度头的传动系统

1—主轴;2—刻度环;3—挂轮轴;4—分度盘;5—定位销;6、7—分度叉

根据上述计算结果,每分度一个齿手柄需转过 $1\frac{1}{9}$ 圈。我们可以在图 6-15(b)所示的分度盘上找到孔数为 54 的孔圈,借助于手柄和分度叉,实现所需的分度。

分度头备有两块分度盘。分度盘的两面分别钻有若干同心排列的孔圈,不同孔圈上的孔数不相等,但同一孔圈上的孔距是严格均匀等分的。第一块分度盘正面各圈孔数依次为 24、25、28、30、34、37;反面孔数依次为 38、39、41、42、43。第二块分度盘正面各圈孔数依次为 46、47、49、51、53、54;反面孔数依次为 57、58、59、62、66。

以齿数 $Z=36$ 的工件为例,简单分度的操作方法如下:首先计算每次分度手柄所需转过的圈数,然后调整定位销的位置,使之移动到孔数为 9 的倍数的孔圈(54 孔)上;分度时将分度手柄上的定位销拔出,将手柄转过一圈之后,再借助分度叉将定位销沿 54 孔的孔圈转过 6 个孔间距即可。

6.4.4 万能立铣头

为了扩大卧式铣床的工作范围,可在卧式铣床主轴上安装一个万能立铣头,如图 6-16所示。安装万能立铣头之后,万能立铣头的主轴可以在相互垂直的两个平面内旋转,不仅能完成立铣和卧铣的工作,还可以在工件的一次装夹中,进行任意角度的铣削加工。

6.4.5 压板、螺栓装夹工件

在铣削加工时,还可以使用压板、螺栓等简易工具在铣床工作台上直接装夹工件。装夹工件时压板的位置要安排得当,夹压点要尽可能靠近切削部位,夹紧力的大小要合适。

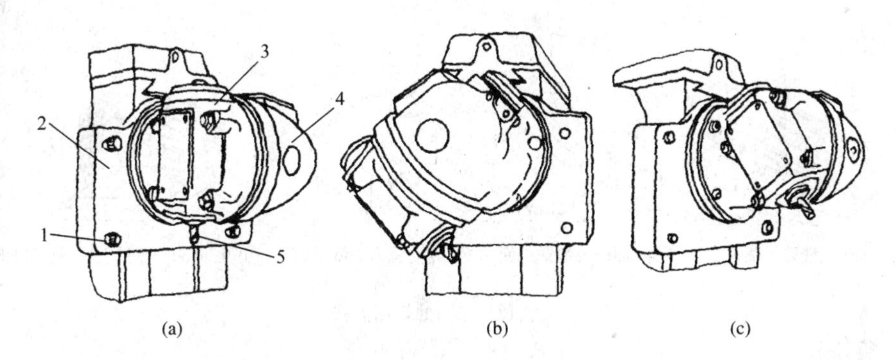

图 6-16　万能立铣头

1—螺栓；2—底座；3—铣头主轴壳体；4—罩壳；5—铣刀

工件夹紧后，要用划针盘复查工件上的划线是否仍与工作台面平行，避免工件在装夹过程中变形或走动。装夹薄壁工件时，夹压点应选在工件刚性较好的部位，必要时可在工件的空心位置处增加辅助支承，防止工件产生过大变形或因受切削力过大而产生振动。

如图 6-17 所示为压板、螺栓直接装夹工件时，各种正确与错误装夹方法的比较示例。

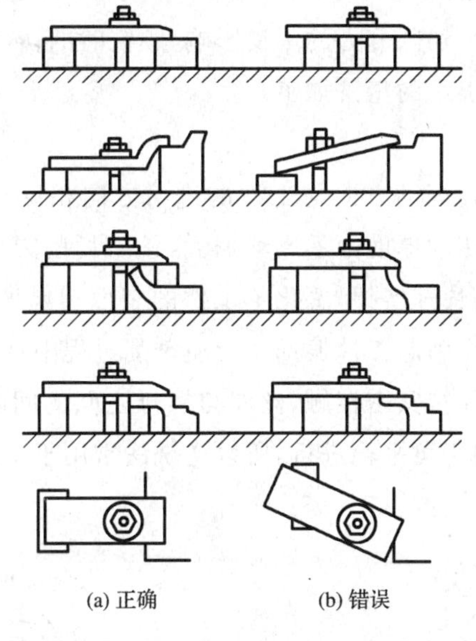

图 6-17　压板、螺栓的正确用法

6.5　铣削基本操作

6.5.1　铣平面

在卧式铣床和立式铣床上，都可以铣削平面；使用圆柱铣刀、面铣刀、立铣刀、三面刃圆盘铣刀，也都可以方便地进行水平面、垂直面、台阶面的铣削加工，如图 6-18 所示。

铣削时，利用铣刀圆周上的切削刃铣削加工的方法叫作周铣法；利用铣刀端面上的切削刃铣削加工的方法叫作端铣法。周铣法又可分为顺铣法和逆铣法两种。

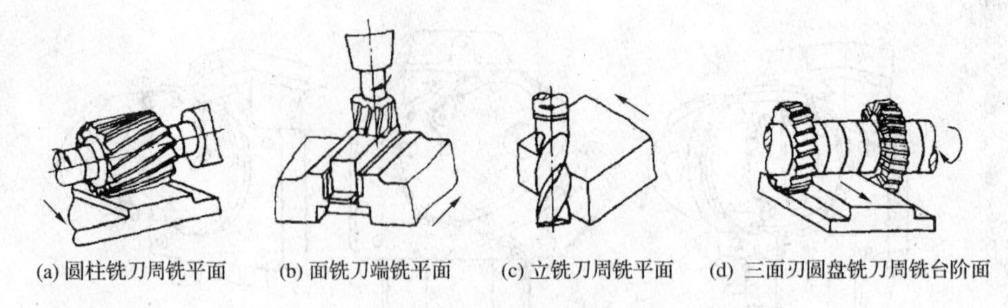
(a) 圆柱铣刀周铣平面　(b) 面铣刀端铣平面　(c) 立铣刀周铣平面　(d) 三面刃圆盘铣刀周铣台阶面

图 6-18　平面的铣削方法

1. 顺铣法

铣削区域内铣刀刀齿的运动方向与工件的进给方向相同时称为顺铣，如图 6-19(a)所示。顺铣时每个刀齿的切削厚度从最大逐渐递减到零，避免了铣刀切削刃在已加工表面上的滑行过程，使刀齿后刀面上的磨损减小。顺铣时铣刀对工件的垂直分力将工件压向铣床工作台，减少了工件振动的可能性。但顺铣时铣刀对工件的水平切削分力与工件的进给方向相同，由于普通铣床的工作台丝杠与螺母之间通常都存在一定的间隙，水平切削分力有可能将工作台拉动造成机床窜动，影响已加工表面质量，甚至发生损坏刀具、打坏机床的事故。为了减小水平切削分力的不良影响，顺铣时的切削层厚度应尽可能小一些，所以顺铣法常用于切削量很小的精铣加工。

2. 逆铣法

铣削区域内铣刀刀齿的运动方向与工件的进给方向相反时称为逆铣，如图 6-19(b)所示。逆铣时每个刀齿的切削厚度由零逐渐加大，铣刀切削刃切入工件表面之前有滑行现象，冷硬层加剧了刀具的快速磨损，恶化了工件的表面粗糙度，还容易因铣刀对工件产生一个向上抬的垂直分力而引起工件振动。但逆铣削过程中铣刀对工件的水平切削分力使工作台丝杠与螺母总是保持紧密接触，丝杠与螺母之间的间隙对铣削过程没有不良影响，使大切削量的强力铣削仍可平稳进行，所以逆铣法常用于切削量较大的粗铣加工和半精铣加工。

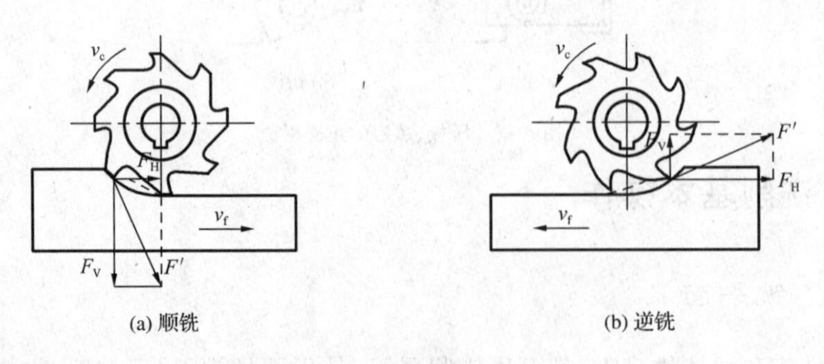

(a) 顺铣　(b) 逆铣

图 6-19　顺铣和逆铣

6.5.2　铣斜面

工件上的斜面可以采用如下几种方法进行铣削。

1.用倾斜工件法铣斜面

此方法是将工件倾斜适当的角度,使斜面位于水平位置,然后采用铣平面的方法来铣斜面。进行装夹工件的方法有多种,图 6-20(a)为根据划线用划针盘找平斜面;图 6-20(b)为在万能虎钳上装夹工件;图 6-20(c)为使用倾斜垫铁装夹工件;图 6-20(d)为使用分度头装夹工件。

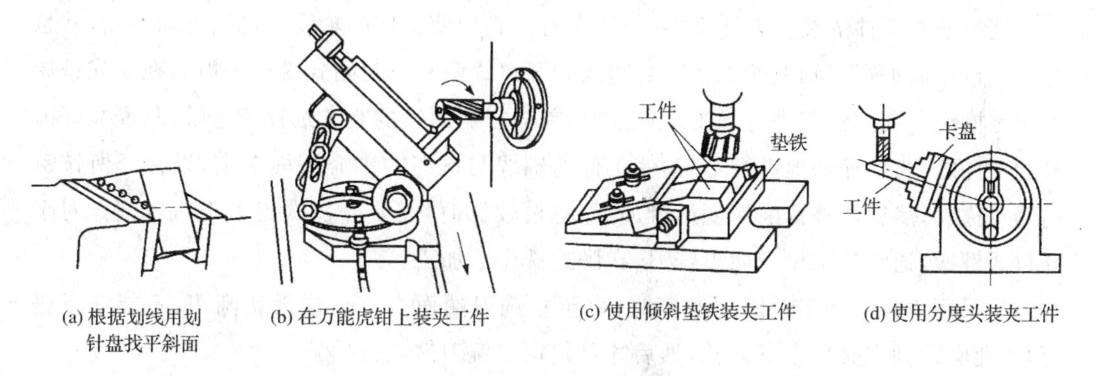

图 6-20 用倾斜工件法铣斜面

2.用倾斜刀轴法铣斜面

该方法如图 6-21 所示,是在装有万能铣头的卧式铣床或立式铣床上进行,将铣床的刀轴倾斜一定的角度,移动工作台采用自动进给铣削斜面。

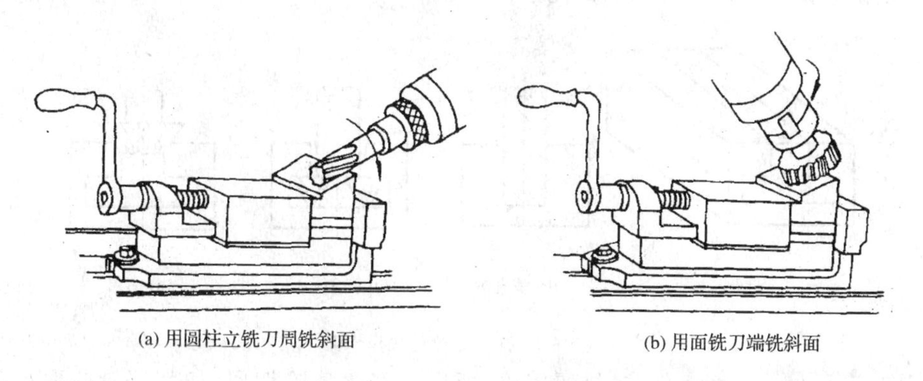

图 6-21 用倾斜刀轴法铣斜面

3.用角度铣刀铣斜面

对于一些较小的斜面,也可以使用角度铣刀进行铣削加工,如图 6-22 所示。

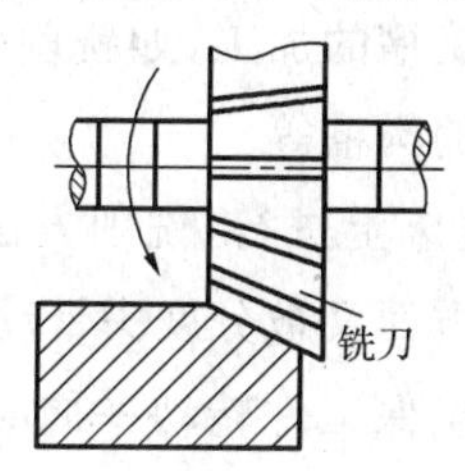

图 6-22 用角度铣刀铣斜面

6.5.3 铣沟槽

在铣床上利用不同的铣刀可以加工键槽、直角槽、T形槽、V形槽、燕尾槽和螺旋槽等各种沟槽。这里仅介绍键槽、T形槽和螺旋槽的加工。

1. 铣键槽

铣键槽时工件的装夹方法很多,但装夹时都必须使工件的轴线与进给方向一致,并且与工作台台面平行。轴上的键槽有封闭式和开口式两种。封闭式键槽一般是在立式铣床上用键槽铣刀或立铣刀进行加工。铣削时,首先根据图纸的要求选择相应铣刀;安装好刀具和工件之后,要仔细地进行对刀,使工件的轴线与铣刀的中心平面对准,以保证所铣键槽的对称度;然后调整铣削深度进行加工;键槽较深时,需要分多次走刀进行铣削。对于开口式键槽,通常是采用三面刃铣刀,在卧式铣床上加工。

当采用立铣刀加工封闭式键槽时,由于立铣刀端面中央部位无切削刃,不能向下进刀,因此必须预先钻一个下刀孔,然后才可使用立铣刀铣削键槽。

2. 铣T形槽

加工T形槽的操作步骤如下:先在工件上划线(图6-23(a));再用立铣刀或三面刃铣刀铣出直槽(图6-23(b));然后在立铣床上用T形槽铣刀铣出T形槽底(图6-23(c));最后用角度铣刀铣出倒角(图6-23(d))。

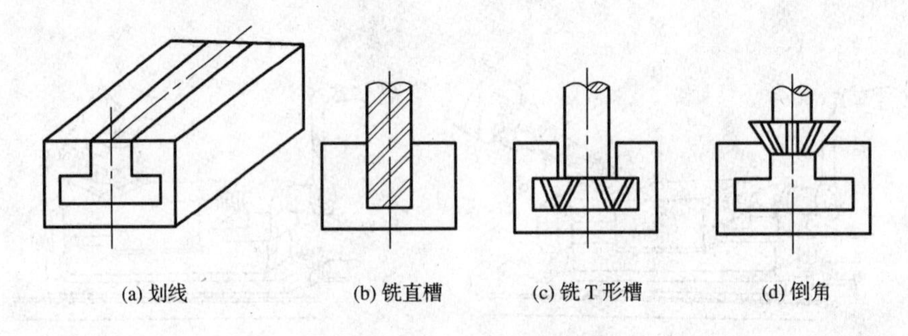

(a) 划线　(b) 铣直槽　(c) 铣T形槽　(d) 倒角

图6-23　铣T形槽的操作步骤

由于T形槽的铣削条件差,排屑困难,所以应经常清除切屑,切削用量应取小些,并加注足够的切削液。

3. 铣螺旋槽

在铣削加工中,有时会遇到螺旋槽的加工,如铣削斜齿圆柱齿轮的齿槽、麻花钻头的排屑槽、立铣刀和螺旋圆柱铣刀上的沟槽等。

铣螺旋槽通常是在卧式万能铣床上进行,铣削方法如图6-24所示。铣削时,工件一方面随工作台做纵向直线移动,一方面又被分度头带动做旋转运动,两者之间由内联系传动链保持极其严格的传动比关系,确保工件转动一周时工作台纵向移动一个导程。该运动关系的实现,是通过工作台丝杠与分度头手柄轴之间的配换齿轮组来实现的。

为了使被铣削螺旋槽的法向截面与盘形铣刀的截面形状一致,铣床纵向工作台必须

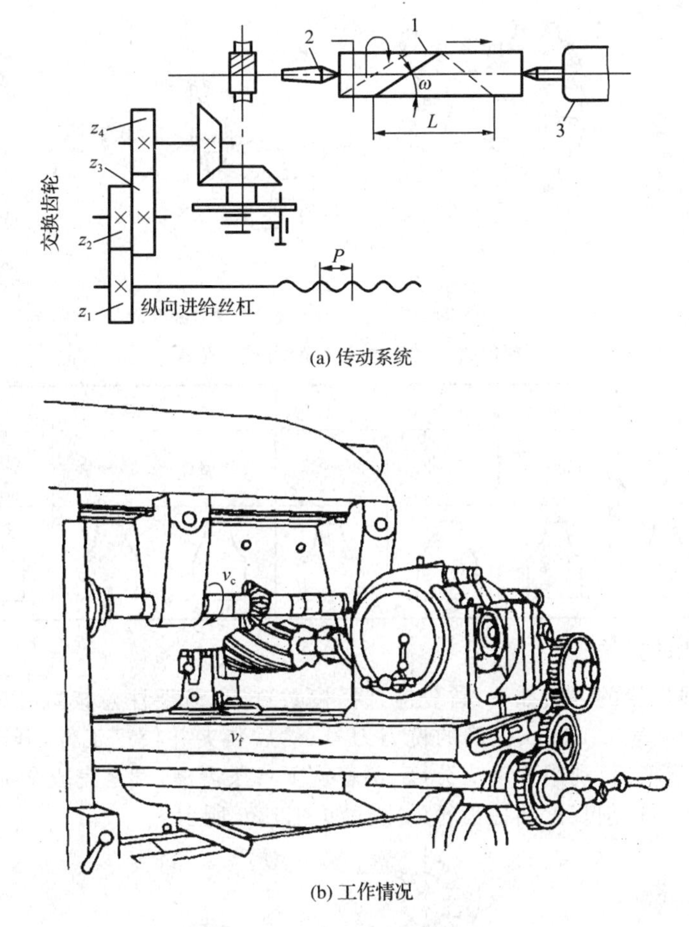

(a) 传动系统

(b) 工作情况

图 6-24　铣螺旋槽的方法及原理

1—工件；2—分度头主轴；3—尾座

在水平面内转过一个角度，其大小等于工件的螺旋角，其方向应根据螺旋槽的旋向决定。

6.5.4　铣齿轮

齿轮是机械传动中应用最广泛的零件之一，它有很多种类，如直齿圆柱齿轮、螺旋齿轮、锥齿轮等。加工齿轮齿形的方法很多，但基本上可以分为成型法和展成法两大类。在铣床上铣削齿轮属于成型法加工，即利用与被切齿轮齿槽形状相符的成型刀具来切削齿形。在铣床上铣削齿轮所用的成型铣刀称为模数铣刀，用于卧式铣床的是盘状模数铣刀，用于立式铣床的是指状模数铣刀，如图 6-25 所示。

1. 成套模数铣刀

由渐开线齿轮的啮合原理可知，模数相同但齿数不同时，渐开线齿轮的齿廓形状不同。齿数越少，齿廓的曲率半径越小。为了满足不同齿数齿轮的铣齿加工需要，生产中实际使用的为同一种模数 8 把一套或 15 把一套的模数铣刀。8 把一套的模数铣刀刀号及铣削齿数的范围见表 6-1。

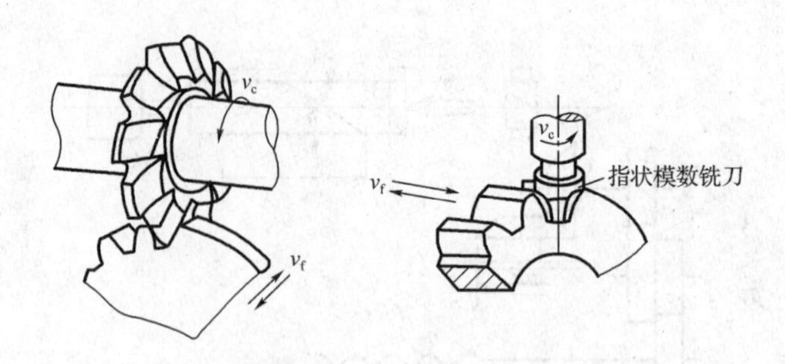

图 6-25 用盘状模数铣刀和指状模数铣刀铣齿轮

表 6-1 模数铣刀的刀号及铣削齿数的范围

刀号	1	2	3	4	5	6	7	8
铣削齿数范围	12～13	14～16	17～20	21～25	26～34	35～54	55～134	135 以上齿数及齿条
齿形								

2. 铣削齿轮的方法

铣削渐开线齿轮的方法如下：首先应选择模数铣刀，既要注意模数正确，还要根据被铣削齿轮的齿数查表 6-1 选取正确的铣刀刀号；然后装夹并校正工件，开冷却液，开车试切；当铣完一条齿槽后，利用分度头分度，接着铣下一条齿槽，直至完成全部加工。

在卧式铣床上铣削直齿圆柱齿轮的方法如图 6-26 所示。

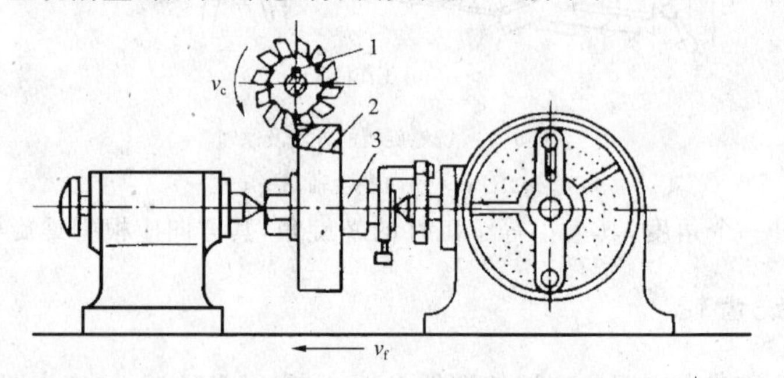

图 6-26 卧式铣床上铣削直齿圆柱齿轮

1—齿轮铣刀；2—齿轮坯；3—心轴

3. 铣削齿轮的优缺点

在铣床上铣削加工齿轮的方法属于成型法，其优点是设备简单、操作方便、刀具成本较低，但加工所得到的齿轮精度不高，仅可达到 IT11～IT9 级，而且生产率很低。根据以上特点，成型法铣削齿轮主要用于修配车间或单件生产方式。

金工实训报告（铣削加工）

本次实训课题的“金工实训报告”见表 6-2。学生应争取在车间现场完成本课题的“金工实训报告”，实训指导老师尽可能当场批阅评定成绩，必要时可以组织学生展开现场讨论，强化金工实训的效果。

表 6-2　　**金工实训报告:铣削加工**

班级________　姓名________　学号________　日期________　成绩________

实训案例	1.圆弧槽形工件的车、铣成型实训操作			2.斜面垫铁的铣削成型实训操作		
零件图	30　5　$\phi40$　$\phi60$　$\phi70$			25　60 ± 0.10　45　50 ± 0.10　30		
实训操作过程记录	工步	加工内容	检验结果	工步	加工内容	检验结果
	1.			1.		
	2.			2.		
	3.			3.		
	4.			4.		
	5.			5.		
	毛坯材料:________ 铣床型号:________ 安装方法:________ 铣削用量:________			毛坯材料:________ 铣床型号:________ 安装方法:________ 铣削用量:________		

【实训复习思考题】

一、填空题

1.铣削时的主运动是________运动,进给运动是________运动。

2.按铣刀的装夹方式,铣刀可分为________铣刀和________铣刀两大类。

3.铣刀与车刀相比较,铣刀的主要特点是________切削,故生产率很高。

4.立式铣床和卧式铣床的区别,在于它的主轴是________配置还是________配置。

5.铣床的主要附件有________、________、________、________等。

6.由于铣刀刀齿不断切入切出,使切削力不断变化,容易产生________。

7.铣削齿轮或花键槽时,需要将工件周期性地转动一定角度,称为________。

8.回转工作台一般用于零件的分度工作,以及具有________的工件加工。

9.铣削加工所得齿轮的精度不高,主要用于________场合。

10.如果________,万能分度头还可以完成铣削螺旋槽或铣削加工凸轮等工作。

二、讨论题

1.X6132万能卧式铣床主要由哪几部分组成?另几部分的主要作用是什么?

2.试述铣床主要附件的名称、用途和使用方法。

3.在万能卧式铣床上,铣刀的安装方法有哪几种?工件的安装方法又有哪几种?

4.什么是顺铣?什么是逆铣?它们分别适合什么应用场合?

5.在铣床上,能够完成哪些铣削加工工作?

6.铣削齿数Z=26的齿轮,试用简单分度法计算出每铣一齿之后,分度头手柄应转过多少圈?(已知分度盘上的圈孔数为37、36、39、41、42、43)。

7.铣床上工件的主要装夹方法有哪几种?

8.在轴上铣螺旋槽时,工件有哪几个运动?各运动应保持什么关系?工作台为什么要扳转一个角度。

三、计算题

1.已知某分度头孔板上孔圈的孔数为22、27、31、32、33、35,现需加工24个齿,问怎样分度?

2.在某一工件的圆周上需要铣出21个均匀等分槽,求每次分度时分度头手柄的转数是多少?试确定分度头孔板上孔圈的孔数,以及分度头手柄每次应转过的孔数。

实训专题 7

钳工加工

【实训目的及要求】

◆ 了解钳工在机械制造及设备维修中的作用，掌握划线、锯削、锉削、钻孔、攻丝、套螺纹等基本的钳工操作方法。

◆ 了解钻床的组成、运动和用途，了解扩孔、铰孔及锪孔的方法。

◆ 了解机械装配的基本知识，了解刮削、研磨等钳工操作方法的特点。

【实训安全事项】

◆ 应当经常检查所用的工具和机床是否有损坏，如发现有损坏，必须修好后再用。

◆ 錾削时要注意切屑的飞溅方向，防止切屑飞出伤人。

◆ 操作钻床时不允许戴手套；钻孔、扩孔、铰孔时，不得用手或纱头触及钻头；注意防止衣袖、头发被卷入机床。

◆ 使用电动工具时，必须要有良好的绝缘防护和安全接地措施；使用砂轮机时，要戴防护眼镜，以保证安全。

【实训典型案例】

典型案例 1：六角螺母零件的锉削加工实训

按照实训图纸，使用普通钳工工具和小型台式钻床，将 $\phi25\times10$ mm 圆钢制作成 M12 六角螺母，并完成本案例的“金工实训报告”。

典型案例 2：小榔头组件的制作与装配实训

参考表 7-1 介绍的小榔头制作步骤，使用普通钳工工具和小型台式钻床，根据实训图纸制作小榔头和榔头柄零件，然后进行组合装配，并完成本案例的“金工实训报告”。

7.1 概　述

钳工是使用手工工具完成切削加工、装配和修理等工作的工种。根据工作内容的不同，钳工可分为普通钳工、划线钳工、模具钳工、工具钳工、装配钳工、钻工和维修钳工等。

钳工以手工操作为主，基本操作有划线、錾削、锯削、锉削、刮削、研磨、钻孔、扩孔、锪孔、铰孔、攻丝、套螺纹及装配等。钳工使用的工具简单，操作灵活方便，能够加工形状复杂、质量要求高的零件，并能完成一般机械加工难以完成的工作，在机械制造和维修业中占有很重要的地位。

7.2 钳工基本操作

7.2.1 划线

1. 划线的作用

划线是指钳工根据图样要求，在毛坯上明确表示出加工余量、划出加工位置尺寸界线的操作过程。划线既可作为工件装夹及加工的依据，又可检查毛坯的合格性，还可以通过合理分配加工余量(亦称借料)尽可能挽救废品。

2. 划线的种类

划线的种类有平面划线和立体划线。前者是指在工件或毛坯的一个平面上划线，后者是指在工件或毛坯的长、宽、高三个方向上划线，如图 7-1 所示。

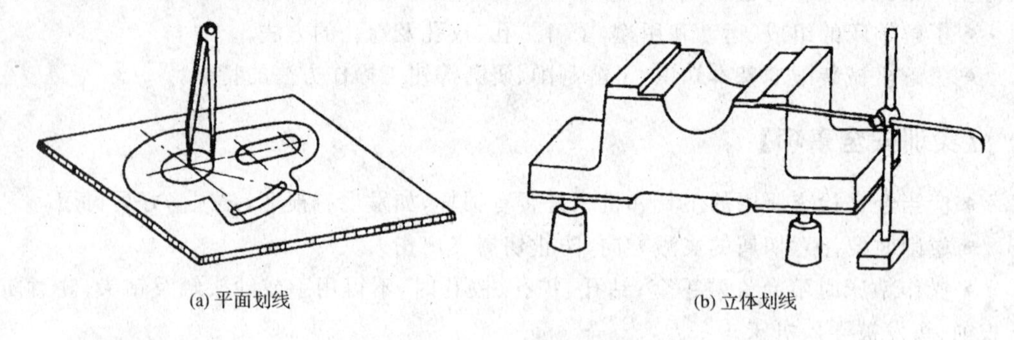

(a) 平面划线　　(b) 立体划线

图 7-1　平面划线和立体划线

3. 划线工具及用法

(1)划线平板　划线平板是用于划线的基准工具，它由铸铁制成，并经时效处理。划线平板的上平面经过精细加工，是划线的基准平面。使用划线平板时要防止碰撞和锤击，如果长期不使用时，应涂防锈油防护。

(2)千斤顶、V 型铁和角铁　千斤顶和 V 型铁是置于平板之上用于支承工件的专用工具。千斤顶调整很方便，用于支承较大的或不规则的工件；V 型铁用于支承轴类工件，便于划出中心线。角铁是另一类支承工具，它与压板配合使用，可以划出互相垂直的基准线。

(3)划线方箱　划线方箱用于装夹尺寸较小而加工面较多的工件。如图 7-2 所示，将工件固定在方箱上，翻转方箱，便可把工件上互相垂直的所有线条在一次装夹中全部划出来。

(4)划针及划针盘　划针是由高速钢制成的细长钢丝状划线工具；划针盘是装有划针的可调划线工具。如图 7-3 所示，划针盘常与划线平板联合使用，用于校正工件的位置和划线。

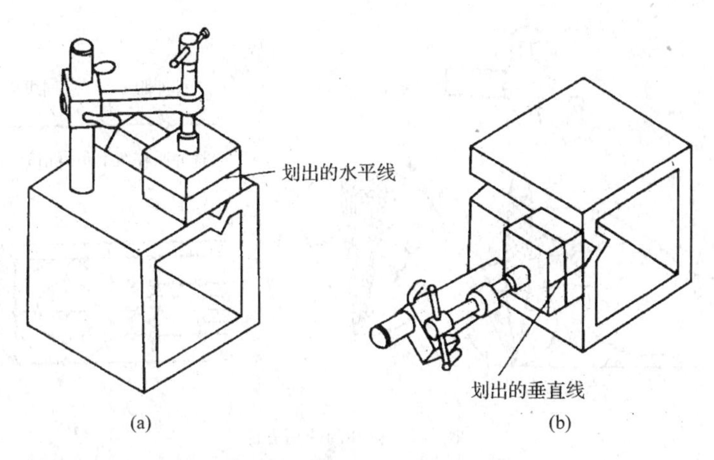

图 7-2　划线方箱的应用

(5)划规　划规如图 7-4 所示。划规类似于绘图用的圆规,用于量取尺寸、等分线段、划圆周和圆弧线,也可用来划平行线。

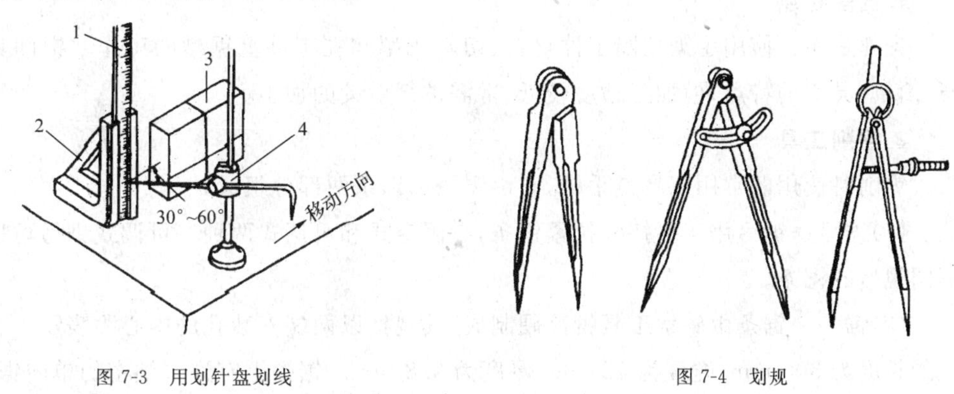

图 7-3　用划针盘划线

1—钢尺;2—尺座;3—工件;4—划线盘

图 7-4　划规

(6)划线量具　常用的划线量具有:钢直尺、90°角尺、高度游标尺等。高度游标尺是附有划线量爪的精密划线工具,亦可测量高度,但不可用于对毛坯工件划线,以防损坏硬质合金划线爪(高度游标尺的使用方法,可参考图 5-23)。

(7)样冲　样冲是在工件上打出样冲眼的工具。划完线之后,在工件上划线处以及线条交点处都需要用样冲打出样冲眼,防止日后工作中所划线条一旦模糊之后,仍可借助样冲眼进行识别和定位(图 7-5)。

4. 划线步骤

(1)检查并清理毛坯,剔除不合格件,在划线工件的表面涂刷涂料。

(2)正确安放工件,选择划线工具,确定划线基准。

(3)划线　首先划出基准线,再划出其他水平线。然后翻转找正工件,划出垂直线。最后划出斜线、圆、圆弧及曲线等。

(4)根据图样检查所划的线是否正确,然后在正确位置处打出样冲眼。

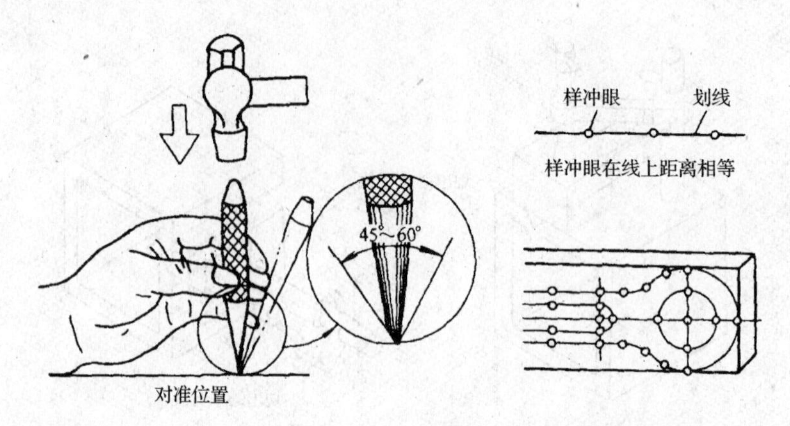

图 7-5 样冲的使用方法

7.2.2 锯削

1. 锯削特点

锯削是钳工使用手锯切断工件材料、切割成型和在工件上锯槽的工作。锯削具有方便、简单、灵活的特点，但加工精度较低，常需进行后续的加工。

2. 锯削工具

锯削时使用的常用工具是手锯，它由锯弓和锯条两部分组成。

（1）锯弓　锯弓用于夹持和拉紧锯条，有固定式和可调式两种。可调式锯弓可以安装不同规格的锯条。

（2）锯条　锯条由碳素工具钢淬硬制成，其规格以两端安装孔的中心距表示。常用锯条的长度为 300 mm、宽度为 12 mm、厚度为 0.8 mm。锯条上有许多细密的单向锯齿，按齿距的大小可分为粗齿、中齿、细齿三种。锯齿分左右，错开形成锯路，锯路的作用是使锯缝宽度大于锯条背部厚度，以减少摩擦阻力防止卡锯，并可以使排屑顺利，提高锯条的工作效率和使用寿命。

3. 锯削操作步骤

（1）选择锯条　通常根据材料的软硬和材料的厚度来选择锯条的齿距，锯削软材料或厚工件时，应选用粗齿锯条，使锯屑不易堵塞；锯削硬材料或薄工件时，应选用细齿锯条，可避免锯齿被勾住而崩落。

（2）安装锯条　安装锯条时，锯齿尖端朝前，锯条松紧适中，不能歪斜或扭曲，否则锯削时锯条容易被折断。

（3）装夹工件　工件装夹应牢固，伸出钳口要短，防止锯削时产生振动。

（4）锯削操作　锯削操作如图 7-6 所示，起锯时的角度 $\alpha \approx 10° \sim 15°$，锯弓往复行程要短，压力要小，待锯痕深约 2 mm 后，方可将锯弓逐渐调至水平位置进行正常锯削；正常锯削时，左手轻压锯弓前端，右手握锯柄直线推进，返回时锯条不加压从工件上轻轻拉回，同时应尽量使用锯条全长以防局部磨损；工件即将锯断时，锯条的往复行程逐渐缩短，用力要轻，速度要慢。

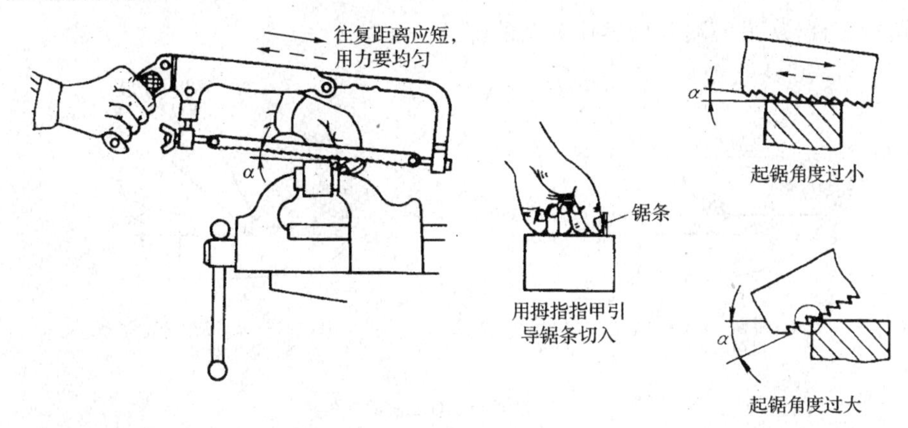

图7-6　锯削操作方法

4. 锯削方法示例分析

锯削前应在工件上划出锯削线，划线时应考虑留有锯削后的加工余量。锯削不同的工件需要采用不同的锯削方法。

(1)锯圆管　锯圆管时，为了防止产生崩齿或折断锯条，应在圆管即将被锯穿时将圆管转动一定角度，接着沿原锯缝锯下，如此不断转动，直至锯断。

(2)锯扁钢、型钢　锯扁钢、型钢或较厚的工件时，应从大面开始锯削，再逐渐过渡到其他部位，力求锯缝整齐光洁。

(3)锯薄板　锯薄板工件时，可用两块方木将薄板夹住，以增加锯削厚度防止卡齿、崩齿或卡断锯条；必要时，还可采用斜向锯削的方法操作。

7.2.3　錾削

1. 錾削工具及用法

(1)錾子　錾子全长125～150 mm，用工具钢制作后淬火而成。常用的錾子有平錾、槽錾和油槽錾三种：平錾用于錾削平面和錾断金属，它的刃宽为10～15 mm；槽錾用于开槽，它的刃宽约为5 mm；油槽錾用于錾削油槽，它的刃口磨成与油槽形状相符的圆弧形。錾子的刃口楔角依所加工材料不同而异，錾削铸铁件时为70°，錾削钢件时为60°，錾削铜、铝件时≤50°。使用錾子时主要用中指夹紧，手握錾子应松动自如，錾头伸出20～25 mm。

(2)手锤　手锤的规格用锤头重量表示，常用的手锤规格约为0.5 kg。手锤锤柄全长约为300 mm，握锤时锤柄下端露出15～30 mm；握持手锤主要靠拇指和食指用力，其余各指放松，仅在向下击打时才用力握紧。

2. 錾削操作

錾削时主要由手腕配合小臂自然挥锤，姿势应便于用力，眼睛应注视錾刃而不是錾尾。起錾时应将錾子握平，以便錾刃切入工件；錾削时錾子应如图7-7所示与工件保持适当的夹角,粗錾时的夹角为 3°～5°,细錾时的角度可以稍大些。当錾削到靠近工件尽头时,应调转工件,从另一端开始錾掉剩余的部分。

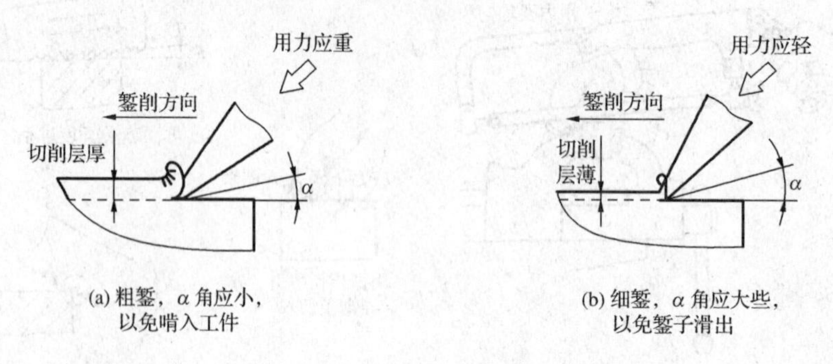

图 7-7 錾子与工件之间的夹角

3. 錾削实例分析

(1)錾平面 錾平面时,应先用槽錾开槽,槽间的宽度约为平錾錾刃宽度的 3/4,然后再用平錾錾平。为了易于錾削,平錾錾刃应与前进方向呈 45°角。

(2)錾断板料 对于小而薄的板料,可夹持在虎钳上逐一錾断,也可放在平垫铁上按划线錾断。

7.2.4 锉削

锉削用于工件錾削和锯削之后的进一步加工,或在零部件装配时对工件进行修整,它是最基本的钳工工作之一。锉削加工的操作简单,但工作范围广,操作技艺高,需要长期严格训练才能掌握好。

1. 锉刀的种类

锉刀用碳素工具钢制成,经热处理淬硬后,硬度可达 60～ 62 HRC。锉刀刀齿的齿纹有单齿纹和双齿纹两种,如图 7-8 所示:双齿纹锉刀的刀齿交叉排列,锉削时省力且工件光洁,所以大多数锉刀的齿纹都是制成双齿纹;单齿纹锉刀的刀齿为直线或弧线,一般用于锉削铝、铜等软金属材料。锉刀按用途可分为普通锉、整形锉(什锦锉)和特种锉三种。其中,普通锉按其断面形状可分为平锉、方锉、圆锉、半圆锉和三角锉等五种。锉刀刀齿的粗细,按每 10 mm 长度内锉面上的齿数可分为粗齿锉、中齿锉、细齿锉和油光锉四种,分别用于粗加工、半精加工、精加工和光整加工。

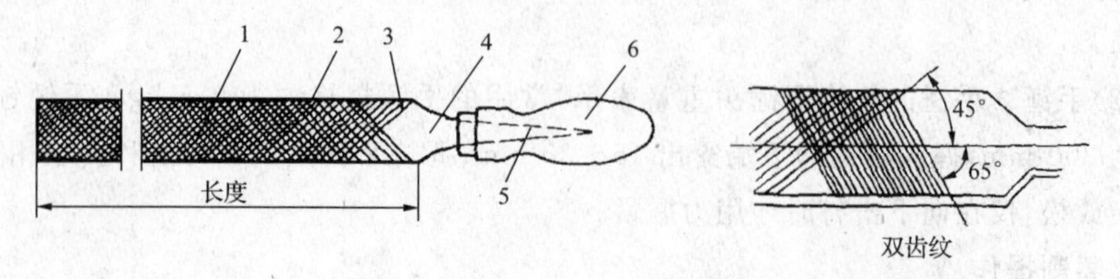

图 7-8 锉刀刀齿的齿纹

1—锉面;2—锉边;3—底齿;4—锉刀尾;5—锉刀舌;6—锉刀柄

2. 锉削基本操作

(1)锉刀的握法　锉刀的握法如图 7-9 所示，右手紧握锉刀柄，柄端抵住手心，拇指自然伸直，其余四指弯向手心；左手压在锉刀上使之保持平衡，右手推动锉刀并控制推动方向。

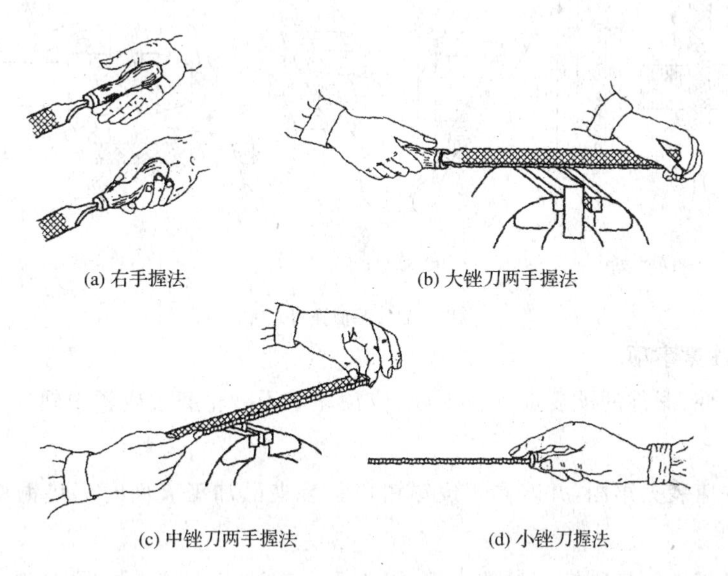

(a) 右手握法　(b) 大锉刀两手握法

(c) 中锉刀两手握法　(d) 小锉刀握法

图 7-9　锉刀的握法

(2)锉削力的运用　锉削力有水平推力和垂直压力两种。水平推力的大小由右手控制，垂直压力则由两手配合同时控制。如图 7-10 所示，锉削开始时，左手压力大、右手压力小；在到达锉刀中间位置时，两手压力相等；继续推进，左手压力减小、右手压力加大；锉刀返回时两手不再施加压力，让锉刀在工件表面轻轻滑回，以免迅速磨钝锉刀齿和损伤工件。

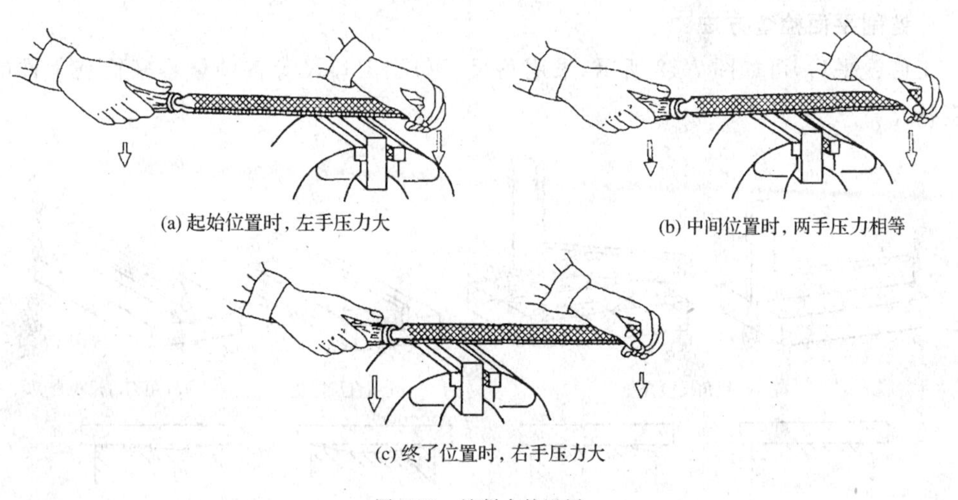

(a) 起始位置时，左手压力大　(b) 中间位置时，两手压力相等

(c) 终了位置时，右手压力大

图 7-10　锉削力的运用

3. 平面的锉削方法

平面的锉削方法有三种，如图 7-11 所示：顺向锉法按照锉刀轴线的方向进行锉削，可

得到平直、光洁的表面，主要用于工件的精锉；交叉锉法以交替的顺序沿两个方向对工件表面进行锉削，因此去屑快、效率高，常用于较大面积工件的粗锉；推锉法按照垂直于锉刀轴线的方向锉削，常用于工件上较窄表面的精锉，以及不能采用顺向锉法加工的场合。

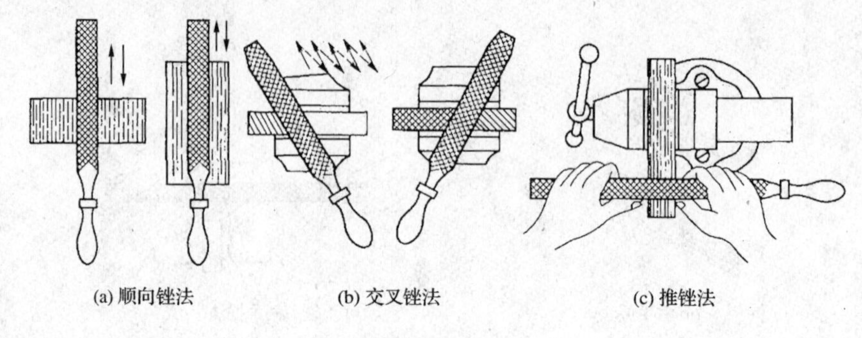
(a) 顺向锉法　(b) 交叉锉法　(c) 推锉法

图 7-11　平面锉削方法

4. 锉削注意事项

(1)铸铁件、锻件的硬皮或沙粒太硬，应预先采用砂轮磨去或錾去硬皮之后，方可进行锉削。

(2)工件应装夹牢固，并略高于虎钳钳口。装夹已加工表面时应垫铜皮，以防损伤工件表面。

(3)不可用手触摸刚锉削过的表面，因为手上有油脂，再锉时容易打滑。

(4)锉刀齿面被锉屑堵塞时，应当用钢丝刷顺锉纹方向刷去锉屑，切不可用手清理或用口去吹，以防锉屑划伤手指或屑粒飞入眼中伤人。

(5)锉削时的速度不能太快，否则齿面会迅速磨损打滑。锉刀较硬较脆，不可摔落地面或充当杠杆撬物件，以免折断损坏。

5. 锉削平面检查方法

工件锉平后，可如图 7-12 所示，采用角尺、直尺、刀口尺等各种量具来检查工件的平直度情况。

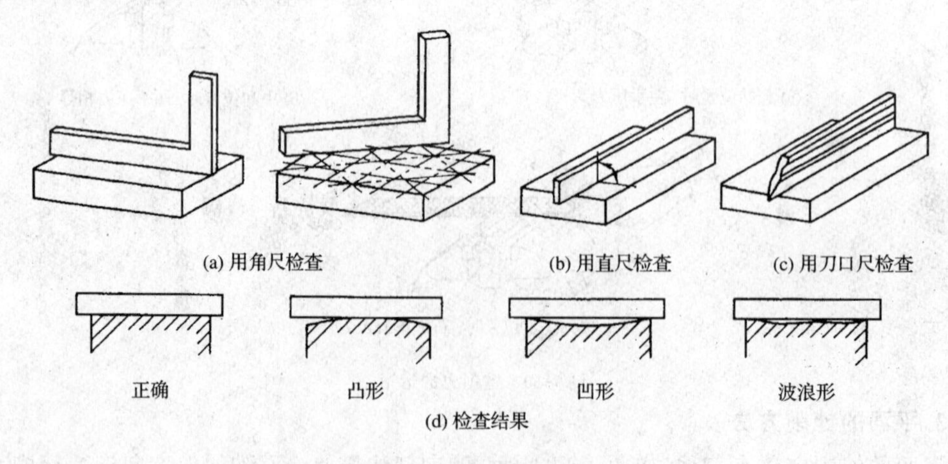

(a) 用角尺检查　(b) 用直尺检查　(c) 用刀口尺检查

(d) 检查结果

图 7-12　锉削平面检查方法

7.2.5 钻孔、扩孔与铰孔

钻孔是用钻头在工件上加工出通孔或盲孔的操作，多用于装配和修理，也用于攻螺纹孔之前的准备工作。钻孔时，钻头一边旋转做主运动，一边沿轴线移动做进给运动，如图7-13所示。钻孔的精度较低，表面比较粗糙，所以对于精度要求较高的孔，钻孔之后还需要进行扩孔和铰孔加工。

1. 钻床

钳工钻孔时，常用的钻床有台式钻床、立式钻床和摇臂钻床等。

(1)台式钻床　台式钻床如图7-14所示，通常是放在钳工工作台上使用，简称小台钻。它由工作台、立柱、主轴、进给手柄等部分组成，重量轻、转速高、操作方便，通过变换V带在宝塔轮上的轴向位置，即可变换主轴转速，主要用于直径小于13 mm的小孔加工。

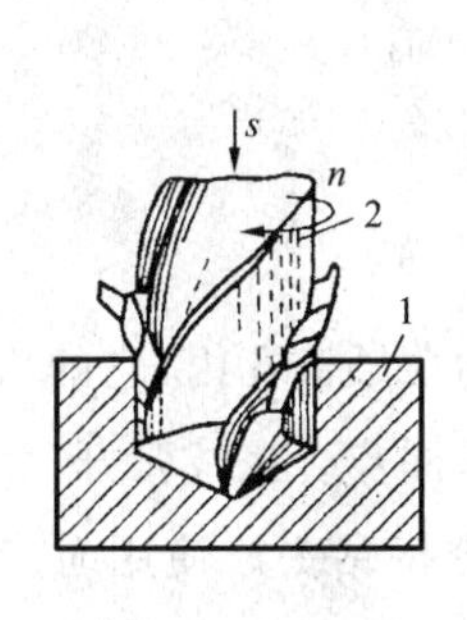

图7-13　钻孔

1—工件；2—钻头

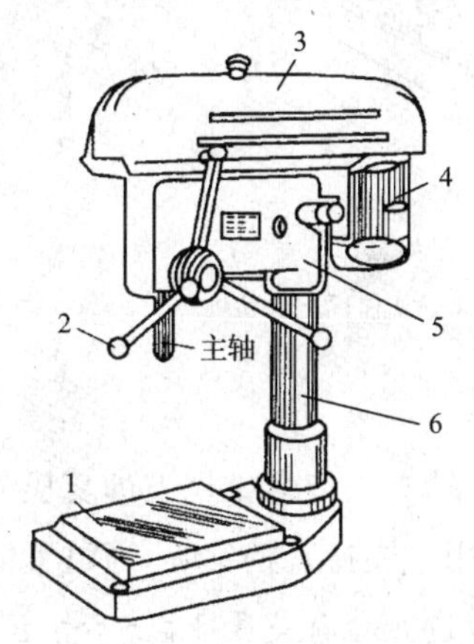

图7-14　台式钻床

1—工作台；2—进给手柄；3—皮带罩；4—电动机；5—主轴架；6—立柱

(2)立式钻床　立式钻床简称立钻，如图7-15所示，由底座、工作台、立柱、主轴变速箱、进给箱和主轴等组成。立式钻床的规格以其能加工的最大孔径表示，常用立式钻床的规格有25 mm、35 mm、40 mm和50 mm等几种。立钻的刚性好、功率大、加工精度较高，主轴既可自动进给又可手动进给，适用于对中、小型工件进行钻孔、扩孔、铰孔、锪孔和攻螺纹等多种加工。

(3)摇臂钻床　摇臂钻床如图7-16所示，它有一个可沿立柱上下移动同时可绕立柱360°旋转的摇臂，摇臂上的主轴箱还能在摇臂上做横向移动，可以方便地将钻头中心调整到所需的工作坐标位置。摇臂钻床适用于大型工件、复杂工件上的孔组加工。

(4)其他钻削设备　其他钻削设备还有手枪钻、磁吸钻等。手枪钻和磁吸钻的体积小、重量轻、携带方便、使用灵活，常用于不方便使用钻床的场合下钻孔，其中，手枪钻用于直径ϕ10 mm以下的钻孔，磁吸钻用于直径大于ϕ10 mm的钻孔。

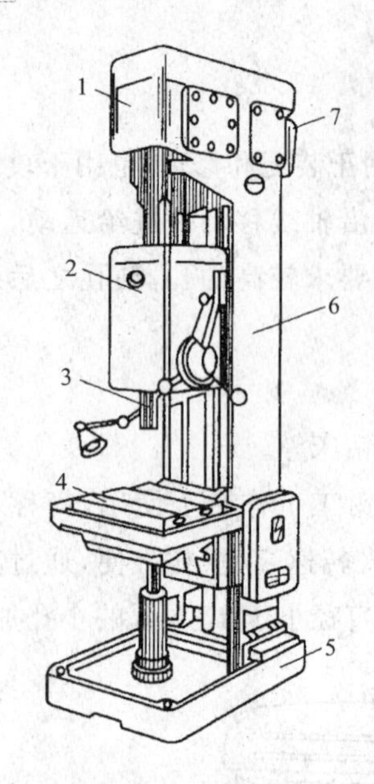

图 7-15 立式钻床

1—主轴变速箱;2—进给箱;3—主轴;
4—工作台;5—底座;6—立柱;7—电动机

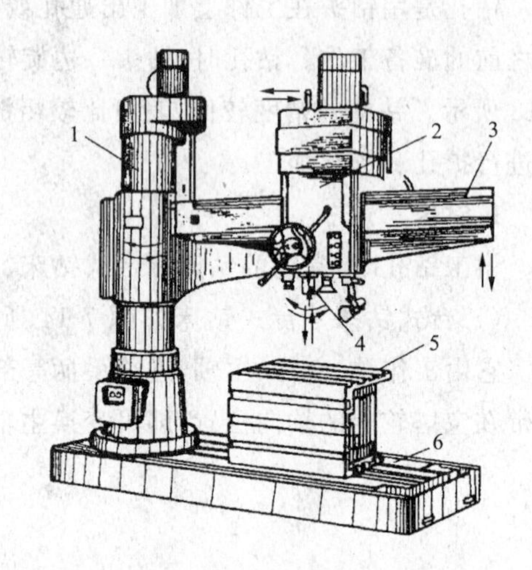

图 7-16 摇臂钻床

1—立柱;2—主轴箱;3—摇臂;4—主轴;
5—工作台;6—底座

2. 钻床夹具

(1)钻夹头 钻夹头依靠锥尾上的莫氏外锥面安装在钻床的主轴锥孔内,它的头部有三个自定心夹爪用于夹持直柄钻头,通过紧固扳手可使三个夹爪同步合拢或张开。

(2)过渡套 过渡套有莫氏 1#～5# 五种规格,用于装夹锥柄钻头。使用时应根据钻头锥柄规格及钻床主轴内锥孔的规格来进行合理选择,必要时可用两个以上的钻套做过渡连接。

(3)装夹工具 钻床常用的装夹工具有手虎钳、平口虎钳、V 形铁和压板等。薄壁小件用手虎钳夹持;中、小型平整工件用平口虎钳夹持;圆形工件用 V 形铁和弓形架夹持;大工件可用压板和螺栓直接装夹在钻床工作台上;在大批量生产中广泛地采用钻模钻孔,以提高孔的位置精度和生产率。

3. 麻花钻头

麻花钻头的结构如图 7-17 所示,由柄部和工作部分组成。麻花钻头的柄部是用于夹持并传递扭矩的部分,当钻孔直径小于 12 mm 时为直柄,钻孔直径大于 12 mm 时为锥柄。

钻头的工作部分包括导向部分和切削部分。导向部分的作用是引导并保持钻削方向,它有两条对称的螺旋槽,作为输送切削液和排屑的通道。在钻头外圆柱面上,沿两条螺旋槽的外缘有狭窄的、略带倒锥度的棱带,切削时棱带与工件孔壁相接触,以保持钻孔方向不偏斜,同时又能减小钻头与工件孔壁的摩擦。切削部分的两条主切削刃担负着主

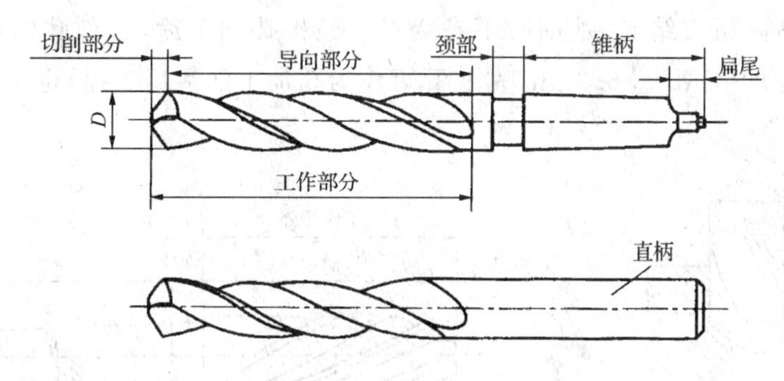

图 7-17　麻花钻头的组成部分

要切削工作，两条主切削刃的夹角为 118°。为了保证钻孔的加工精度，两条主切削刃的长度及两条主切削刃与轴线的交角均应对称相等，否则将使被钻孔的孔径扩大。图 7-18 所示为钻头刃磨不正确时钻孔的情况。

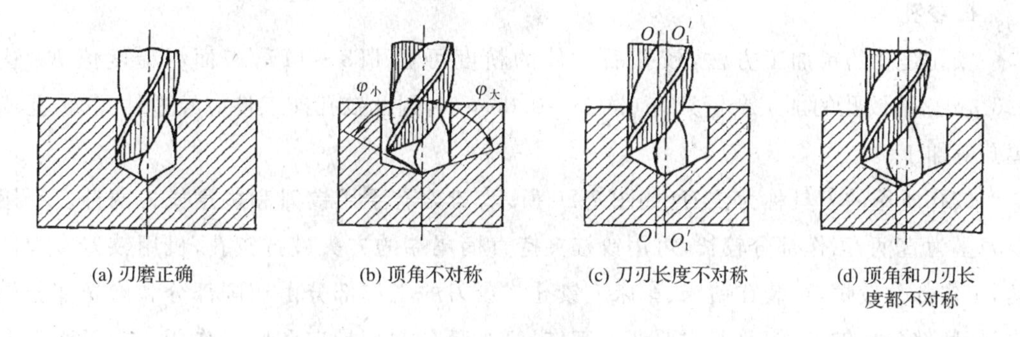

图 7-18　钻头刃磨不正确对加工的影响

4. 钻孔操作方法

钻孔前，在孔的正确位置处划线，并在圆心和圆周线上打样冲眼；根据工件的孔径尺寸和精度要求，选择合适的钻头，检查钻头的两切削刃是否锋利和对称，必要时进行修磨；装钻头之后，先开车检查是否偏摆，必要时停车纠正，然后再进行夹紧。

选择合适的装夹方法装夹工件，然后调整钻床选定主轴的转速。钻大孔时转速应低一些，以免钻头快速磨钝；钻小孔时转速应高些，进给量应小些，以免钻头折断。钻硬材料时的转速应低些，反之转速应高些。

钻孔时的进给速度要均匀，快要钻通时进给量要适当减小，防止损坏钻头。钻韧性材料须使用切削液，钻深孔时钻头须分级进给，以利于排屑和冷却。

当钻削孔径大于 ϕ30 mm 的大孔时，应当分为两次钻削，先钻 0.4～0.6 倍孔径的小孔，第二次再钻至所需尺寸。精度要求较高的孔要留出加工余量，以便后续精加工。

5. 扩孔

扩孔是通过扩大现有预制孔的孔径来提高被加工孔的尺寸精度和位置精度的一种切削加工方法，所用的刀具称为扩孔钻。扩孔钻的结构如图 7-19 所示，它与麻花钻相似，但切削部分的顶端是平的，没有钻尖部分；切削刃的数量较多，有 3～4 条螺旋槽，且螺旋槽的深度较浅，钻体粗大结实，钻削时不易变形。经扩孔加工后，工件孔的精度可提高到IT10，表面粗糙度值 Ra 达 6.3 μm，故扩孔可作为孔加工的最后工序，也可作为铰孔前的准备工序。

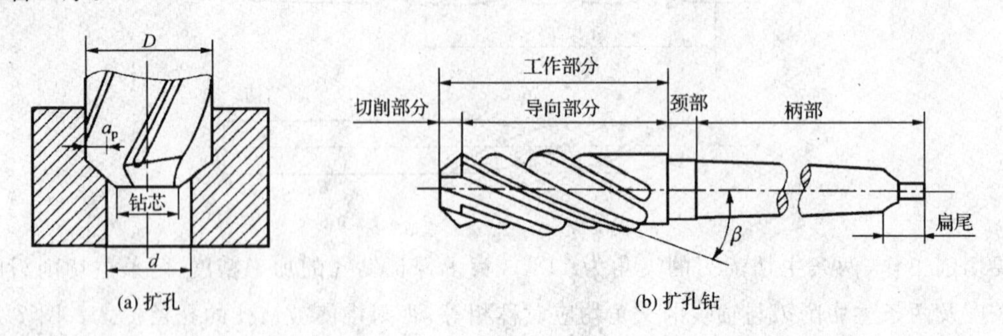

图 7-19 扩孔及扩孔钻

6. 铰孔

铰孔是孔的精加工方法，铰孔后工件的精度可达 IT8～IT7，表面粗糙度值 Ra 达 1.6 μm。精铰孔的加工余量只有 0.025～0.06 mm，因此铰孔前工件应经过钻孔、扩孔或镗孔等加工。

铰孔所用的刀具称为铰刀，如图 7-20 所示，铰刀有手用铰刀和机用铰刀两种。手用铰刀多为直柄，工作部分较长，可用铰杠夹持直柄尾端的方头进行铰孔；机用铰刀多为锥柄，工作部分较短，可装在钻床、车床上铰孔。铰刀的工作部分由切削部分和修光部分组成，切削部分呈锥形，担负着主要切削工作；修光部分起着导向和修光作用。铰刀通常有6～12 条切削刃，沿圆周呈不等分排列，各个切削刃的负荷较轻。铰孔时选用的切削速度较低，进给量较小，一般都需要使用切削液。

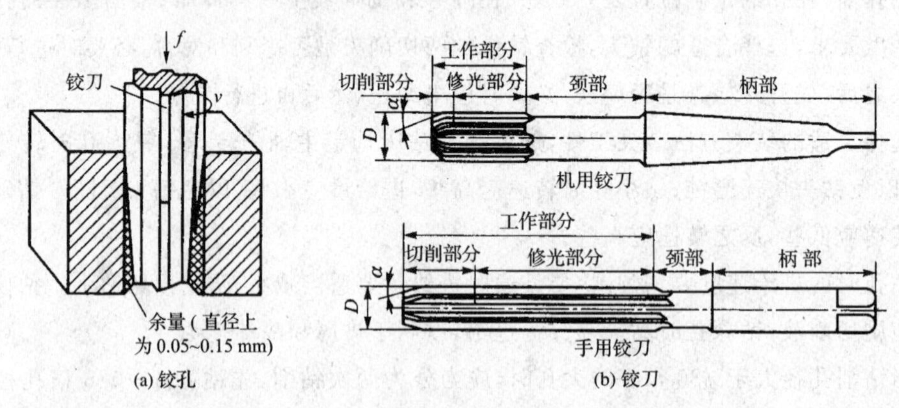

图 7-20 铰孔和铰刀

7.2.6 攻丝和套螺纹

1. 攻丝

攻丝是利用丝锥，在预制孔内加工内螺纹的操作。攻丝前预制孔的直径尺寸需要通过计算或查表确定，还需要在孔口处倒角。手工攻丝操作如图 7-21(a)所示，用铰杠夹持丝锥中的头锥垂直放入工件孔内，轻压铰杠旋入1～2圈；目测或借助90°角尺校正丝锥的垂直度后，继续轻压旋入；待切削部分全部进入工件底孔后，不再加压均匀转动丝锥，每转过一圈后反转1/4圈进行断屑，直至全深；头锥攻完退出后，用手将二锥、三锥先后旋入，再转动铰杠不加压切入，直至加工完毕。

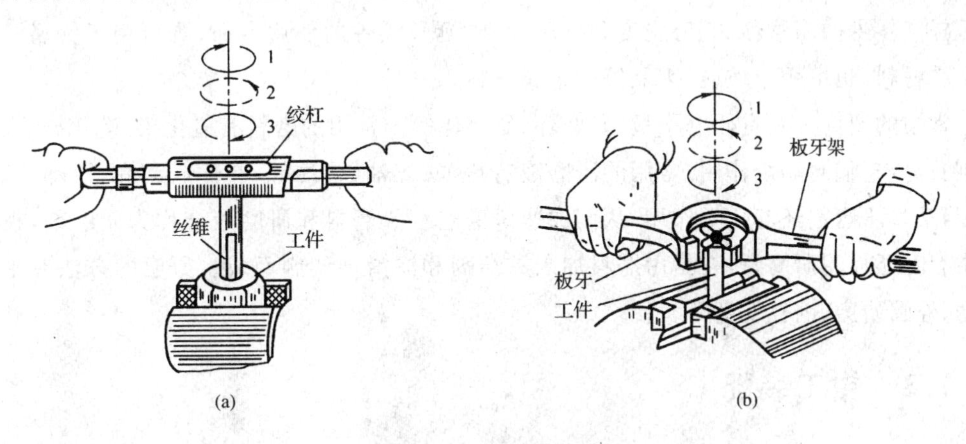

图 7-21 手工攻丝操作

1—顺转一圈；2—反转1/4圈；3—继续顺转

为了延长丝锥的寿命，提高攻丝加工质量，攻丝时应加切削液。攻钢件等塑性材料时，使用机油润滑；攻铸铁等脆性材料时，使用煤油润滑；必要时，还可以使用专门的“攻丝油”润滑。

2. 套螺纹

套螺纹是用板牙在圆柱体工件上加工外螺纹的方法。板牙固定在板牙架上，板牙的形状像圆螺母，有固定式和开缝式两种，均由切削部分、校正部分和排屑孔组成。

手工套螺纹操作如图 7-21(b)所示，套螺纹前，先确定工件的直径，在工件的端头倒15°～20°的斜角，倒角要超过螺牙全深；套螺纹时，板牙端面应与工件轴线垂直，要稍加压力转动板牙架，当板牙已切入工件后就不必再施压力，只要均匀旋转。为了断屑也常需要倒转，钢件套螺纹还要加切削液，以提高工件质量和板牙寿命。

7.2.7 刮削与研磨

1. 刮削

刮削是用刮刀在工件表面刮去一层很薄的金属层的钳工加工方法。刮削的切削余量小、加工热量小、装夹变形小，能消除机械加工时的残留刀痕，提高工件的表面质量和耐磨性；但同时其劳动强度大、生产率低，是钳工劳动量较大的一种精密加工方法，用于最重要零件相互配合表面的精密加工及难以进行磨削加工的场合。

刮刀是刮削时使用的手用刀具，有平面刮刀和曲面刮刀(三角刮刀)两种。平面刮刀用于刮削平面;曲面刮刀用于刮削内曲面。刮削方式有:粗刮、细刮、精刮、刮花等,常见的花纹有三角纹、方块纹和燕子纹等多种。精刮和刮花主要用于精密工具的接触面、基准面和精密导轨面的加工。

2. 研磨

用研磨工具和研磨剂从已加工工件表面磨去一层极薄金属的加工方法称为研磨。研磨可提高零件的耐磨性、疲劳强度和抗腐蚀性,延长零件的使用寿命,既可用于钢、铁、铜等金属材料,也可用于玻璃、水晶等非金属材料。

常用的研磨工具有研磨平板、研磨环、研磨棒等。常用的磨料有氧化铝、碳化硅、人造金刚石等,它们起切削作用;常用的研磨液有机油、煤油、柴油等,它们起调和、冷却、润滑作用,某些研磨剂还起化学作用,从而加速研磨过程。磨料和研磨液合称为研磨剂,在工厂中有时还使用研磨膏,它是由磨料加入黏结剂和润滑剂调制而成。研磨的方法有平面研磨、外圆研磨、内孔研磨等。

7.3 钳工装配

钳工装配是将合格零件按照规定的技术要求,组装成部件或机器的生产过程。钳工装配是机器制造的最后阶段,也是最重要的阶段。钳工装配质量的优劣对机器的性能和使用寿命有很大影响。

钳工装配的过程可分为组件装配、部件装配和总装配。组件装配是将若干零件通过连接和固定成为组件的过程;部件装配是将若干零件和组件组合成为独立机构或部件的过程;总装配是将零件、组件和部件整体连接起来,成为整台机器的操作过程。

7.3.1 紧固件连接

紧固件连接是十分重要的装配方法,主要有螺纹连接、键连接、铆接等。

螺纹连接是机器中最常用的可拆连接,装拆与调整都很方便。用于连接的螺栓、螺母各贴合表面要求平整光洁,螺母的端面应与螺栓轴线垂直,旋拧螺母或螺栓的松紧程度要适中。当紧固四个以上的成组螺栓时,应按图 7-22 所示的拧紧顺序进行操作:先按 1、2、3…… 9、10 的顺序,将每个螺栓依次拧紧到1/3 的松紧程度;再按 1/3 的程度重复拧紧一遍;最后按图示顺序依次全部拧紧,这样做才能使各螺栓的受力均匀,不会产生个别螺栓过载现象。

键连接也属于可拆连接,多用于轴、套类零件的传动中,如图 7-23 所示为平键连接。装配平键时,先选配键和键槽,去除毛刺和洗净加油;再将键轻轻地敲入轴槽内,使之与槽底接触;然后试装轮壳。如果轮壳上的键槽与键的配合过紧,可稍修整键槽,但应注意键侧的配合绝对不能有松动,仅可使平键的顶面与轮槽的底面之间留有间隙。

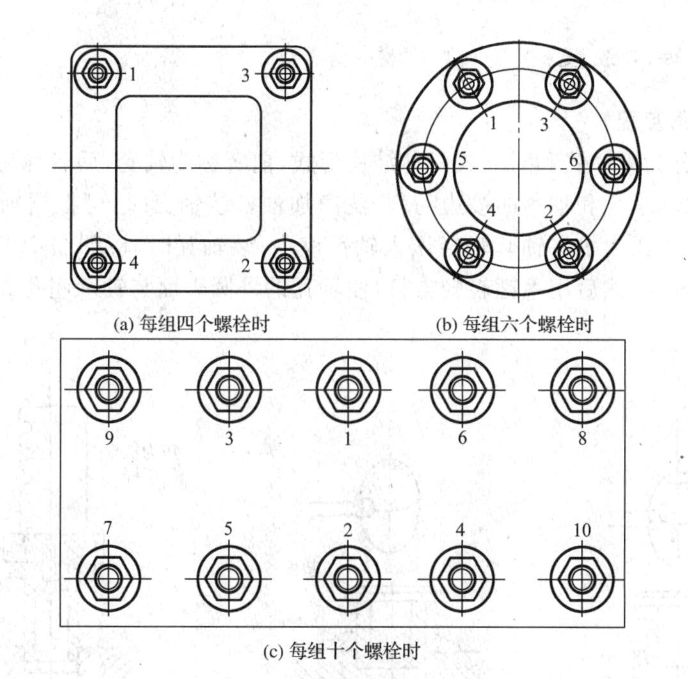

(a) 每组四个螺栓时　(b) 每组六个螺栓时

(c) 每组十个螺栓时

图 7-22　螺栓的拧紧顺序

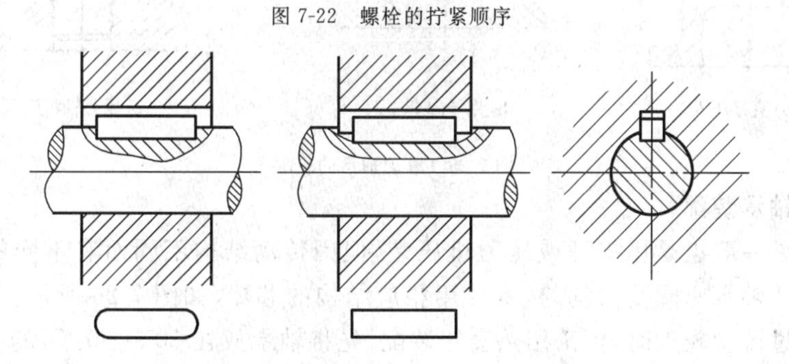

图 7-23　平键连接

铆接是不可拆连接，多用于板件连接。操作时先在被连接的零件上钻孔，插入铆钉；头部用顶模支持，尾部用手锤击打，或用气动工具冲击铆固，如图 7-24 所示。

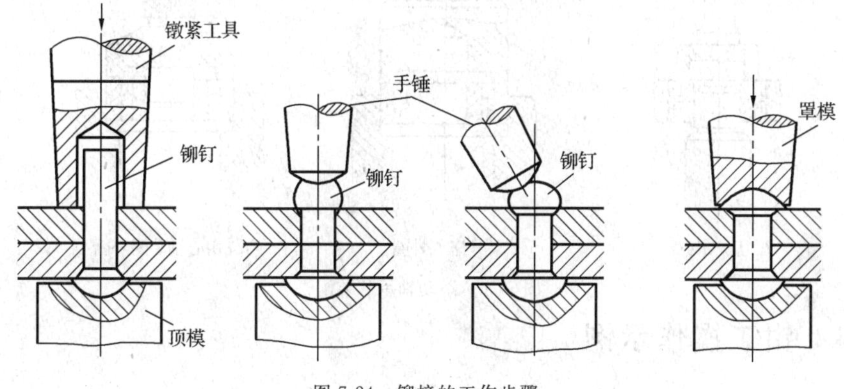

图 7-24　铆接的工作步骤

7.3.2 轴承装配

1. 滑动轴承装配

滑动轴承分为整体式和对开式两种结构形式，前者称为轴套，后者称为轴瓦。轴承装配之前，应去除轴承孔和轴颈的棱边毛刺，洗净加油。装轴套时，可根据轴套的尺寸和工作位置，用手锤或压力机将轴套轻轻压入轴承座内；装轴瓦时，应如图 7-25 所示，在轴瓦的对开面上垫木块，然后用手锤轻轻击打，使轴瓦的外圆表面与轴承座孔或轴承盖孔紧密贴合。

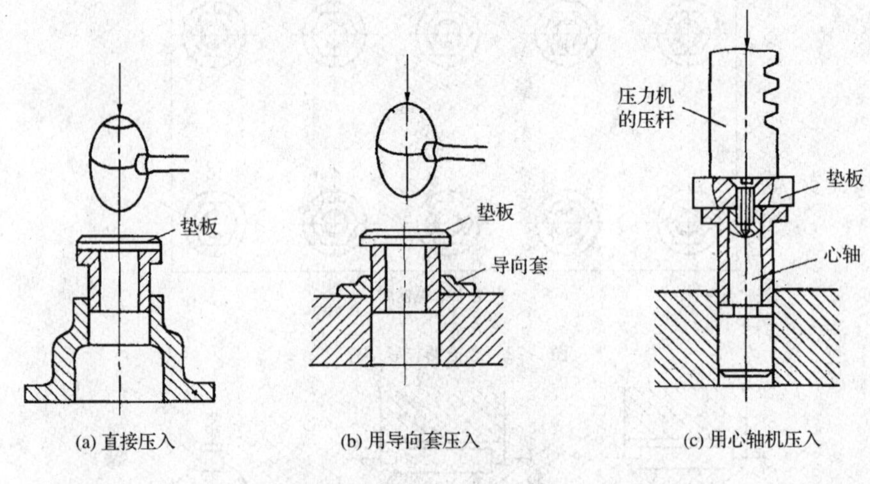

(a) 直接压入　(b) 用导向套压入　(c) 用心轴机压入

图 7-25　滑动轴承的装配

2. 滚动轴承装配

滚动轴承一般也是用手锤或压力机压装，但因传动结构不同而有不同的装配方法。压装时为了使轴承座圈受力均匀，常使用相应结构的芯棒，如图 7-26 所示。若轴承内圈与轴的配合过盈量较大时，可采用热套法装配，先将轴承放在 80～ 90 ℃ 的机油中加热，然后再套入轴中。热套法装配的质量较好，应用很广。

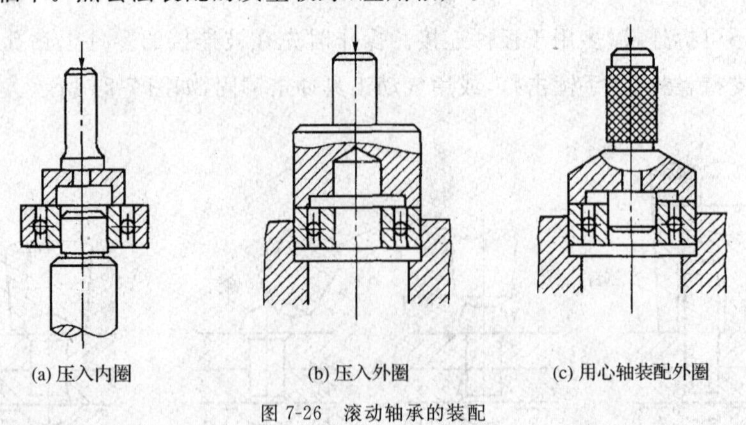

(a) 压入内圈　(b) 压入外圈　(c) 用心轴装配外圈

图 7-26　滚动轴承的装配

7.4 钳工操作示例

图 7-27 所示为小榔头零件图，钳工制作与装配小榔头的操作步骤如下：

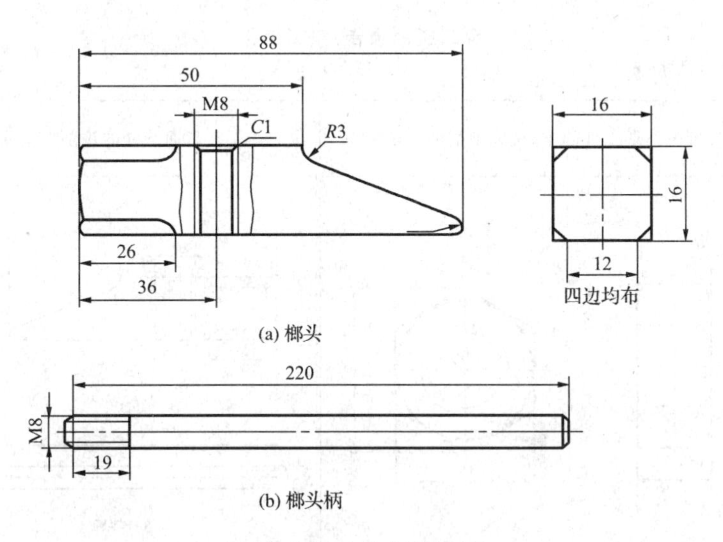

(a) 榔头

(b) 榔头柄

图 7-27　小榔头零件图

(1)毛坯选用 16 mm×16 mm 的方钢和 ϕ8 mm 的圆钢，材质均为 45 钢。

(2)图示小榔头的制作与装配步骤见表 7-1。

表 7-1　小榔头的制作与装配步骤

序号	操作内容
1	下料，锯 16 mm×16 mm 方料 90 mm 长；ϕ8 mm×220 mm 棒料
2	在上平面 50 mm 右侧錾切 2～2.5 mm 深槽
3	锉四周平面及端面，注意保证各面平直、相邻面的垂直和相对面的平行
4	划各加工线
5	锉圆弧面 $R3$
6	锯割 37 mm 长斜面
7	锉斜面及圆弧 $R2$
8	锉四边倒角和端面圆弧，并锉榔头柄两端倒角
9	锪 1×45°锥坑，钻 M8 螺纹底孔
10	攻 M8 内螺纹
11	套 M8×19 mm 螺杆(榔头柄)
12	装配，将榔头柄旋入榔头的螺纹孔中
13	检验

(3)榔头与柄连接，修整打磨，最后在侧面用钢印字码打上学号。

金工实训报告（钳工加工）

本次实训课题的“金工实训报告”见表 7-2。学生应争取在车间现场完成本课题的“金工实训报告”，实训指导老师尽可能当场批阅评定成绩，必要时可以组织学生展开现场讨论，强化金工实训的效果。

表 7-2　　金工实训报告：钳工操作

班级________ 姓名________ 学号________ 日期________ 成绩________

实训案例	1. 圆弧槽形工件的车、铣成型实训操作			2. 斜面垫铁的铣削成型实训操作		
零件图	30° 60° 10±0.2 M12 (21.9) 19			88 50 M8 C1 R3 26 36 16 16 12 四边均布 (a) 榔头 220 M8 19 (b) 榔头柄		
实训操作过程记录	序号	加工部位	实测尺寸	序号	加工部位	实测尺寸
	1.			1.		
				2.		
	2.			3.		
				4.		
	3.			5.		
				6.		
	4.			7.		
				8.		
	5.			9.		
				10.		
	6.			11.		
				12.		

【实训复习思考题】

一、填空题

1. 钳工是使用________完成切削加工、装配和修理等工作的工种。

2. 根据图样要求，在毛坯上划出加工位置________的操作过程，称为划线。

3. 划线既可作为工件装夹及加工的依据，又可通过“ ________”尽量挽救废品。

4. 划好线之后，需要在工件上打出________，作为生产中识别和定位的依据。

5. 锯削时使用的常用工具是手锯，它由________和________两部分组成。

6. 锉刀使用________钢制成，经热处理淬硬后，硬度可达 60～62 HRC。

7. 对于精度要求较高的孔，钻孔之后还应进行________和________加工。

8. 锉削平面的方法有________锉法、________锉法和________锉法三种。

9. 常用的钻床有________钻床、________钻床和________钻床等。

10. 钳工常用的錾子有三种，即________、________和油槽錾。

11. 手锯是在向前推进时进行切削的，安装锯条时，必须使锯齿尖端朝向________。

12. 钳工常用的加工内、外螺纹的手工工具有________和________。

13. 台虎钳的规格大小，是以台虎钳钳口的________来表示的。

14. 机器装配的过程可分为________装配、________装配和________装配。

二、计算题

1. 要在一个材料为 45 钢的工件上攻 M12 的螺纹孔，试计算底孔直径。

2. 要在小钢锤上钻 ϕ10 mm 的孔，如果用 15 m/min 的切削速度，试求出钻头的转速 n 是多少？

三、讨论题

1. 锯割管子和薄钢板材料时，锯条为什么容易崩齿？应当如何合理操作？

2. 使用砂轮机时，要注意哪些安全事项？

3. 划线的作用是什么？常用的划线工具有哪些？

4. 划线后为什么要打样冲眼？打样冲眼的一般规则是什么？

5. 试分析锯削时，锯齿崩断和锯条折断的主要原因是什么。

6. 锉平面时为什么会锉成鼓形？应如何克服？

7. 试述麻花钻头、扩孔钻和铰刀的主要区别。

8. 怎样判断麻花钻头的切削部分是否正常？

9. 用直径不同的钻头钻孔时，应如何选择转速和进给量？

10. 如何区别丝锥是头锥、二锥或三锥？

11. 攻螺纹时，应如何保证螺孔的质量？

实训专题 8

刨削加工

【实训目的及要求】

◆ 了解刨削加工的工艺特点及加工范围。

◆ 了解刨削加工的设备、刀具的性能、用途和使用方法。

◆ 学习刨床的基本操作要领和主要调整方法。

◆ 掌握在牛头刨床上正确装夹刀具与工件的方法，完成刨削平面与垂直面的加工。

◆ 了解插削加工和拉削加工的基础知识。

【实训安全事项】

◆ 操作刨床时要穿好紧身工作服，长头发压入工作帽内，以防发生人身事故。

◆ 调整工作台和滑枕的行程时不可超过极限位置，以防发生设备事故。

◆ 工件、刀具和夹具必须装夹牢固，开动机床前必须检查手柄位置是否正确，并对机床加油润滑。

◆ 刨床开动后，滑枕前方严禁站人，以防工件或刀具飞出发生人身事故。

【实训典型案例】

典型案例 1：V 形块零件的刨削成型实训操作

根据零件图纸，在牛头刨床上刨削 50×60×120 mm 长方形铸铁工件，达到图纸要求的尺寸精度和表面粗糙度要求；然后划线，切退刀槽，按照划线粗刨 V 形槽的两侧面；再转动小刀架，按照图纸精刨 V 形槽的两侧面，然后完成本案例的“金工实训报告”。

典型案例 2：方孔或花键孔的插削成型实训操作

在插床上借助圆形工作台分度，用插刀加工方孔零件的内表面，或者用插刀加工齿轮毛坯的花键内孔表面达到图纸要求，然后完成本案例的“金工实训报告”。

8.1　概　述

在刨床上使用单刃刀具相对于工件做直线往复运动进行切削加工的方法称为刨削。刨削是金属切削加工中的常用方法之一，在机床床身导轨、机床镶条等较长或较窄零件表面的加工中，刨削仍然占据着十分重要的地位。

8.1.1　刨削运动与刨削用量

在牛头刨床上的刨削运动如图 8-1 所示，刨刀的直线往复运动为主运动，工件的横向间歇移动为进给运动。

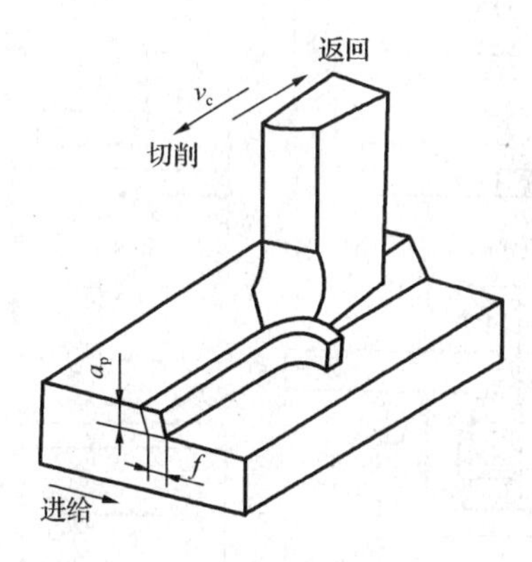

图 8-1　刨削运动

1. 刨削速度

刨刀或工件在刨削时主运动的平均速度称为刨削速度，它的单位为 m/min，其值可按下式计算：

$$v_c=\frac{2nL}{1000}$$

式中　L——工作行程长度，mm；

n——滑枕每分钟的往复次数，次/min。

2. 进给量 f

刨刀每往复一次工件横向移动的距离称为进给量。它的单位为 mm/每次往复。在 B6065 牛头刨床上的进给量为

$$f=\frac{k}{3}\ \text{mm/每次往返}$$

式中　k——刨刀每往复行程一次，棘轮被拨过的齿数。

3. 刨削深度 a_p

刨削深度 a_p 指已加工面与待加工面之间的垂直距离，单位为 mm。

8.1.2　刨削加工范围及工艺特点

1. 刨削加工范围

刨削主要用于加工平面、各种沟槽和成型面，如图 8-2 所示。

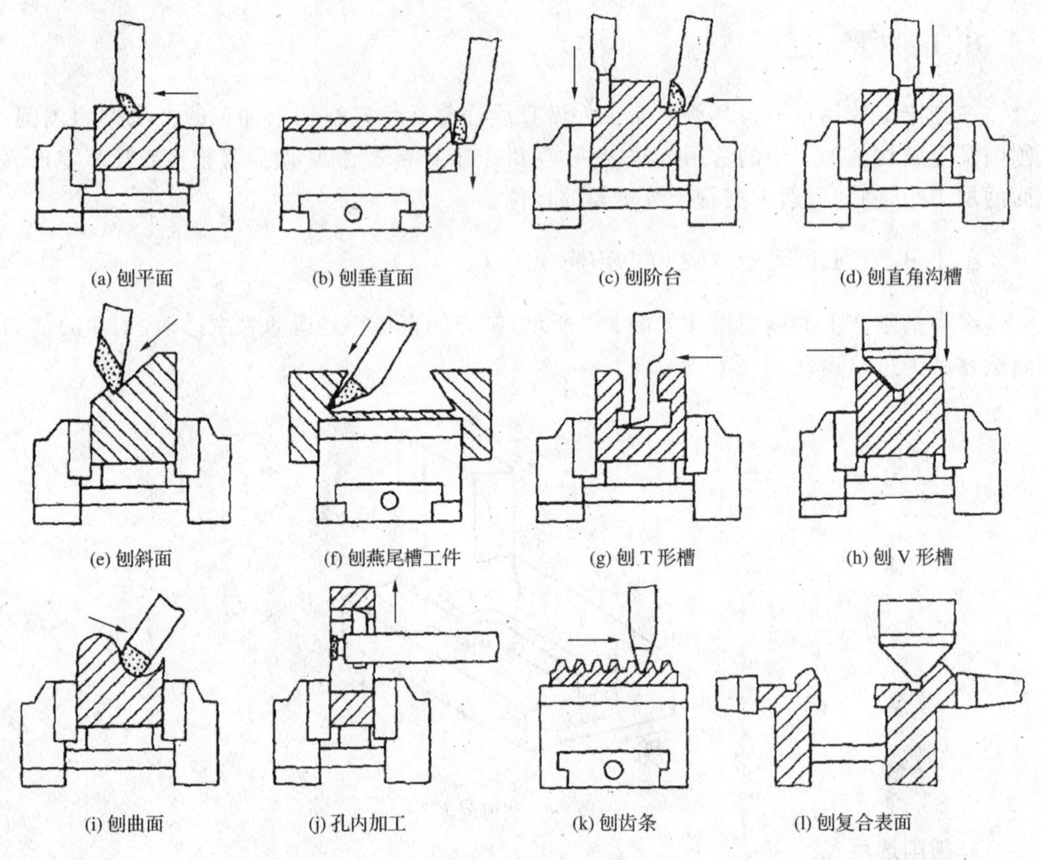

图 8-2 刨削加工范围

2. 刨削的工艺特点

由于刨削的主运动为直线往复运动，每次换向时都要克服较大的惯性力，刀具切入和切出时都会产生冲击和振动，因此刨削的速度不高。此外，刨刀回程时不参与切削，因此刨削的生产率较低。

刨削适合于加工较窄、较长的工件表面，此类工况可以获得较高的生产率。加之刨床的结构简单，操作简便，刨刀的制造和刃磨都很简便，因此刨削的通用性较好。

刨削加工时，工件的尺寸精度可达 IT10～IT8，表面粗糙度值可达 $Ra6.3 \sim 1.6\ \mu m$。

8.2 刨 床

刨床主要分为两大类：牛头刨床和龙门刨床。牛头刨床用于加工长度不超过 1000 mm 的中、小型工件，龙门刨床主要加工较大型的箱体、支架、床身等零件。

8.2.1 牛头刨床

1. 牛头刨床的型号

按照 GB/T 15375—2008《金属切削机床 型号编制方法》，牛头刨床的型号采用规定的字母和数字表示，如 B6065 中字母和数字的含义如下：

B——类别：刨床类；

6——组别：牛头刨床组；

0——系别：普通牛头刨床系；

65——主参数：最大刨削长度的1/10，即最大刨削长度为650 mm。

按以前的机床型号表示方法，B6065牛头刨床的旧型号为B665，其含义如下：

B——刨床；

6——牛头刨床；

65——最大刨削长度为650 mm。

2. 牛头刨床的组成

牛头刨床主要由床身、滑枕、刀架、工作台、横梁等部分组成，如图8-3所示。

(1)床身　床身用来支承和连接刨床的各部件，其顶面的水平导轨供滑枕做往复运动，前端面两侧的垂直导轨供横梁升降，床身内部中空，装有主运动变速机构和摆杆机构。

(2)滑枕　滑枕的前端装有刀架，用来带动刀座和刨刀沿床身水平导轨做直线往复运动。滑枕往复运动的快慢以及滑枕行程的长度和位置，均可根据加工需要进行调整。

(3)刀架　刀架用来夹持刨刀，如图8-4所示。转动刀架进给手柄，滑板可沿转盘上的导轨上下移动，以此调整刨削深度，或在加工垂直面时实现进给运动。松开转盘上的螺母、将转盘扳转一定角度后，可使刀架做斜向进给，完成斜面刨削加工。滑板上还装有可偏转的刀座，合理调整刀座的偏转方向和角度，可以使刨刀在返回行程中绕抬刀板刀座上的A轴向上抬起的同时，少许离开工件的已加工表面，以减少返程时刀具与工件之间的摩擦。

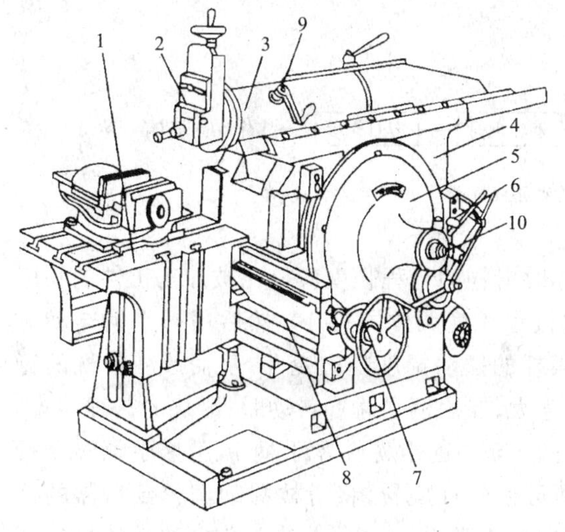

图8-3　B6065牛头刨床

1—工作台；2—刀架；3—滑枕；4—床身；5—摆杆机构；6—变速手柄；7—进刀手轮；8—横梁；9—行程位置调整手柄；10—行程长度调整方榫

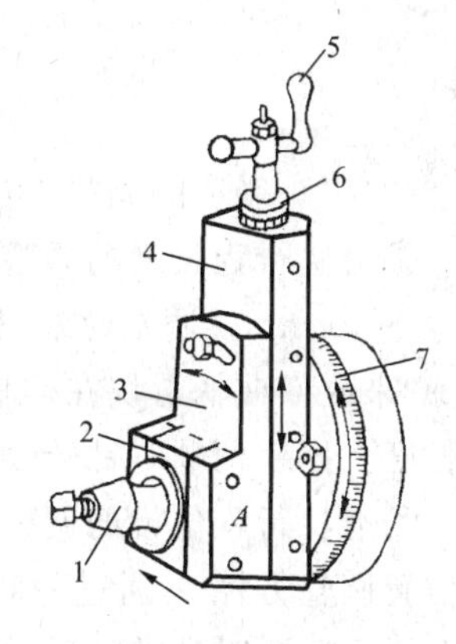

图8-4　牛头刨床刀架

1—刀夹；2—抬刀板；3—刀座；4—滑板；5—刀架进给手柄；6—刻度盘；7—转盘

(4)横梁与工作台　牛头刨床的横梁上装有工作台及工作台进给丝杠，丝杠可带动工作台沿床身导轨做升降运动。工作台用于装夹工件，可带动工件沿横梁导轨做水平方向的连续移动或做间断进给运动，并可随横梁做上下调整。

3. 牛头刨床的传动系统和调整方法

(1)传动系统图

B6065 牛头刨床的传动系统图如图 8-5 所示，它的传动路线框图如图 8-6 所示。

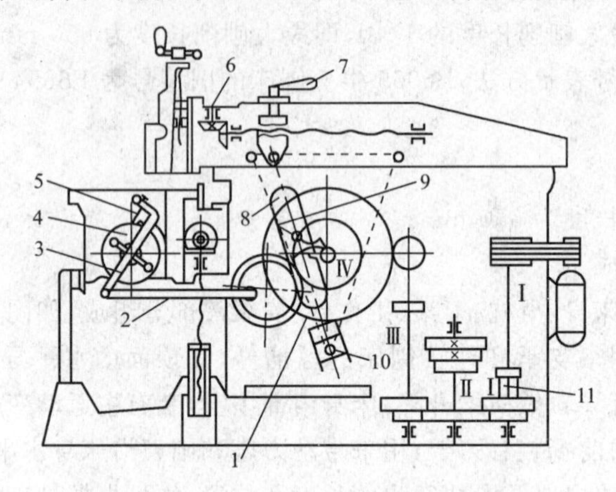

图 8-5　B6065 牛头刨床的传动系统图

1—摆杆机构；2—连杆；3—摇杆；4—棘轮；5—棘爪；6—行程位置调整方榫；7—滑枕锁紧手柄；8—摆杆；9—滑块；10—下支点；11—变速机构

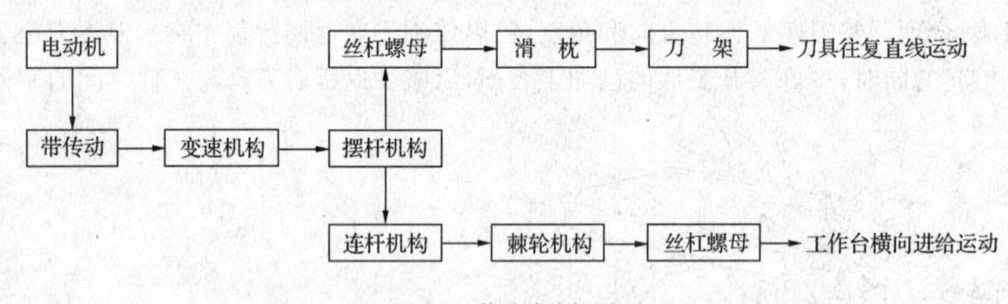

图 8-6　传动路线框图

(2)牛头刨床的调整方法

①滑枕行程长度的调整　牛头刨床工作时滑枕的行程长度应该比被加工工件的长度大 30～40 mm。调整时，先松开图 8-3 中的行程长度调整方榫 10，然后用摇手柄转动方榫 10 来改变曲柄滑块在摆杆上的位置，使摆杆的摆动幅度随之变化，从而改变滑枕的行程长度。摇手柄顺时针转动时，滑枕的行程增大；摇手柄逆时针转动时，滑枕的行程缩短。

②滑枕行程位置的调整　调整时，松开图 8-5 中的滑枕锁紧手柄 7，用摇手柄转动行程位置调整方榫 6，通过一对伞齿轮传动，即可使丝杠旋转，将滑枕移动调整到所需的位置。摇手柄顺时针转动时，滑枕的起始位置向后方移动；反之，滑枕向前方移动。反复几次执行上述两步调整动作，即可将刨刀调整到加工所需的正确位置。

③滑枕行程次数的调整　滑枕的行程次数结合滑枕的行程长度，决定了滑枕的运动速度，这就是牛头刨床的主运动速度。调整时，可以根据刨床上变速铭牌所示的位置，兼顾考虑滑枕的行程长度来扳动变速手柄，可使滑枕获得六挡不同的主运动速度。

④棘轮机构的调整　牛头刨床工作台的横向进给运动为间歇运动，它是通过棘轮机构来实现的。棘轮机构的工作原理如图 8-7 所示，当牛头刨床的滑枕往复运动时，连杆 3

带动棘爪4相应地往复摆动；棘爪4的下端是一面为直边、另一面为斜面的拨爪，拨爪每摆动一次，便拨动棘轮5带动丝杠转过一定角度，使工作台实现一次横向进给。由于拨爪的背面是斜面，当它朝反方向摆动时，爪内弹簧被压缩，拨爪从棘轮齿顶滑过，不会带动棘轮转动，所以工作台的横向进给是间歇的。调整棘轮护罩6的缺口位置，使棘轮5所露出的齿数改变，便可以调整每次行程的进给量；当提起棘爪转动90°之后放下，棘爪可以拨动棘轮5反转，带动工作台反向进给；当提起棘爪转动80°之后放下，棘爪被卡住空转，与棘轮5脱离接触，进给动作自动停止。

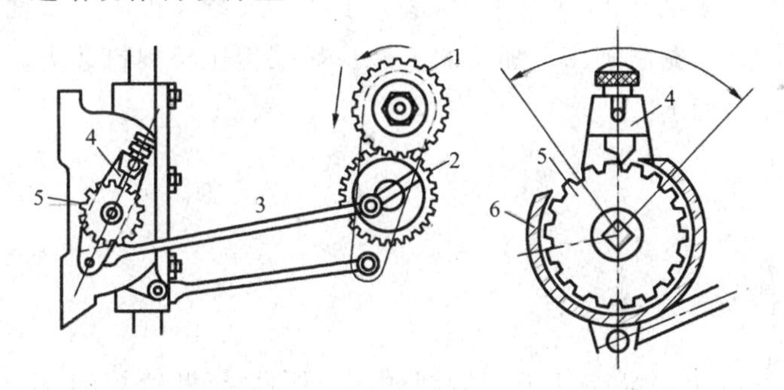

图8-7　棘轮机构工作原理

1、2—齿轮；3—连杆；4—棘爪；5—棘轮；6—护罩

8.2.2　龙门刨床

龙门刨床因有一个"龙门"式的框架而得名，按其结构特点可分为单柱式龙门刨床和双柱式龙门刨床两种。B2010A双柱龙门刨床如图8-8所示。

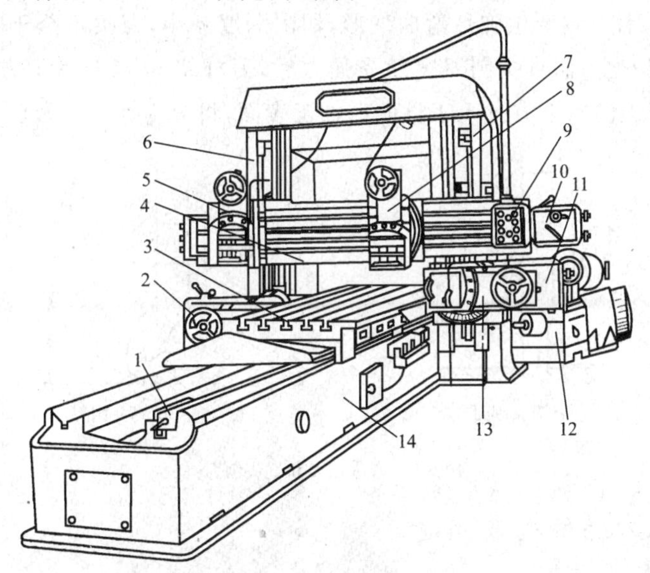

图8-8　B2010A双柱龙门刨床

1—液压安全器；2—左侧刀架进给箱；3—工作台；4—横梁；5—左垂直刀架；6—左立柱；7—右立柱；8—右垂直刀架；9—悬挂按钮站；10—垂直刀架进给箱；11—右侧刀架进给箱；12—工作台减速箱；13—右侧刀架；14—床身

龙门刨床的主运动是工作台(工件)的往复运动,进给运动是刀架(刀具)的横向或垂直间歇移动。

刨削时,横梁上的刀架可在横梁导轨上做横向进给运动,以刨削工件的水平面;立柱上的左、右侧刀架可沿立柱导轨做垂直进给运动,以刨削工件的垂直面;各个刀架均可偏转一定的角度,以刨削工件的各种斜面。龙门刨床的横梁可沿立柱导轨升降,以调整工件和刀具的相对位置,适应不同高度工件的刨削加工。

龙门刨床的结构刚性好,切削功率大,适合于加工大型零件上的平面或沟槽,并可同时加工多个中型零件。龙门刨床上加工的工件一般采用压板螺钉装夹,直接将工件压紧在往复运动的工作台面上。

8.3 刨 刀

8.3.1 刨刀的结构特点

刨刀的结构、几何形状均与车刀相似,但由于刨削属于断续切削,刨刀切入时受到较大的冲击力,刀具容易损坏,所以刨刀刀体的横截面一般比车刀大 1.25～1.5 倍。刨刀的前角 r_0 比车刀稍小,刃倾角 λ_s 取较大的负值(－10°～－20°)以增强刀具强度。

刨刀一般做成弯头形式,这是刨刀的又一个显著特点。图 8-9 所示为弯头刨刀和直头刨刀的比较:弯头刨刀的刀尖位于刀具安装平面的后方,直头刨刀的刀尖位于刀具安装平面的前方。由图可知,在刨削过程中,当弯头刨刀遇到工件上的硬点切削力突然变大时,刀杆绕 O 点向后上方产生弹性弯曲变形,切削深度减小,刀尖不至于啃入工件的已加工表面,加工比较安全;而直头刨刀突然受强力后,刀杆绕 O 点向后下方产生弯曲变形,切削深度增大,刀尖向右下方扎入工件的已加工表面,将会损坏刀刃及已加工表面。

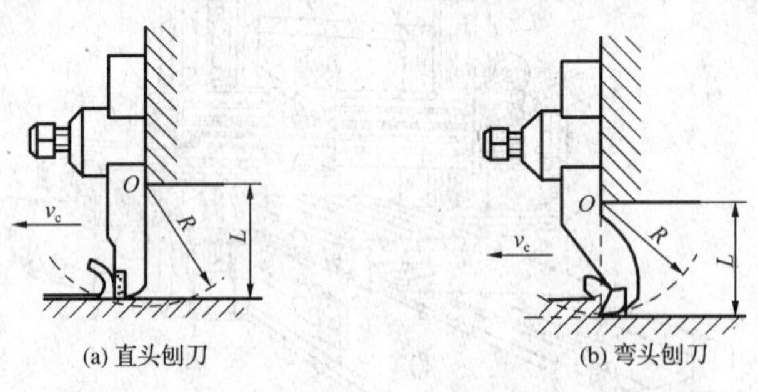

图 8-9 弯头刨刀和直头刨刀

8.3.2 刨刀的种类及用途

常用刨刀的种类很多,按其用途和加工方式不同有:平面刨刀、偏刀、角度偏刀、切刀、弯头切刀等。常见刨刀的形状及应用如图 8-10 所示。

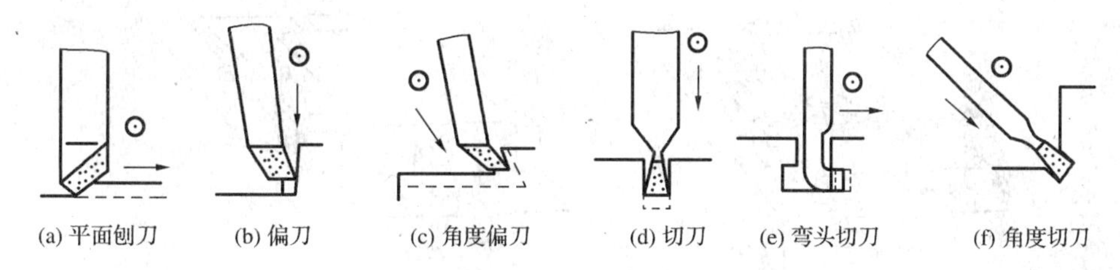

图 8-10 常见刨刀的形状及应用

8.3.3 刨刀的装夹

在牛头刨床上装夹刨刀的方法如图 8-11 所示。刨削水平面时，在装夹刨刀前先松开转盘螺钉，调整转盘对准零线，以便准确地控制吃刀深度；再转动刀架进给手柄，使刀架下端与转盘底侧基本平齐，以增加刀架的刚性，减少刨削中的冲击振动；最后将刨刀插入刀夹内，注意刀头的伸出量不要太长，用扳手拧紧刀座螺钉将刨刀夹紧即可。

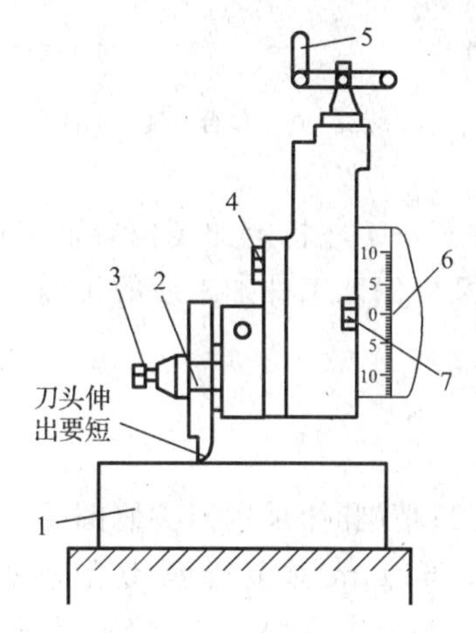

图 8-11 刨刀的装夹方法

1—工件；2—刀夹；3、4—刀座螺钉；5—刀架进给手柄；6—转盘对准零线；7—转盘螺钉

8.4 刨削基本操作

8.4.1 工件装夹方法

在刨削加工中，正确合理地装夹工件是比较复杂的工作。刨床上工件的装夹方法有很多，主要有以下几种：

(1)平口虎钳装夹

在牛头刨床上，常采用平口虎钳装夹工件，其方法与铣削加工操作相同。

(2)压板、螺栓装夹

对于大型工件和形状不规则的工件，如果用平口虎钳难以装夹，则可以根据工件的特点和外形尺寸，采用相应的简易工具把工件固定在工作台上直接进行刨削，其装夹方法如图 8-12 所示。

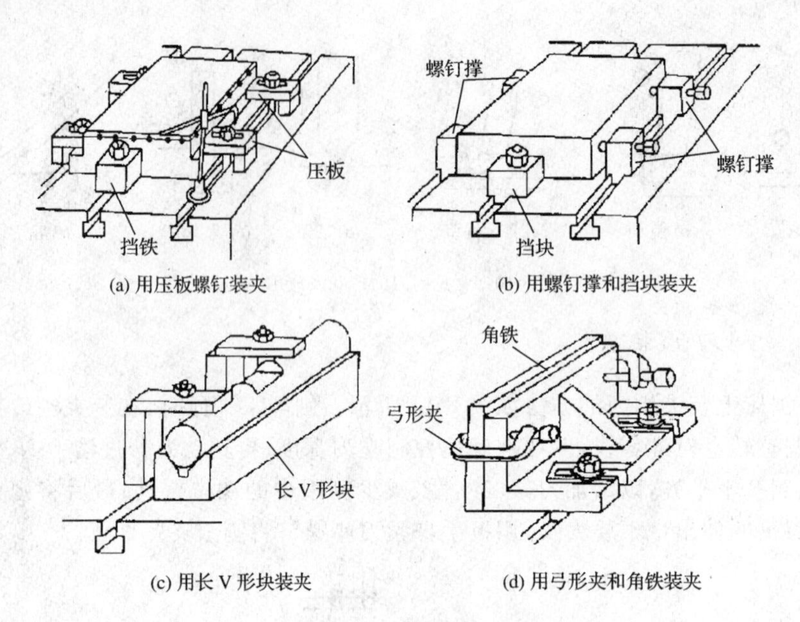

(a) 用压板螺钉装夹　(b) 用螺钉撑和挡块装夹

(c) 用长V形块装夹　(d) 用弓形夹和角铁装夹

图 8-12　在工作台上装夹工件

(3)专用夹具装夹

专用夹具是为了完成工件某一工序特定加工内容而专门设计制造的高效工艺装备，它既能使装夹过程迅速完成，又能保证工件加工后的正确性，特别适合于批量生产。

8.4.2　刨削加工方法

1. 刨平面

粗刨时，采用普通平面刨刀；精刨时，采用刀尖修圆的较窄的精刨刀，刨削深度一般为 0.2～2 mm，进给量为 0.33～0.66 mm/往复行程，切削速度为 17～50 m/min。粗刨时的刨削深度和进给量可取大值，切削速度宜取低值；精刨时的刨削深度和进给量可取小值，切削速度可适当取偏高值。

2. 刨垂直面和斜面

刨垂直面时，通常采用偏刀刨削，手工转动刀架手柄，使刀具做垂直进给运动，其加工过程如图 8-13 所示。

刨斜面的方法与刨垂直面的方法基本相同，只是应当按工件加工所需的斜度将刀架扳转一定的角度，使刀架进给手柄转动时，刀具沿斜向进给。刨斜面时要特别注意按图 8-14所示的方向来调整刀座的偏转方向和角度，以防止在回程时拖刀发生重大操作事故。

3. 刨 T 形槽

刨 T 形槽之前，应在工件的端面和顶面划出加工位置线，然后参照图 8-15 所示的步骤，按线进行刨削加工。为了安全起见，刨 T 形槽时通常都要用螺栓将抬刀板刀座与刀架固联起来，使抬刀板在刀具回程时绝对不会抬起来，以避免拉断切刀刀头和损坏工件。

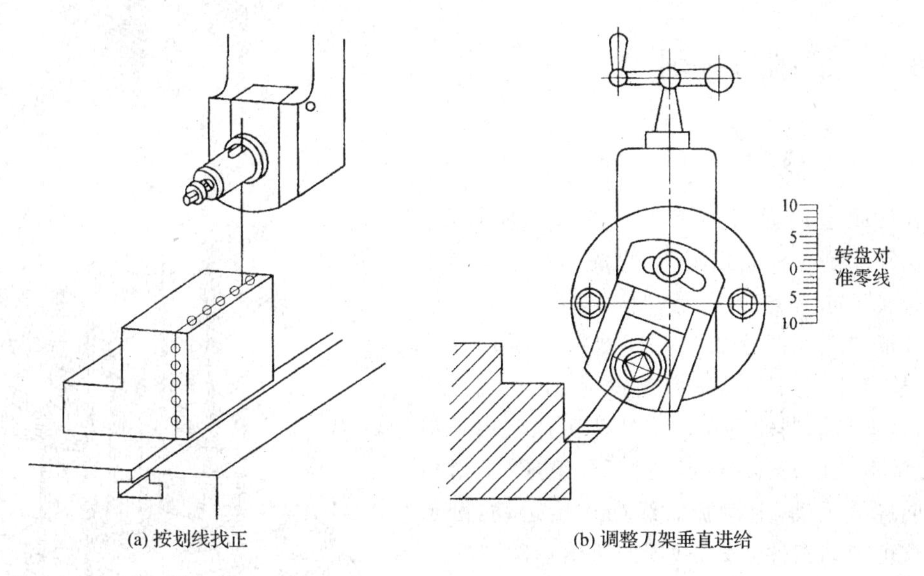

(a) 按划线找正　　(b) 调整刀架垂直进给

图 8-13　刨垂直面的方法

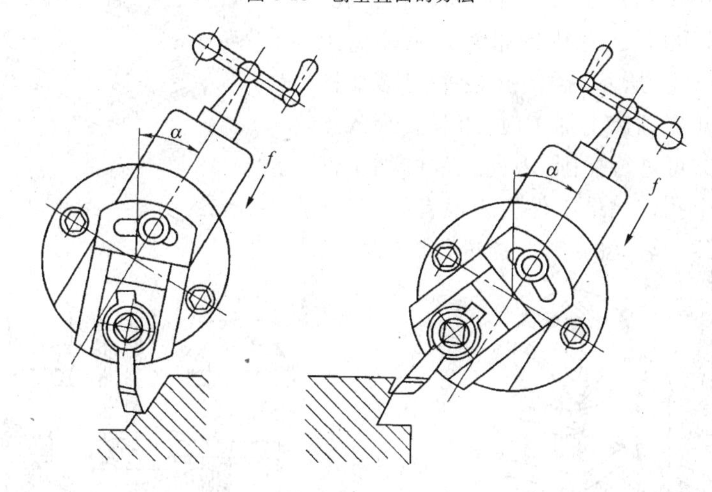

图 8-14　刨斜面时刀架的偏转方向

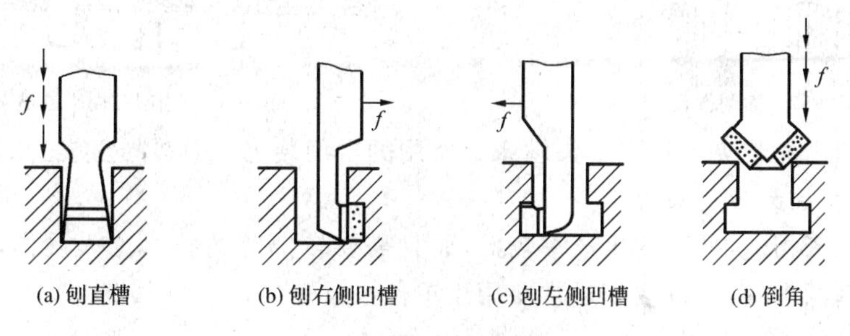

(a) 刨直槽　(b) 刨右侧凹槽　(c) 刨左侧凹槽　(d) 倒角

图 8-15　刨 T 形槽的步骤

8.5 插削和拉削

8.5.1 插削

在插床上用插刀加工工件的方法叫插削。插床实际上是一种立式刨床，它的结构原理与牛头刨床属于同一类型，只是结构上略有区别。插床的外形和组成部分如图 8-16 所示。插削加工时，滑枕带动插刀在铅垂方向做上、下直线往复运动，这就是插削的主运动。插床工作台由下滑板、上滑板及圆形工作台等三部分组成，下滑板做横向进给运动，上滑板做纵向进给运动，圆形工作台可带动工件回转，做周向进给运动。

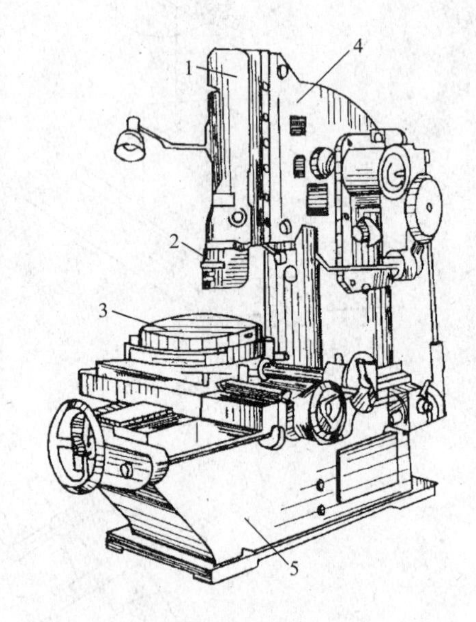

图 8-16 插床

1—滑枕；2—刀架；3—工作台；4—床身；5—底座

插床主要用于加工工件的内表面，如方孔、长方孔、各种多边形孔、孔内键槽等。在插床上插削方孔如图 8-17 所示，插削孔内平键槽如图 8-18 所示。由于在插床上加工时，刀具要穿入工件的预制孔内方可进行插削，因此工件的加工部分必须先有一个孔。如果工件原来没有孔，就必须预钻一个直径足够大的孔，才能进行插削加工。

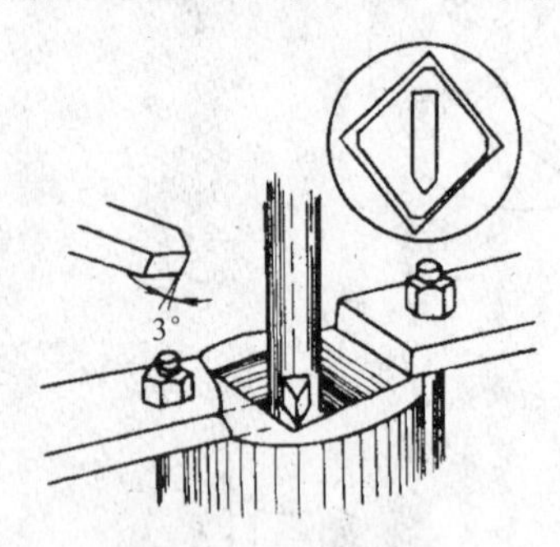

图 8-17 插削方孔

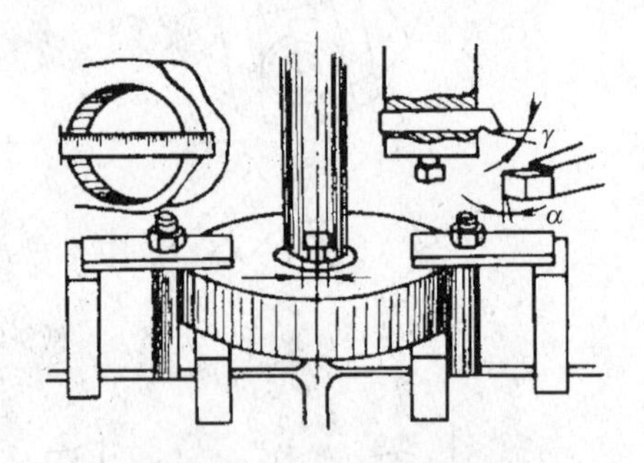

图 8-18 插削孔内平键槽

插床上使用的装夹工具除牛头刨床上所用的常用装夹工具外，还有三爪自定心卡盘、四爪单动卡盘、插床分度头等。

与牛头刨床相似，插床的生产率较低，而且需要较熟练的技术工人操作，才能加工出技术要求较高的零件，所以插床通常多用于单件小批量生产。

8.5.2 拉削

1. 拉床及拉削特点

拉床的结构简单，一般均采用液压传动，其结构如图 8-19 所示。

在拉床上用拉刀加工工件的方法称为拉削。拉削时，拉刀的直线移动为主运动，加工

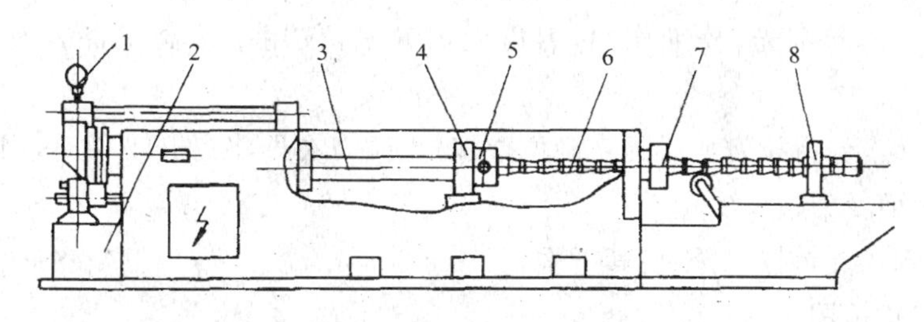

图 8-19　拉床

1—压力表；2—液压部件；3—活塞拉杆；4—随动支架；5—刀架；6—拉刀；7—工件；8—随动刀架

余量是借助于拉刀上各刀齿的齿升量分层切除的。拉刀一次性通过工件即可加工完毕，生产率很高，加工质量较好，工件可达到的加工精度一般为IT8～IT7，可达到的表面粗糙度值为 Ra 1.6～0.4 μm。但由于一把拉刀只能加工一种尺寸的特定工件表面，且拉刀较昂贵，故拉削加工主要用于大批量生产。

2. 拉刀

拉削时使用的刀具称为拉刀，其切削部分由一系列的相似形刀齿组成，这些刀齿依次增高顺序排列着。拉削过程如图 8-20 所示，当拉刀相对于工件做直线运动时，拉刀上的刀齿渐次通过，每个刀齿从工件上切削一薄层金属；当全部刀齿通过工件后，即完成了工件的加工。

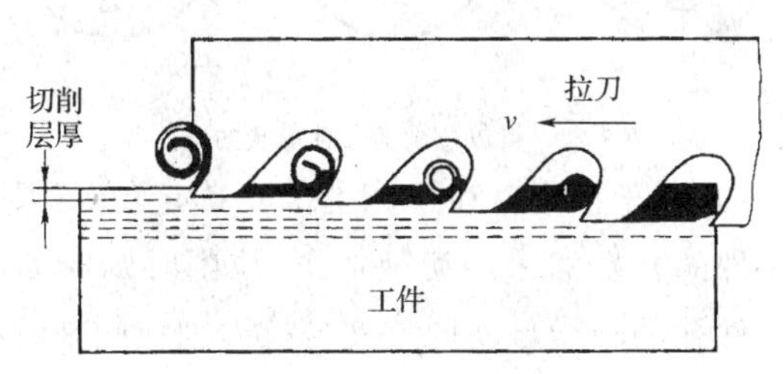

图 8-20　拉削过程

图 8-21 所示为圆孔拉刀，它各部分的名称和作用如下：

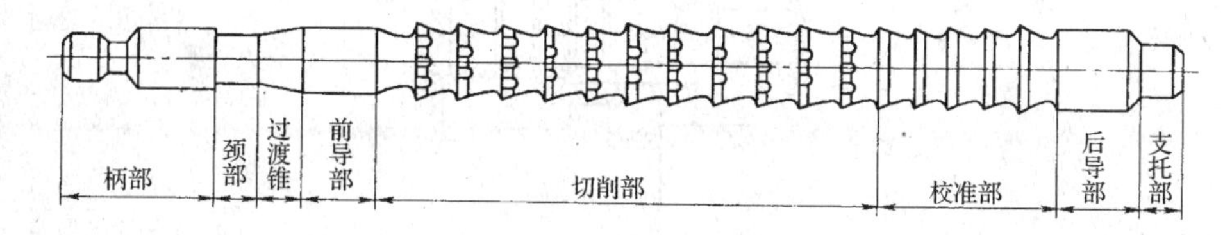

图 8-21　圆孔拉刀

(1)柄部　用于将拉刀夹持在机床上，并传递动力。

(2)颈部　颈部是拉刀柄部和过渡锥的连接部分。

(3)过渡锥　颈部与前导部之间的过渡部分，起对准中心作用。

(4)前导部　在切削部进入工件之前起引导作用，防止拉刀歪斜，并可检查拉削之前工件的孔径是否太小，以免拉刀的第一个刀齿因切削余量太大而被损坏。

(5)切削部　担负切削工作，包括粗切齿及精切齿，每个齿都有齿升量，逐齿切去全部加工余量。

(6)校准部　起刮光、校准作用，刀齿无齿升量，仅用于提高工件表面质量及加工精度。

(7)后导部　保持拉刀最后的正确位置，防止拉刀在即将离开工件时，因工件下垂而损坏已加工表面及刀齿。

(8)支托部　支持拉刀，不使其下垂。

3. 拉削工作范围

在拉床上可以拉削各种形状的通孔，如图 8-22 所示。拉削之前，被加工工件的底孔必须经过钻、镗等预加工，且被拉削孔的长度一般不超过孔径尺寸的三倍。

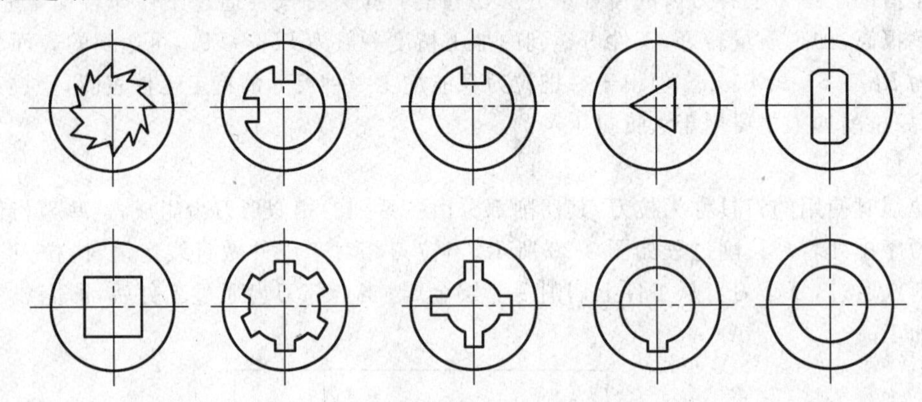

图 8-22　可以拉削的各种形状的通孔

被拉削工件的外形应有利于拉削时在拉床上的正确定位，否则应采取必要的工艺措施。例如，如果被拉削工件的孔端面未经切削加工，拉削时则应如图 8-23 所示在端面上加垫球面垫圈，以便使工件孔的轴线自动调整到与拉刀轴线同轴的状态。

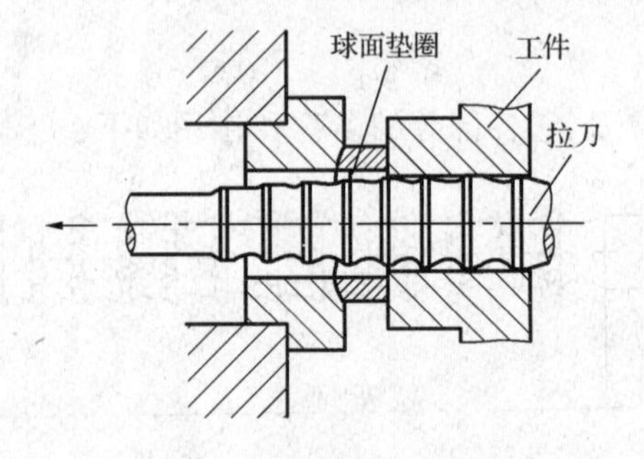

图 8-23　用球面垫圈实现自动调心

金工实训报告(刨削加工)

本次实训课题的“金工实训报告”见表 8-1。学生应争取在车间现场完成本课题的“金工实训报告”，实训指导老师尽可能当场批阅评定成绩，必要时可以组织学生展开现场讨论，强化金工实训的效果。

表 8-1　　**金工实训报告：刨削加工**

班级________　姓名________　学号________　日期________　成绩________

<table>
<tr><td>实训案例</td><td colspan="4">V形块零件的刨削成型实训操作</td></tr>
<tr><td rowspan="3">零件图</td><td rowspan="3" colspan="2">20±0.10
90°
5
40±0.10
60±0.10
120±0.10
50±0.10
Ra 3.2 (√)</td><td rowspan="3">工艺说明</td><td>1. 毛坯种类和材料：</td></tr>
<tr><td>2. 刨床型号：</td></tr>
<tr><td>3. 装夹方法：</td></tr>
<tr><td rowspan="7">实训操作过程记录</td><td>序号</td><td>加工过程简图</td><td>刀具简图</td><td>操作要点说明</td></tr>
<tr><td>1.</td><td></td><td></td><td></td></tr>
<tr><td>2.</td><td></td><td></td><td></td></tr>
<tr><td>3.</td><td></td><td></td><td></td></tr>
<tr><td>4.</td><td></td><td></td><td></td></tr>
<tr><td>5.</td><td></td><td></td><td></td></tr>
<tr><td>6.</td><td></td><td></td><td></td></tr>
</table>

【实训复习思考题】

一、填空题

1. 刨床主要分为两大类：牛头刨床和龙门刨床。牛头刨床用于加工________工件，龙门刨床用于加工________等零件。

2. 在牛头刨床上刨削时，________的直线往复运动为主运动，________的横向间歇移动为进给运动。

3. 在龙门刨床上，主运动是________的往复运动，进给运动是________的横向或垂直间歇移动。

4. 刨削特别适合加工________工件表面，工件的尺寸精度可达________，表面粗糙度值一般可达________。

5. 刨刀的种类很多，按其用途和加工方式不同有：________刨刀、________刀、偏刀、切刀、弯头切刀等。

6. 插床实际上是一种立式刨床。插床主要用于加工工件的________，如方孔、长方孔、各种多边形孔、孔内键槽等。插床通常多用于________生产。

7. 在拉床上用拉刀加工工件的方法称为拉削。拉削时________为主运动，加工余量是借助于拉刀上________分层切除的。拉刀较昂贵，故拉削加工主要用于大批量生产。

8. 刨床上工件的装夹方法有很多，主要有________装夹、________装夹、________装夹三种。

二、讨论题

1. 牛头刨床有哪些组成部分？各部分的作用分别是什么？

2. 牛头刨床滑枕往复直线运动的速度是如何变化的？为什么会有这种变化规律？

3. 牛头刨床的滑枕往复速度、行程起始位置、行程长度、进给量是如何进行调整的？

4. 在牛头刨床上刨削垂直面或刨削斜面时，为什么需要将刀座偏转一个角度？如何正确判断抬刀座的偏转安全方向？

5. 龙门刨床与牛头刨床的主运动、进给运动各有何不同？

6. 弯头刨刀与直头刨刀相比较有什么特点？刨床上为什么通常使用弯头刨刀？

7. 举例说明：刨床上工件的装夹方法有哪几种？

8. 试述拉削工艺的特点及其应用场合。

实训专题 9

磨削加工

【实训目的及要求】

◆ 了解磨削加工的工艺特点及加工范围。

◆ 了解常用磨床的种类、主要结构和用途。

◆ 了解砂轮的特性，熟悉砂轮的选用、安装与修整方法。

◆ 能独立操作磨床，完成磨削外圆和磨削平面的加工。

【实训安全事项】

◆ 使用前应检查砂轮有无裂纹、防护罩是否牢固可靠，发现问题时不准开车。

◆ 磨削时操作者要站在砂轮的侧面，干磨或修整砂轮时要戴防护眼镜。

◆ 砂轮线速度不可超过允许线速度，同时要缓慢进给，严防砂轮炸裂飞出伤人。

◆ 砂轮未退离工件时，不得停止砂轮的转动。

◆ 修整砂轮时，要用固定架将金刚石修整笔夹持牢固，禁止手持金刚石修整笔修整砂轮。

【实训典型案例】

典型案例 1：外圆锥面零件的磨削实训操作

根据零件图纸，讨论并确定在外圆磨床上磨削该零件外圆锥面时的工件安装方法及磨削工艺参数；然后装夹工件、调整磨床进行试磨和磨削加工操作，达到图纸标注的表面粗糙度要求；最后完成本案例的“金工实训报告”。

典型案例 2：平面零件的磨削实训操作

根据零件图纸，确定在平面磨床上磨削该零件的工件安装方法及磨削工艺参数；然后调整磨床进行试磨和磨削加工操作，达到图纸标注的尺寸精度和表面粗糙度要求；最后完成本案例的“金工实训报告”。

9.1 概　述

在磨床上采用砂轮作为刀具，对工件表面进行切削加工的方法称为磨削加工。磨削加工是零件精加工的主要方法之一。

磨削加工的范围如图 9-1 所示，利用不同类型的磨床可以分别磨削外圆、内孔、平面、沟槽、成型面(齿形、螺纹等)，还可以刃磨各种刀具、工具、量具。此外，磨削加工还可用于毛坯的预加工和毛坯清理等粗加工工作。

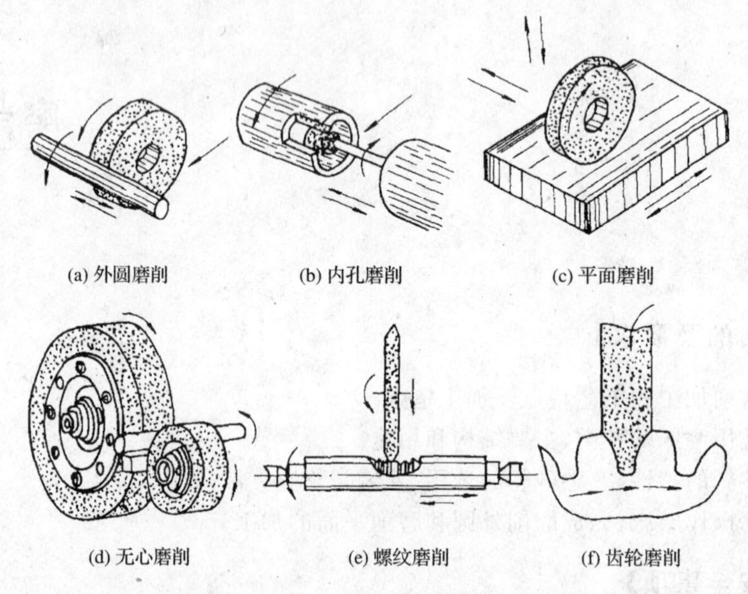

图 9-1 磨削加工范围

与车、钻、刨、铣等加工方法相比，磨削加工具有如下特点：

(1)由于砂轮的磨削速度很高，磨削时产生大量切削热，使磨削温度可达 1000 ℃以上。为了保证工件的表面质量，在磨削时必须使用大量的切削液。

(2)磨削不仅可以加工一般的金属材料如钢、铸铁，而且还可以加工硬度很高、用切削刀具很难加工、甚至根本无法加工的材料，如淬火钢、硬质合金等。但磨削不能加工铜、铝等较软的有色金属。

(3)磨削加工时，工件的精度等级可达 IT6～IT5，表面粗糙度值可达 Ra 0.8～0.1 μm。高精度磨削时，工件的公差等级可超过 IT5，表面粗糙度值可达 Ra 0.05 μm 以下。

(4)由于磨削加工的背吃刀量较小，故要求零件在磨削之前，先进行半精加工。

9.2 磨 床

磨床可分为万能外圆磨床、普通外圆磨床、内圆磨床、平面磨床、无心磨床、工具磨床、齿轮磨床和螺纹磨床等多种类型。

9.2.1 外圆磨床

外圆磨床有两种：万能外圆磨床和普通外圆磨床。

1. 万能外圆磨床

图 9-2 所示为 M1432A 万能外圆磨床的外形图。根据《金属切削机床型号编制方法》

的规定，机床型号 M1432A 的含义如下：

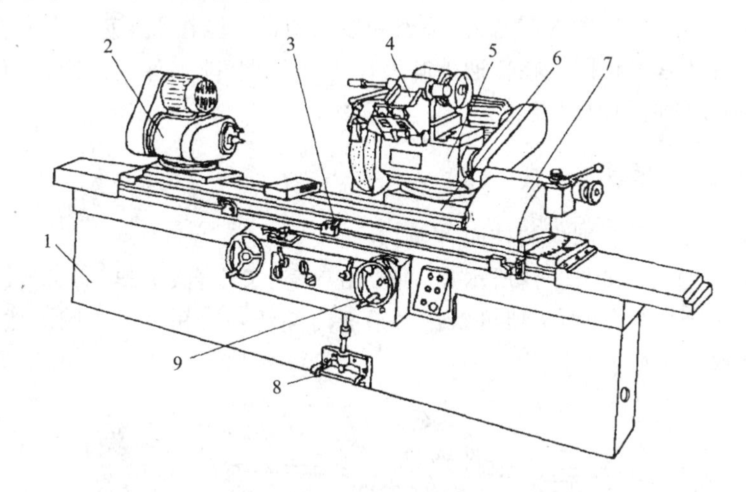

图 9-2　M1432A 万能外圆磨床

1—床身；2—头架；3—工作台；4—内圈磨具；5—砂轮架；6—滑鞍；7—尾座；8—脚踏操纵板；9—横向进给手轮

M——机床类别代号（磨床类）；

1——组别代号（外圆磨床组）；

4——型别代号（万能外圆磨床型）；

32——主参数代号（最大磨削直径的 1/10）；

A——第一次重大改进。

万能外圆磨床 M1432A 的最大磨削直径为 320 mm，它的主要组成部分有：床身、砂轮架、头架、尾架、工作台、内圆磨具等。

床身是磨床的主要支承部件，床身上部装有工作台和砂轮架，床身内部装有液压传动系统。床身上还有纵向导轨和横向导轨，供工作台和砂轮架导向移动。

砂轮架用于装夹砂轮，由单独电动机驱动，经皮带传动装置带动砂轮高速旋转。砂轮架可在床身后部的导轨上做横向移动，完成间歇进给、手动进给、快速接近工件、快速退出等操作。必要时，砂轮架还可以在水平面内旋转一定的角度。

头架的主轴前端装有顶尖、拨盘或卡盘，与尾架套筒内的顶尖配合使用可以装夹轴类工件。头架主轴由双速电动机通过皮带传动变速机构单独驱动，可使工件获得 6 种不同的转动速度。必要时，头架也可以在水平面内偏转一定的角度。

万能外圆磨床的头架与尾座安装在工作台上，工作台靠液压油缸驱动，沿床身的纵向导轨做直线往复运动，使工件实现纵向进给。在工作台前侧面的 T 形槽内装有两个换向行程挡块，调整挡块的位置即可操纵工作台准确换向。工作台分为上下两层，上层可在水平面内偏转一个不大的角度（±8°），以便磨削较长的圆锥面。

在万能外圆磨床上，还配置了用来扩大加工范围的内圆磨具机床附件，安装在外圆磨床砂轮架的前上方，由单独电动机驱动。平时内圆磨具翻向砂轮架的上方不参与磨削工作；需要磨内孔时将内圆磨具翻转放下，在内圆磨具的主轴上安装内圆磨削砂轮，即可进行内圆表面的磨削。

2. 普通外圆磨床

普通外圆磨床没有配置内圆磨具，头架和砂轮架也不能在水平面内回转角度，其余结构与万能外圆磨床基本相同。在普通外圆磨床上，可以磨削工件的外圆柱面及锥度不大的外圆锥面，但不能磨削内圆表面。

9.2.2 内圆磨床

内圆磨床主要用于磨削内圆柱面、内圆锥面及端面等。

M2120 型内圆磨床如图 9-3 所示，它主要由床身、工作台、头架、磨具架、砂轮修整器等部分组成。在磨削锥孔时，头架可以在水平面内偏转一个角度。内圆磨床的磨削运动与外圆磨床相同。

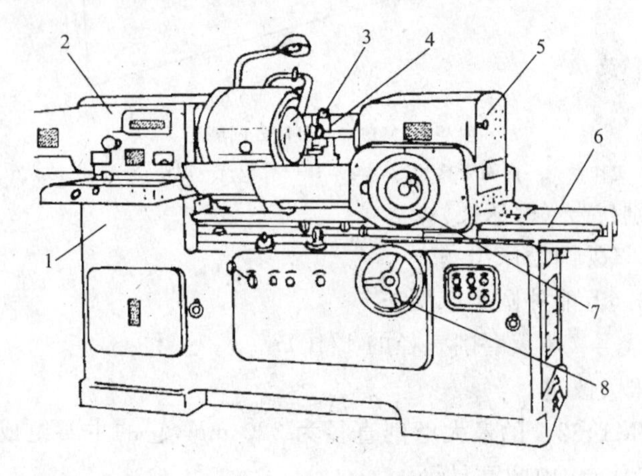

图 9-3 M2120 型内圆磨床

1—床身；2—头架；3—砂轮修整器；4—砂轮；5—磨具架；6—工作台；7—操纵磨具架手轮；8—操纵工作台手轮

9.2.3 平面磨床

平面磨床主要用于磨削工件上的平面。

图 9-4 所示为 M7120A 型平面磨床，它主要由床身、工作台、立柱、磨头及砂轮修整器等部分组成。磨床工作台可以由液压缸驱动，做自动往复直线运动，也可以由手轮操纵，做手动纵向进给与调整。磨床工作台上装有电磁吸盘或其他夹具，用来装夹工件。

磨头（亦称砂轮架）可由液压缸驱动或通过手轮转动实现横向进给，沿滑板的水平导轨做横向进给运动。摇动垂直进给手轮，可以调整磨头在立柱垂直导轨上的高低位置，并可完成垂直方向的进给运动。

9.3 砂 轮

9.3.1 砂轮的三个基本组成要素

砂轮是磨削加工时的主要刀具，它是由一定粒度大小的磨料与结合剂以适当比例混合后，经压制成型后晾干，再经烧结固化而成。

图 9-5 所示为砂轮的结构及磨削示意图，图中可以看出：磨粒 1、结合剂 2、空隙 4 是砂轮的三个基本组成要素。高速旋转的磨粒相当于砂轮刀具的切削刃，磨削时磨粒在待加工表面上切下许多细小的金属微粒切屑；结合剂使各磨粒的位置固定，起支持磨粒的作用；空隙给磨削过程提供了必要的容屑空间，有助于使磨削过程得以连续正常进行。

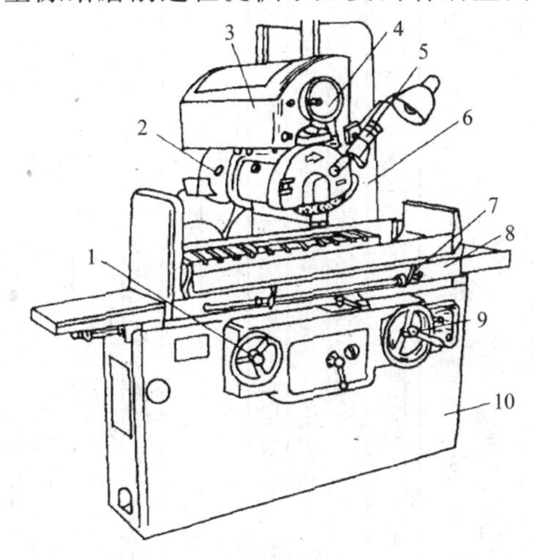

图 9-4　M7120A 型平面磨床

1—驱动工作台手轮；2—磨头；3—滑板；
4—横向进给手轮；5—砂轮修整器；6—立柱；
7—行程挡块；8—工作台；9—垂直进给手轮；10—床身

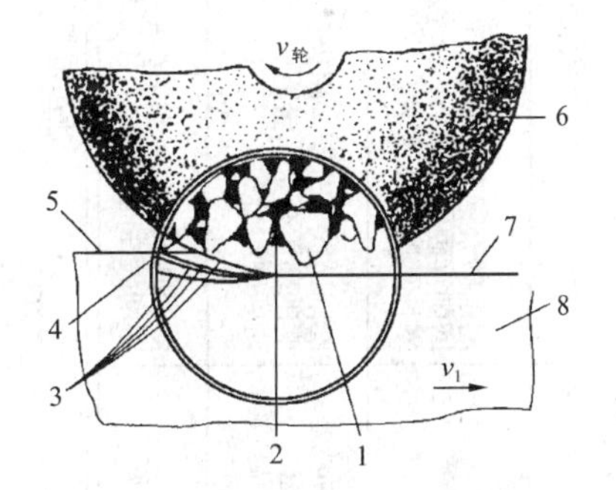

图 9-5　砂轮的结构及磨削示意图

1—磨粒；2—结合剂；3—加工表面；4—空隙；
5—待加工表面；6—砂轮；7—已加工表面；8—工件

9.3.2　砂轮的五个特性参数及其选择

砂轮有五个特性参数：磨料、粒度、结合剂、硬度、组织，见表 9-1。砂轮的特性参数对磨削加工的精度、工件表面粗糙度和生产率有重大影响，因此必须根据具体条件选用合适的砂轮。

1. 磨料

磨料是指砂轮磨粒的材料类别，磨料必须具有极高的硬度、良好的耐热性和一定的韧性。常用磨料有：氧化铝（刚玉类）、碳化硅、立方氮化硼和人造金刚石等，其分类代号、性能及适用范围见表 9-1。在机械切削加工中，刚玉类适用于磨削钢件；碳化硅类适用于磨削硬质合金刀具，以及磨削铸铁、青铜等脆性材料。

2. 粒度

粒度是指磨料颗粒的大小。粒度的表示方法分为粒度号与微粉号两种：粒度号用筛选法分类，它以筛网上每平方英寸范围内的孔眼数来表示。例如 60＃粒度的磨粒，能通过每平方英寸有 60 个孔眼的筛网，而不能通过每平方英寸多余 60 个孔眼的筛网；微粉号用显微测量法分类，它的微粉号以磨料的实际尺寸来表示。

磨料的粒度大小直接影响磨削的生产率和磨削质量。粗磨时的加工余量大、磨削用量大，应选用粗砂轮；磨削软材料时，为了防止砂轮堵塞和产生烧伤，也应选用粗砂轮；精磨时，为了获得较小的表面粗糙度值和保持砂轮的轮廓精度，应该选用细砂轮。

表 9-1　　砂轮的三个基本组成要素和五个特性参数

砂轮 — 磨粒（磨料、粒度）；结合剂（结合剂、硬度）；空隙（组织）

磨料

系别	名称	代号	颜色	性能	适用范围
氧化物	棕刚玉 白刚玉 铬刚玉	A WA PA	棕褐色 白色 玫瑰红色	硬度较低，韧性较好 较 A 硬度高，磨粒锋利，韧性差 韧性比 WA 好	磨削碳素钢、合金钢、可锻铸铁与青铜 磨削淬硬的高碳钢、合金钢、高速钢、磨削薄壁、成型零件、磨削高速钢、不锈钢
碳化物	黑碳化硅 绿碳化硅 碳化硼	C GC BC	黑色带光泽 绿色带光泽 黑色	比钢玉类硬度高，导热性好，但韧性差 较 C 硬度高，导热性好，韧性较差 比刚玉、C、GC 都硬，耐磨，高温易氧化	磨削铸铁、黄铜、耐火材料及其他非金属材料 磨削硬质合金，宝石、光学玻璃 研磨硬质合金
超硬磨料	人造金钢石 立方氮化硼	MBD CBN	白,淡绿,黑色 棕黑色	硬度最高，耐热性较差 硬度仅次于 MBD，韧性较 MBD 好	研磨硬质合金、光学玻璃、宝石、陶瓷等高硬度材料 磨削高性能高速刚、不锈钢、耐热钢及其他难加工材料

粒度

类别	粒度号	适用范围
磨粒	8# 10# 12# 14# 16# 20# 22# 24#	荒磨
	30# 36# 40# 46#	一般磨削。加工表面粗糙度值可达 *Ra* 0.8 μm
	54# 60# 70# 80# 90# 100#	半精磨、精磨和成型磨削。加工表面粗糙度可达 *Ra* 0.8 μm~0.16 μm
	120# 150# 180# 220# 240#	精磨、精密磨、超精磨、成型磨、刀具刃磨、珩磨
微粉	W60 W50 W40 W28 W20 W14 W10 W7 W5 W3.5 W2.5 W1.5 W1.0 W0.5	精磨、精密磨、超精磨、珩磨、螺纹磨 超精密度、镜面磨、精研。加工表面粗糙度值可达 *Ra* 0.05 μm~0.012 μm

结合剂

名称	代号	特性	适用范围
陶瓷	V	耐热、耐油和耐酸、碱的侵蚀、强度较高、较脆	除薄片砂轮外，能制成各种砂轮
树脂	B	强度高，富有弹性，具有一定势光作用，耐热性差，不耐酸碱	荒磨砂轮、磨窄槽、切断用砂轮、高速砂轮、镜面磨砂轮
橡胶	R	强度高，弹性更好，抛光作用好，耐热性差，不耐油和酸，易堵塞	磨削轴承沟道砂轮，无心磨导轮，切削薄片砂轮，抛光砂轮

硬度

等级		超软		软			中软		中		中硬			硬		超硬
代号	D	E	F	G	H	J	K	L	M	N	P	Q	R	S	T	Y
选择	磨未淬硬钢选用 L~N，磨淬火合金钢选用 H~K，高表面质量磨削时选用 K~L，刃磨硬质合金刀具选用 H~J															

组织

组织号	0	1	2	3	4	5	6	7	8	9	10	11	12	13	14
磨粒率 (%)	62	60	58	56	54	52	50	48	46	44	42	40	38	36	34
用途	成型磨削、精度磨削				磨削淬火钢、刀具刃磨				磨削韧性大而硬度不高的材料					磨削热每性大的材料	

3. 结合剂

砂轮中用以黏结磨料的物质称为结合剂。砂轮的强度、抗冲击性、耐热性以及抗腐蚀能力主要取决于结合剂的性能。砂轮中常用的结合剂为陶瓷结合剂，此外还有树脂结合剂、橡胶结合剂和金属结合剂等。结合剂的名称、代号、特性及适用范围见表 9-1。

4. 硬度

砂轮硬度和磨料硬度是两个完全不同的概念，因为无论是氧化铝还是碳化硅，磨料自身的硬度都远远高于被加工工件的硬度。所以，砂轮硬度不是指磨料的硬度，而是指砂轮表面上的磨粒在磨削力作用下从砂轮表面脱落的难易程度。砂轮硬度较软，表示砂轮的磨粒容易脱落；砂轮硬度较硬，表示磨粒较难脱落。同一种磨料可以做成不同硬度的砂轮，它取决于结合剂的性能、配比以及砂轮的制造工艺。就本质而言，砂轮的硬度代表了砂轮的自锐性；选择砂轮的硬度，实际上就是选择砂轮的自锐性，使钝化的磨粒能够及时脱落，以求保持砂轮的锐利。砂轮的硬度等级代号见表 9-1。

选择砂轮硬度的一般原则是：磨软金属时，砂轮的磨粒钝化很慢，为了使磨料不致过早脱落，需要选用硬砂轮；磨硬金属时，因为高硬度工件对砂轮磨粒的磨损较快，为了使被磨钝的旧磨粒能够及时脱落而使棱角锐利的新磨粒能够自动露出（即自锐性），需要选用软砂轮。精磨时，为了保证工件的磨削精度和粗糙度，应选用稍硬的砂轮；工件材料的导热性较差时，以及磨削硬质合金等工件容易产生烧伤和裂纹时，应选用软一些的砂轮。

简单地说，选择砂轮硬度的原则是：磨软材料时，选硬砂轮；磨硬材料时，选软砂轮。粗磨选较软砂轮，精磨选较硬砂轮。通常情况下，粗磨可以比精磨选低 1～2 级硬度。

5. 组织

砂轮的组织表示磨粒在砂轮总体积中所占的比例，用“组织号”表达，见表 9-1。组织号越大，砂轮总体积中磨粒所占的比例就越小，气孔就越多，砂轮就愈疏松。气孔可以容纳磨屑，使砂轮不易被堵塞，还可以把切削液带入磨削区，降低磨削温度。但砂轮的组织过于疏松，会影响砂轮的强度。选用砂轮组织的原则是：粗磨时，选用较疏松的砂轮；精磨时，选用较紧密的砂轮，一般选 7～9 级组织号。

9.3.3 砂轮的形状与代号

在砂轮的端面部位，明显标注了砂轮的特性参数与形状代号，以明确表示砂轮的磨料、粒度、硬度、结合剂、组织、形状、尺寸以及允许使用的最高线速度。例如，WA60KV6P 300×30×75，即表示砂轮的磨料为白刚玉（WA），粒度为 60＃，硬度为中软（K），结合剂为陶瓷（V），组织号为 6 号，形状为平形砂轮（P），外径尺寸为 300 mm，厚度为 30 mm，内径为 75 mm。

常用砂轮的形状、代号及其用途见表 9-2。

表 9-2　　常用砂轮的形状、代号及主要用途(GB/T 2484—2006)

代号	名称	断面形状	形状尺寸标记	主要用途
1	平面砂轮	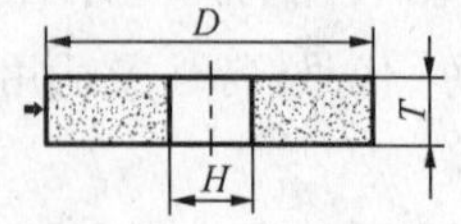	1－D×T×H	磨外圆、内孔及刃磨刀具
2	筒形砂轮	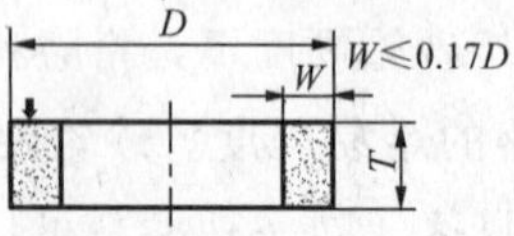	2－D×T－W	端磨平面
4	双斜边砂轮	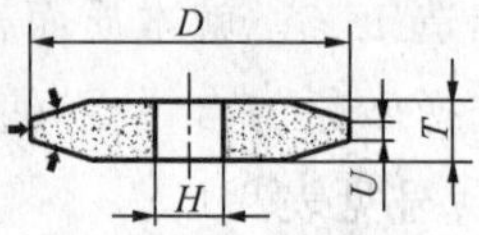	4－D×T/U×H	磨齿轮及螺纹
6	杯形砂轮	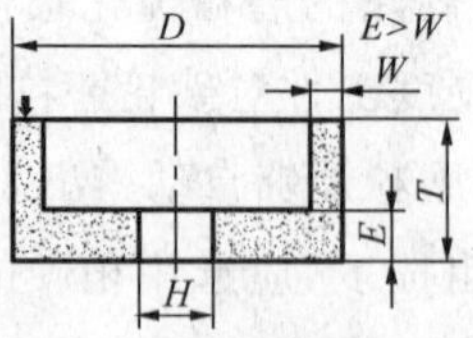	6－D×T×H－W,E	端磨平面,刃磨后刀面
11	碗形砂轮	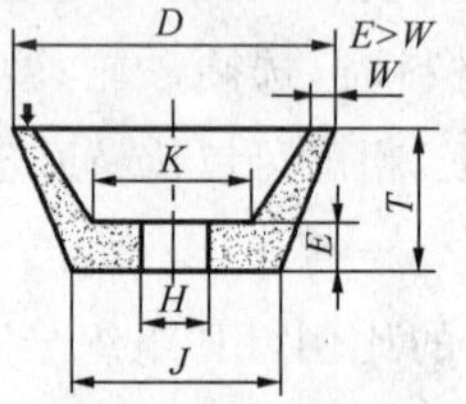	11－D/J×T×H－W,E,K	端磨平面,刃磨后刀面
12a	碟形一号砂轮	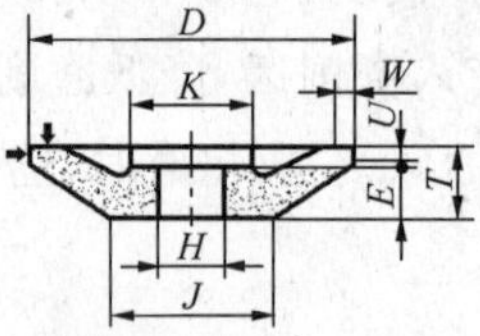	12a－D/J×T/U×H－W,E,K	刃磨刀具前刀面
41	薄片砂轮	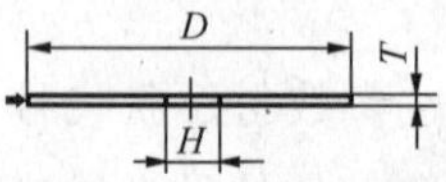	41－D×T×H	切断及磨槽

注:←所指表示基本工作面。

9.3.4 砂轮的检查、平衡和修整

磨削时砂轮的线速度高达 35 m/s,为了工作安全起见,装夹砂轮之前必须经过外观检查,不能有裂纹、破损等缺陷。

装夹砂轮时,应将砂轮松紧适中地套在砂轮轴上,在砂轮和法兰盘之间加垫 1～

2 mm 厚的皮革或橡胶弹性垫板，然后用螺母紧固，如图 9-6 所示。

为了让砂轮能够平稳工作，砂轮须经静平衡。砂轮静平衡的过程如图 9-7 所示，将砂轮在心轴上装好，然后放到平衡架的平衡轨道刀口上。如果砂轮存在不平衡质量，较重的部分总会自动转到下方停止，这时可移动法兰盘端面环槽内的平衡铁进行平衡，然后再进行检查。如此反复进行，直到砂轮可以在平衡架的轨道刀口上任意位置都随机静止，这就说明砂轮各部位的重量分布均匀。这种方法叫作静平衡。直径大于 125 mm 的砂轮都应进行静平衡。

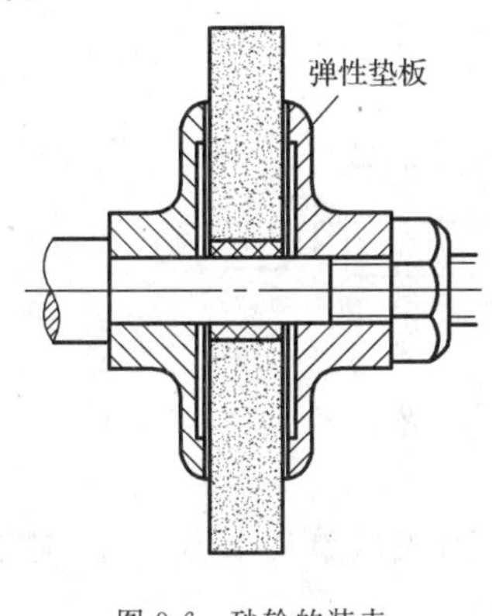

图 9-6 砂轮的装夹

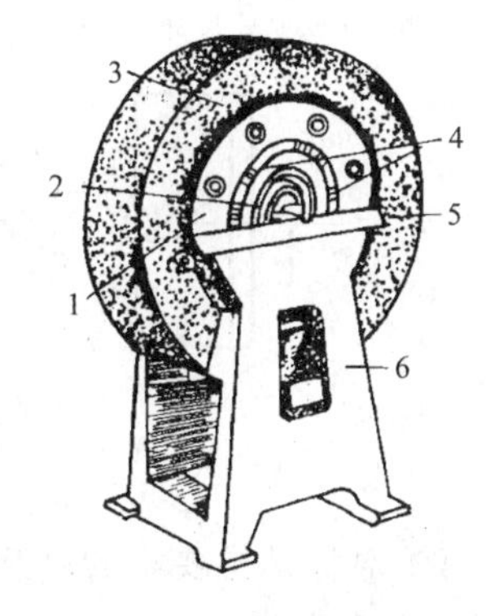

图 9-7 砂轮的静平衡

1—砂轮套筒；2—心轴；3—砂轮；
4—平衡铁；5—平衡轨道；6—平衡架

砂轮工作一定时间以后，磨粒逐渐钝化，砂轮表面的气孔被堵塞，这时须用金刚石修整笔进行修整，使已磨钝的磨粒脱落，以恢复砂轮的磨削能力和形状精度。用金刚石修整笔修整砂轮时需要使用大量的冷却液，以避免金刚石修整笔因温度骤升而发生碎裂。

9.4 工件的装夹

9.4.1 外圆磨削时的工件装夹

1. 顶尖装夹

磨削轴类零件外圆时，常用顶尖装夹。装夹时，工件被夹持在两顶尖之间(图 9-8)，其装夹方法与车削中所用的方法基本相同。磨床所用的顶尖都是不随工件转动的死顶尖，这样做可以提高磨削加工精度，避免了由于活顶尖转动而带来的误差。

外圆磨削前，工件的中心孔均要进行修研，以提高其几何精度和减小表面粗糙度值。修研中心孔的方法是采用四棱硬质合金顶尖，在车床或钻床上进行挤研、研光即可；当中心孔尺寸较大、修研精度要求较高时，必须选用油石顶尖修研中心孔；或选用铸铁顶尖作为前顶尖、普通顶尖作为后顶尖。修研时，头架旋转，用手握住工件使工件不旋转，研好一端再研另一端，如图 9-9 所示。

2. 卡盘装夹

在磨床上，使用卡盘装夹工件的方法与车床操作基本相似。卡盘有三爪自定心卡盘、四爪单动卡盘和花盘三种，对于零件上没有中心孔的圆柱工件，通常采用三爪自定心卡盘

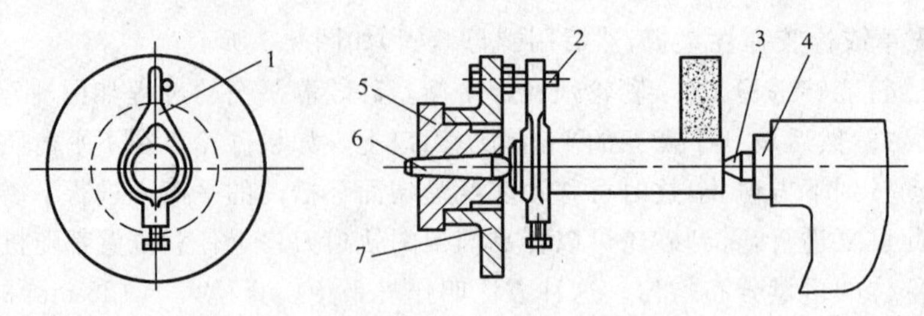

图 9-8 用顶尖装夹工件

1—鸡心夹头；2—拨杆；3—后顶尖；4—尾架套筒；5—头架主轴；6—前顶尖；7—拨盘

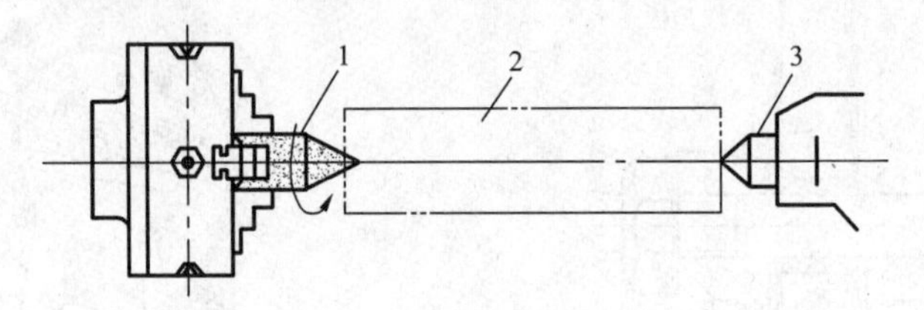

图 9-9 用油石顶尖修研中心孔

1—油石顶尖；2—工件；3—后顶尖

装夹；对于具有不对称结构要素的复杂工件，通常采用四爪单动卡盘装夹；对于形状不规则的扁平工件，可以采用花盘装夹。

3. 心轴装夹

盘套类空心工件磨削外圆时，常以内孔定位，采用心轴来装夹工件。常用的心轴种类与车床类似。使用心轴装夹时，心轴必须与鸡心夹头、拨杆等传动装置配合使用，其装夹方法与车床上使用顶尖装夹相同。

9.4.2 内圆磨削时的工件装夹

内圆磨削时，大多数情况下是以工件的外圆和端面为定位基准的，通常采用三爪自定心卡盘、四爪单动卡盘、花盘、弯板等夹具来装夹工件。其中最常用的方法是使用四爪单动卡盘通过找正装夹工件。

9.4.3 平面磨削时的工件装夹

磨平面时，一般以一个平面为基准，磨削另一个平面。若两个平面都需要磨削且平行度要求较高，则可以互为基准，反复磨削，加工成型。

磨削中小型工件的平面，常采用电磁吸盘工作台吸住工件。电磁吸盘工作台的工作原理如图 9-10 所示。1 为吸盘体，在它中部凸起的芯体 A 上绕有线圈 2，盖板 3 被绝缘层 4 隔成若干小块。当线圈中通过直流电时，芯体被磁化，磁力线如图 9-10 中虚线所示，由芯体经过盖板—工件 5—盖板—吸盘体—芯体而形成闭合磁回路，工件被磁力线牢牢吸住。电磁吸盘工作台上还有绝磁层，绝磁层由铅、铜或巴氏合金等非磁性材料制成。绝磁层的作用是使绝大部分磁力线都能通过工件再回到吸盘体，而不能通过盖板直接回去，从而保证工件被牢固地吸在工作台上。

当磨削平键、垫圈、薄壁套等尺寸较小而壁厚较薄的工件时，因工件与工作台的接触面积小，电磁吸力弱，容易被磨削力弹出去而造成事故，因此装夹这类工件时，须在工件四周或工件前、后两端用挡铁围住，以免磨削时工件移动，如图 9-11 所示。

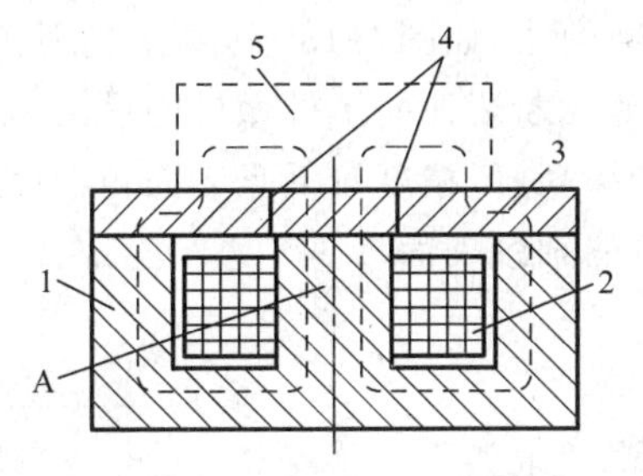

图 9-10 电磁吸盘工作台的工作原理

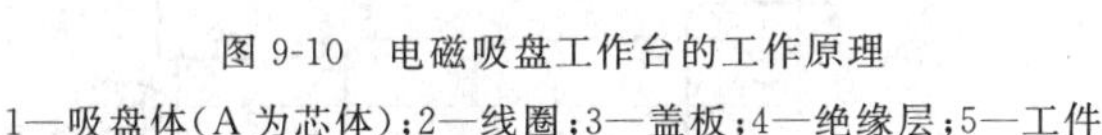
1—吸盘体(A 为芯体)；2—线圈；3—盖板；4—绝缘层；5—工件

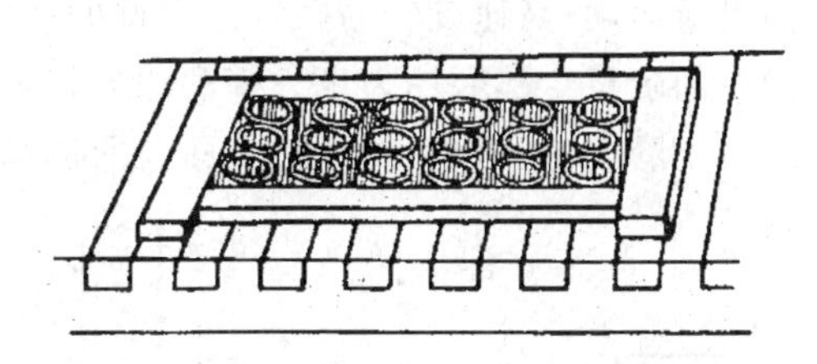

图 9-11 用挡铁围住工件

9.5 磨削基本操作

9.5.1 外圆磨削操作

1. 磨削运动

在外圆磨床上磨削外圆，需要下列运动：

(1)砂轮主运动——磨床主轴带动砂轮做高速旋转运动。

(2)工件圆周进给运动——磨床头架带动工件绕工件自身轴线做慢速旋转运动。

(3)工件纵向进给运动——磨床工作台带动工件沿工件轴线做往复运动。

(4)砂轮横向进给运动——砂轮架带动主轴与砂轮，沿工件的径向做周期性切入进行运动。该运动在磨削过程中一般是不进给的，而是在工件纵向进给运动的行程终了时进行。

2. 磨削用量

(1)砂轮圆周速度 $v_{轮}$ 砂轮圆周速度是指砂轮外圆上任一点砂粒在单位时间内所移动的距离。国产砂轮外圆磨削时，$v_{轮}=30\sim35$ m/s。如 M1432A 万能外圆磨床的新砂轮外径为 400 mm，如果转速为 1 660 r/min，则此时 $v_{轮}$ 为 35 m/s。

(2)工件圆周速度 $v_{工}$ 通常情况下，$v_{工}=13\sim26$ m/min。粗磨时 $v_{工}$ 取大值，精磨时 $v_{工}$ 取小值。

(3)纵向进给量 $f_{纵}$ 通常情况下，$f_{纵}=(0.2\sim0.8)B$。B 为砂轮宽度，粗磨时取大值，精磨时取小值。

(4)横向进给量 $v_{横}$ 磨削时的横向进给量很小，一般 $v_{横}=0.005\sim0.05$ mm。

3. 磨削方法

在外圆磨床上磨削外圆，常用纵磨和横磨两种方法，其中以纵磨法使用普遍。

(1)纵磨法 纵磨法如图 9-12 所示，磨削时工件转动(圆周进给)，工作台直线往复运动(纵向进给)；当每一纵向行程或往复行程终了时，砂轮按规定的吃刀深度做一次横向进给运动，每次磨削深度很小；当加工到接近工件最终尺寸时(留下 0.005～0.01 mm)，无进给，空刀光磨几次，至火花消失即可。纵磨法的特点是，可以用同一砂轮磨削长度不同的各种工件，且加工质量好，但磨削效率较低。纵磨法在生产中应用最广，特别是在单件小批量生产以及精磨时均采用这种方法。

(2)横磨法　横磨法又称径向磨削法或切入磨削法，如图 9-13 所示，磨削时工件无纵向进给运动，高速旋转的砂轮以很慢的速度连续地或断续地向工件做横向进给运动，直至把磨削余量全部磨掉为止。横磨法的特点是生产率高，但精度较低且表面粗糙度值较大，适合于磨削长度较短的外圆表面及两侧都有台阶的轴颈表面。

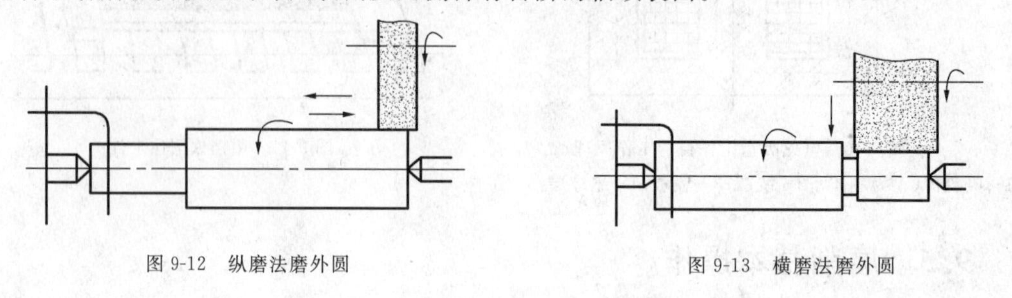

图 9-12　纵磨法磨外圆　　图 9-13　横磨法磨外圆

9.5.2　内圆磨削操作

在生产中，内圆磨削是精加工孔的主要方法之一；特别是淬硬工件的高精度内孔加工时，内圆磨削是该类零件精加工孔的最主要方法。

内圆磨削与外圆磨削的条件相比，由于砂轮直径受工件孔径限制不可能太大，而砂轮杆的悬伸长度却较长，刚性较差，磨削用量不能提高，所以生产率较低；又由于砂轮直径受到工件孔径的限制，圆周线速度较低，孔内加工的冷却排屑条件不好，所以表面质量不易提高。内圆磨削时，应尽可能选用较大直径的砂轮和砂轮轴，同时应尽可能缩短砂轮轴的伸出长度，以提高生产率和加工精度。

1. 磨削运动

内圆磨削时所需的运动如图 9-14 所示，内圆磨削时砂轮的旋转方向与外圆磨削时砂轮的旋转方向刚好相反，其余情况与外圆磨削时基本相同。

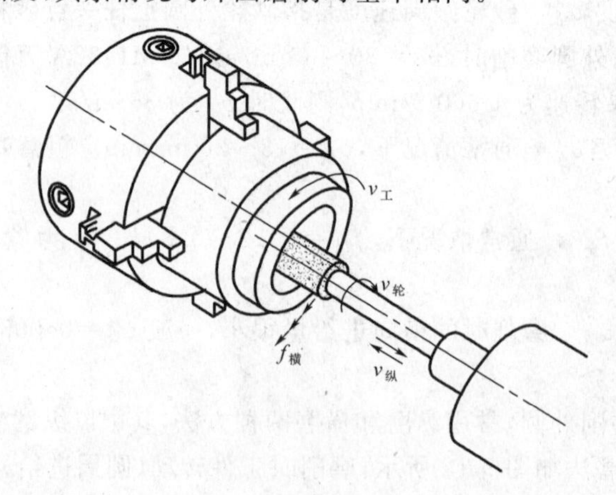

图 9-14　内圆磨削时所需的运动

2. 磨削用量

(1)砂轮圆周速度 $v_{轮}$　内圆磨削时，由于砂轮的直径较小，内圆磨头的转速一般都很高，最高转速可达 20 000 r/min，以便使磨削速度尽可能提高一些。（通常 $v_{轮}=15\sim25$ m/s）。

（2）工件圆周速度 $v_{工}$　一般 $v_{工}=15\sim25$ m/min。表面粗糙度要求较高时，应取较小值；表面粗磨或砂轮与工件的接触面积大时，应取较大值。

（3）纵向进给量 $f_{纵}$　磨内圆时，工作台的纵向进给量应比磨外圆时稍大些，一般粗磨时 $f_{纵}=1.5\sim2.5$ m/min；精磨时 $f_{纵}=0.5\sim1.5$ m/min。

（4）横向进给量 $f_{横}$　粗磨时 $f_{横}=0.01\sim0.03$ mm，精磨时 $f_{横}=0.002\sim0.01$ mm。

3. 磨削方法

内圆磨削通常在内圆磨床或万能外圆磨床上进行。磨削时，砂轮与工件的接触方式有两种：一种是后面接触（图 9-15(a)），另一种是前面接触（图 9-15(b)）。在内圆磨床上磨内孔常采用后面接触方式；在万能外圆磨床上磨内孔常采用前面接触方式。内圆磨削的方法有纵磨法和横磨法，其操作方法和特点与外圆磨削相似，纵磨法的应用较为广泛。

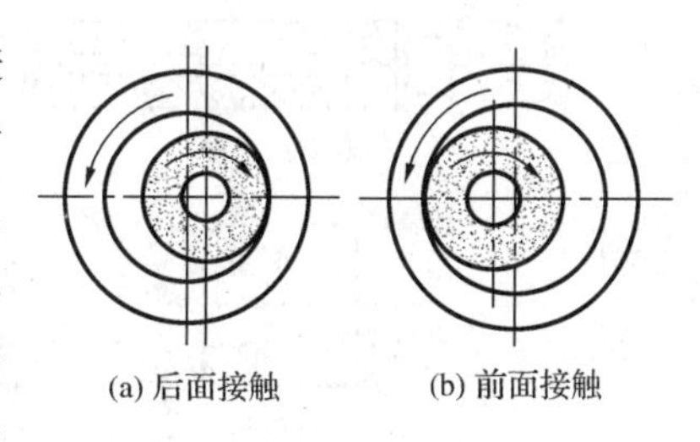

图 9-15　砂轮与工件的接触方式

9.5.3　圆锥面磨削操作

1. 圆锥面的磨削方法

圆锥面磨削时，通常采用下列两种方法：

（1）转动工作台法　这种方法多用于锥度较小、锥面较长的工件。

（2）转动头架法　这种方法常用于锥度较大、锥面较短的工件。

2. 圆锥面的检验

（1）锥度的检验　圆锥量规是检验锥度最常用的量具。圆锥量规分为圆锥塞规（图 9-16(a)）和圆锥套规（图 9-16(b)）两种。圆锥塞规用于检验内锥孔，圆锥套规用于检验外锥体。

使用圆锥塞规检验内锥孔的锥度时，可以先在塞规的整个圆锥表面上或顺着锥体的三条母线上均匀地涂一层极薄的显示剂（红丹粉或蓝油），接着把塞规插入锥孔内，在30°～60°范围内轻轻地来回转动几次，然后取出塞规察观察，如果整个圆锥表面上的摩擦痕迹均匀，则说明工件的锥度准确，否则不准确，需继续调整机床使锥度准确为止。

使用圆锥套规检验外锥体的方法与上述相同，只不过显示剂应涂在工件上。

（2）尺寸的检验　圆锥面的尺寸也采用圆锥量规进行检验：外锥面通常是通过检验小端直径来控制锥面的尺寸，内锥孔通过检验大端直径来控制锥孔的尺寸。根据圆锥尺寸公差，在圆锥量规的大端或小端处，刻有两条圆周线或做有小台阶（图 9-17）来表示量规的止端和过端，分别用于控制圆锥工件的上极限尺寸和下极限尺寸。

用圆锥塞规检验内锥孔的尺寸时，如果出现图 9-17(a)所示的情形，说明锥度尺寸符合要求；如果出现图 9-17(b)所示的情形，说明锥孔尺寸太小，需要继续磨去一些；如果出现图 9-17(c)所示的情形，说明锥孔尺寸太大，已经超过公差范围。

用圆锥套规检验外锥体尺寸的方法与上述操作类似，可以参考使用。

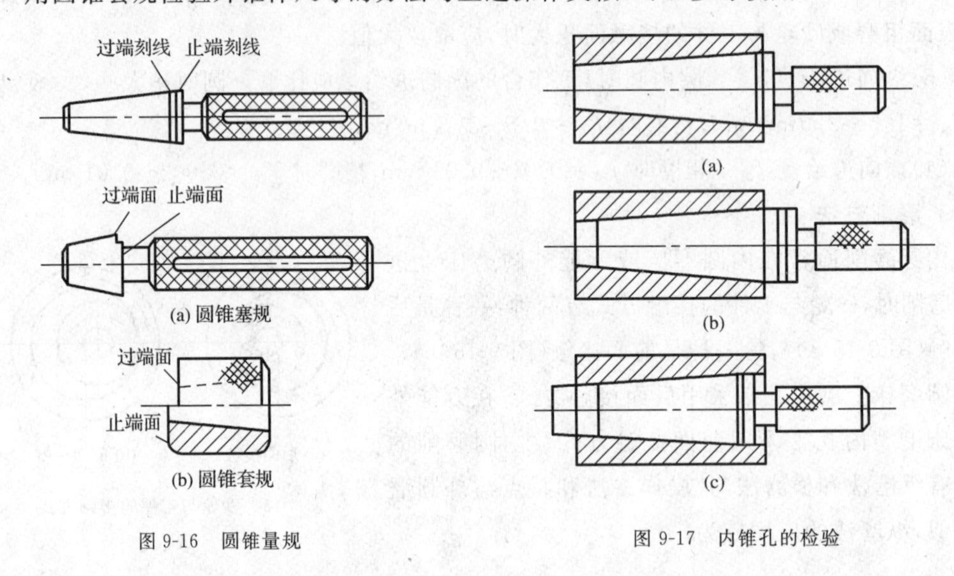

图 9-16　圆锥量规

图 9-17　内锥孔的检验

9.5.4　平面磨削操作

平面磨削操作方法有两种：一种是在卧轴矩台平面磨床上用砂轮的周边进行磨削，称为周磨法(图 9-18(a))；另一种是在立轴圆台平面磨床上用砂轮的端面进行磨削，称为端磨法（图 9-18(b)）。

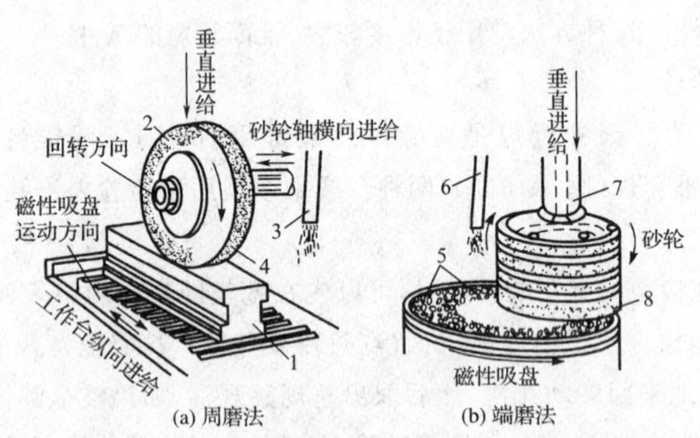

图 9-18　平面磨削的方法

1、5—工件；2—砂轮；3、6—冷却液管；4—砂轮周边；7—砂轮轴；8—砂轮端面

周磨法加工时，主要采用砂轮的周边来磨削工件的平面。由于砂轮与工件的接触面积小，排屑及冷却条件良好，工件的发热量较少，因此适宜用于磨削易产生翘曲变形的薄板工件，且能够获得较好的加工质量；但因为卧轴矩台平面磨床有工作台换向的时间损失，故周磨法磨削的生产率较低，适合用于精磨加工以及较长工件的磨削加工。

端磨法加工时，主要采用砂轮的端面来磨削工件的平面。它与用周边磨削的周磨法相比，使用的砂轮直径往往比较大，磨削时的工作面积较大，能够同时磨出工件的全宽；端磨时砂轮主轴的伸出长度较短，磨削时主要是承受轴向力，因此磨床主轴的刚性较好，可以采用较大的磨削用量；此外，立轴圆台平面磨床采用的是连续进给方式，不存在工作台换向的时间损失等，所以端磨法的生产率较高。但端磨法磨削时，砂轮的端面和工件呈弧形线接触或面接触，冷却液不易进入磨削区，磨屑也不易排除，所以加工后所得工件的精度和质量较低，故适合用于粗磨加工以及磨削小零件和大直径的环形零件端面。

当磨床的台面为矩形工作台时，磨削工作由砂轮的旋转运动（主运动）和砂轮的垂直进给、工件的纵向进给、砂轮的横向进给等运动来完成；当磨床的台面为圆形工作台时，磨削工作由砂轮的旋转运动（主运动）和砂轮的垂直进给、工作台的旋转等运动来完成。

9.6 其他磨削方法简介

9.6.1 无心外圆磨削

无心外圆磨削是指在无心外圆磨床上，工件不装夹，直接放置在砂轮与导轮之间，由托板和导轮支承，以工件被磨削的外圆表面本身为定位基准面，进行磨削工件外圆的磨削方法。

无心外圆磨床的工作原理如图9-19所示，磨削时，工件的轴线略高于砂轮与导轮的中心连线，工件受重力作用自动落在转动的导轮和砂轮上，导轮带动工件做低速旋转（v_w=0.2～0.5 m/s），高速旋转的砂轮对工件进行外圆磨削。

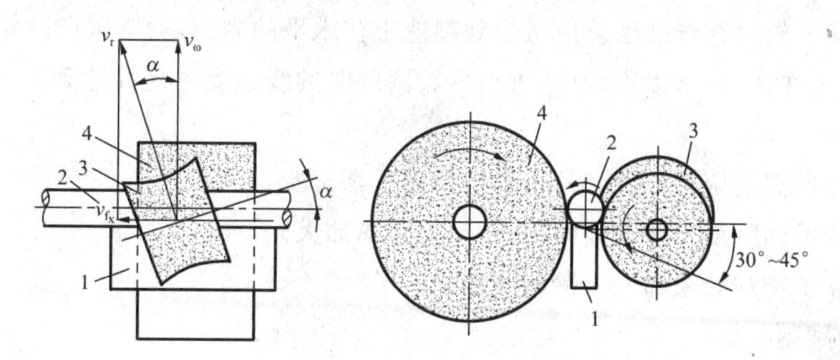

图9-19 无心外圆磨床的工作原理
1—托板；2—工件；3—导轮；4—砂轮

由于导轮的轴线与工件的轴线不平行，相互倾斜一个角度 α（α= 1°～4°），因此导轮旋转时的线速度 v_r 可以分解为两个分量，其中一个分量垂直于工件的轴线，使工件产生旋转运动；而另一个分量则平行于工件的轴线，使工件做轴向进给运动。可见，无心外圆磨削时工件是一边绕自身轴线转动，一边被砂轮磨削除去外圆表面的多余金属，一边做轴向进给运动，从而完成整个外圆的磨削工作。

无心外圆磨削的生产率很高，主要用于成批及大量生产中磨削细长轴和无中心孔的短轴等工件。无心外圆磨削时的工件精度可达IT6～IT5级，磨削后的工件表面粗糙度

可达 Ra 0.8～0.2 μm。

9.6.2 高效磨削

高效磨削包括高速磨削和强力磨削等先进磨削工艺方法。采用高效磨削，可以大大提高生产率，扩大磨削加工的范围。

1. 高速磨削

普通磨削时的线速度一般在 35 m/s 以下，如果砂轮的线速度在 45 m/s 以上进行磨削，则称为高速磨削，它是近代磨削技术发展的一种新工艺。高速磨削具有下列优点：

(1)磨削效率大大提高　砂轮的线速度提高后，单位时间内通过磨削区域参与切削的磨粒数大大增加。假设每颗磨粒切除的金属微粒保持切削厚度与普通磨削时相同，则进给量可以大大提高，在磨削相同余量的情况下，磨削所用的机动时间可以大大缩短。

(2)砂轮的耐用度提高　砂轮的线速度提高后，如果进给量仍与普通磨削相同，则每颗磨粒切除的切削厚度减小，磨粒切削刃上承受的切削负荷也就减小，使每颗磨粒的切削能力相对提高，从而使每次修整后的砂轮可以磨去更多的金属，提高了砂轮的耐用度。

(3)工件的表面质量提高　随着砂轮线速度加快，每颗磨粒切除的切削厚度变薄，磨粒通过磨削区域时，留在工件表面上的切痕深度变浅，因而工件的表面粗糙度值减小。另外，由于切削厚度变薄，磨粒作用在工件上的法向磨削力相应减小，可以提高工件的加工精度。

在生产中，实现高速磨削的工艺条件是：

(1)提高砂轮的结合强度。由于受到制造工艺水平的制约，通常国产砂轮磨削时的线速度一般规定在 35 m/s 以下，某些进口砂轮磨削时的线速度才允许达到 60 m/s，这一点必须注意。

(2)磨床的高速旋转部件必须全部进行动平衡试验。

(3)机床的动刚度要好，电动机的功率要适当加大。

(4)磨床的冷却效果和安全措施要良好。

2. 强力磨削

强力磨削也称缓进给磨削，它是 20 世纪 60 年代出现的一种新型高效磨削方法。强力磨削的出现，使铸件、锻件毛坯可以不经过其他切削加工，而能够直接磨削达到零件图纸所要求的形状和尺寸。强力磨削的特点如下：

(1)生产率高　强力磨削时，砂轮的径向进给量大大增加，一般可达几毫米至十几毫米(最大可达 30 mm)，而轴向进给速度很低，仅为 10～300 mm/min，因此，砂轮和工件的接触弧长增大，单位时间内参加切削的磨粒数量大大增多，因而生产率大大提高。目前，强力磨削的金属切除率最高可达 340 kg/h，超过了铣削、刨削等加工方法的效率。

(2)磨削工艺范围扩大　强力磨削时，径向进给量很大，可以将铣、刨、磨等几道工序合并为一道工序，使毛坯加工能一次成型，对磨削一些高硬度合金材料和韧性强的材料，如耐热合金、不锈钢、高速钢等的成型表面加工，具有突出的技术经济效果。

(3)工件表面质量提高　强力磨削时，由于纵向进给速度很低，切屑变薄，单颗磨粒承受的磨削力降低，因而能较长时间保持砂轮的轮廓形状，磨削后工件的表面精度较高。

(4)不易损坏砂轮　普通平面磨削时，工作台多次纵向往复进给，当每次换向时砂轮均需与工件的锐边相接触(图 9-20(a))，而强力磨削时在整个磨削过程中，砂轮仅仅接触工件的锐边一次(图 9-20(b))；因此，强力磨削的砂轮损耗小，可以更长久地保持砂轮轮廓的形状精度。

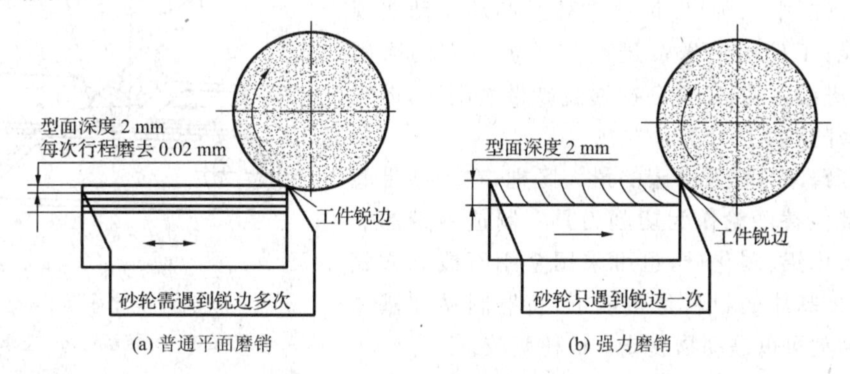

图 9-20　锐边接触次数的比较

在生产中，实现缓进给强力磨削的基本工艺条件是：

(1)磨床必须具有较高的主轴刚度和较大的电动机功率。

(2)轴向进给时，要求进给平稳，无爬行现象。

(3)强力磨削时，金属切除量大大增加，磨削热增大，因此必须有充足、洁净的切削液供给。

(4)可靠的安全防护装置。

(5)对砂轮的磨料、粒度、结合剂、硬度、组织和修整方法等，都应提出新的要求。

其他高效磨削方法，还有宽砂轮磨削、多砂轮磨削、重负荷磨削和高速强力外圆磨削等。

9.6.3　砂带磨削

砂带磨削是指采用粘有磨料磨粒的布质砂带在砂带机上高速运转，将多余金属磨削除去的切削加工方法。砂带磨削具有下列优点：

(1)砂带可以做得比砂轮宽，切削面积大，因而磨削效率高。

(2)砂带磨削不受工件尺寸、形状的限制，可适用于各种复杂型面工件的加工。

(3)砂带磨削时由于砂带很轻，功率损失很小，功率利用率可达 96%，也就是说输入的全部能量几乎都转变为磨削金属的有用功。

(4)砂带更换比较方便，调整时间少，同时因为砂带断裂不会造成人身和设备事故，所以砂带磨削的操作比较安全。

(5)砂带磨削时的表面质量较高，表面粗糙度可达 $Ra0.2 \sim 0.4\ \mu m$，精度可以保证在 ± 0.005 mm或更高。

(6)砂带磨床的结构简单，生产成本较低，而且生产率较高，所以砂带磨削的经济效益十分显著。

砂带磨床的工作原理如图 9-21 所示，它由砂带、接触轮、张紧轮、支承板、传送带等部分组成。

砂带被适度张紧安装在接触轮和张紧轮上，由驱动装置(图中未画出)带动做高速循环运动实现切削功能；工件由输送带送至支承板上方的磨削区，实现进给运动；工件渐次通过砂带磨削区，即完成砂带磨削加工工作。

砂带磨床与普通磨床的最大区别，在于砂带磨床用砂带代替砂轮作为切削刀具。制造砂带的磨料多为氧化铝、碳化硅，也可采用金刚石或立方氮化硼；砂带基体的材料是布或纸；将磨料粘在基体上的黏结剂可以是动物胶或合成树脂胶。

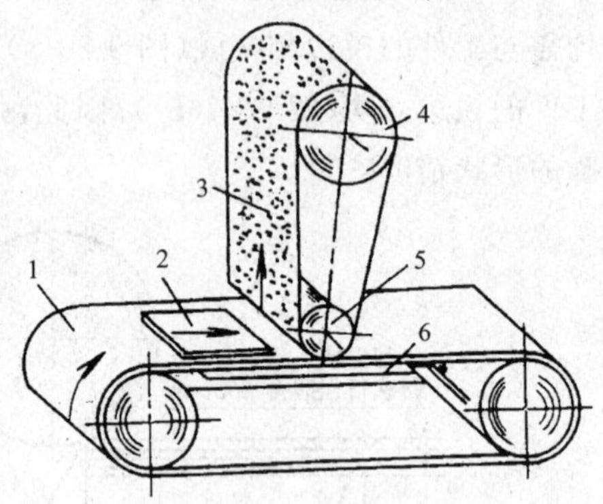

图 9-21 砂带磨床的工作原理
1—传送带；2—工件；3—砂带；
4—张紧轮；5—接触轮；6—支承板

砂带的构造如图 9-22 所示，在高压静电场环境条件下将一层磨粒均匀地散布到涂有底胶(第一层黏结剂)和复胶(第二层黏结剂)的柔软基体上，由于磨粒受到高压静电场的作用保持棱角和夹端朝外直立排列在基体上，干燥固化以后，经过后处理即可使用。

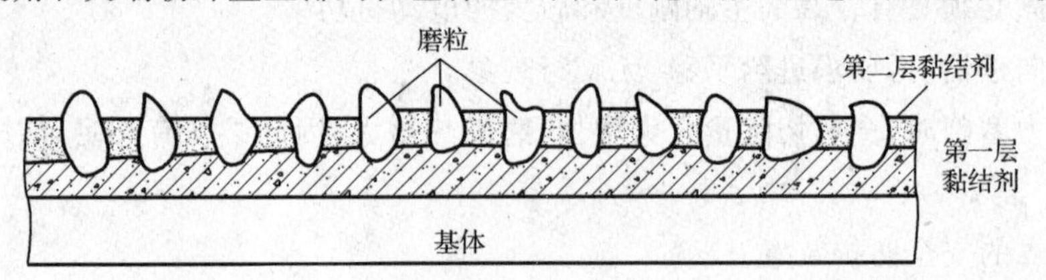

图 9-22 砂带的构造

接触轮的作用在于控制磨粒对工件的接触压力和切削角度。接触轮的材料和形状对砂带磨削的加工效率和表面粗糙度影响很大，应该根据不同的加工要求来进行选择。

接触轮一般采用钢或铸铁做轮芯，在轮芯上浇注一层硬橡胶制成。橡胶越硬，则金属切除率越高；橡胶越软，则磨削表面越光洁。

金工实训报告(磨削加工)

本次实训课题的“金工实训报告”见表 9-3。学生应争取在车间现场完成本课题的“金工实训报告”，实训指导老师尽可能当场批阅评定成绩，必要时可以组织学生展开现场讨论，强化金工实训的效果。

表 9-3　　**金工实训报告:磨削加工**

班级________　姓名________　学号________　日期________　成绩________

实训课题	1. 外圆锥面零件的磨削实训操作	2. 平面零件的磨削实训操作
零件图	Ra 0.8　φ70　φ25　φ22　60　(材料:A3)	80　$10^{-0.01}_{-0.03}$　70　Ra 0.8　Ra 0.8　(材料:A3)
毛坯情况		
工件安装方法		
砂轮规格参数		
磨削用量		
备注		

【实训复习思考题】

一、填空题

1. 在外圆磨床上磨削外圆，常用________和________两种方法，其中以纵磨法使用比较普遍。

2. 外圆磨床磨削轴类零件的外圆时，常采用________装夹工件；平面磨床磨削中小型工件的平面时，常采用________吸住工件。

3. 磨削圆锥面时，通常采用下列两种方法：(1)转动________法，这种方法多用于锥度较小、锥面较长的工件；(2)转动________法，这种方法常用于锥度较大、锥面较短的工件。

4. 磨削时砂轮的线速度高达________，为了工作安全起见，砂轮安装之前必须经过外观检查，不能有裂纹、缺损等缺陷，以防高速运转时砂轮炸裂伤人。

5. 选择砂轮硬度的原则是：磨软材料时，选用________砂轮；磨硬材料时，选用________砂轮；粗磨时，选用________砂轮；精磨时，选用________砂轮。

6. 平面磨削的操作方法有两种：一种是在卧轴矩台平面磨床上用砂轮的周边进行磨削，称为________法；另一种是在立轴圆台平面磨床上用砂轮的端面进行磨削，称为________法。

二、讨论题

1. 试述外圆磨床与平面磨床的构造有何异同。外圆磨床和内圆磨床的主运动和进给运动分别是什么？

2. 为什么要修整砂轮？如何修整砂轮？

3. 外圆磨削时为什么要对工件的中心孔进行修研？怎样修研中心孔？

4. 磨削细长轴类工件时，应注意些什么问题？

5. 磨削平面形工件时，应注意些什么问题？

6. 用圆锥塞规检验内锥孔时，如果发现小端处留有显示剂的痕迹，而大端没有痕迹残留，这说明什么问题？应采用何种措施修磨工件？

实训专题10

数控加工

【实训目的及要求】

◆ 了解数控加工与传统加工方法的主要区别，重点比较相同工件采用两种不同工艺方法加工时的效果和优、缺点。

◆ 了解数控机床的基本组成、工作原理、各部分的作用，学习并掌握数控编程的基本规定和基本方法。

◆ 了解典型数控机床（数控车、数控铣、数控加工中心等）的零件加工过程，学习独立编制简单零件的数控加工程序，完成简单零件的数控加工实训操作。

【实训安全事项】

◆ 数控加工实训的学生必须集中注意力操作数控机床；旁观的同学禁止按动任何按钮开关以免发生意外事故；任何人严禁随意修改或随意删除数控机床的参数设置。

◆ 装刀之前应检查刀柄、拉钉是否安装牢固；开车之前应检查工件、刀具的装夹是否安全可靠；随时检查机床拖板、工作台、导轨等部件上面是否有异物，如有必须移除。

◆ 单段试运行时，操作面板的进给修调旋钮应当旋到最低挡，然后再逐步调整。

◆ 出现紧急情况时，立即按下面板上的"急停"按钮切断电源；然后查找原因并排除故障；确认安全之后方可关闭防护门，继续加工。

◆ 数控实训操作完毕，应将刀具抬升到安全高度位置，清除工作台上的切屑，将进给速度修调值"置零"；然后切断电源，清理机床，关闭机床防护门。

【实训典型案例】

典型案例1：圆弧小轴零件的数控车削实训操作

按照产品图纸，对圆弧小轴零件进行数控车削工艺分析，手工编写该零件的数控车削程序，完成数控车削加工操作，并完成本案例的"金工实训报告"。

典型案例2：型腔模板零件的数控铣削实训操作

按照产品图纸的要求，对型腔模板零件进行数控铣削工艺分析，编写该零件的数控铣削加工程序（手工编程或自动编程均可），完成数控铣削加工操作，并完成本案例的"金工实训报告"。

10.1 概　述

数控加工是指在数控机床上进行零件加工的一种工艺方法,数控机床加工与传统机床加工的工艺规程从总体上说是一致的,但也发生了明显的变化。用数字信息控制零件和刀具位移的机械加工方法是解决零件品种多变、批量小、形状复杂、精度高等问题和实现高效化和自动化加工的有效途径。

数控技术起源于航空工业的需要。20 世纪 40 年代后期,美国一家直升飞机公司提出了数控机床的初始设想。1952 年,美国麻省理工学院研制出三坐标数控铣床。50 年代中期,这种数控铣床已用于加工飞机零件。60 年代,数控系统和程序编制工作日益成熟和完善,数控机床已被用于各个工业部门,但航空航天工业始终是数控机床的最大用户。一些大的航空工厂配有数百台数控机床,其中以切削机床为主。数控加工的零件有飞机和火箭的整体壁板、大梁、蒙皮、隔框、螺旋桨以及航空发动机的机匣、轴、盘、叶片的模具型腔和液体火箭发动机燃烧室的特殊型腔面等。数控机床在发展的初期以连续轨迹的数控机床为主,连续轨迹控制又称轮廓控制,要求刀具相对于零件按规定轨迹运动。以后又大力发展点位控制数控机床。点位控制是指刀具从某一点向另一点移动,只要求最后能准确地达到目标而不管移动路线如何。

10.2 数控车床操作方法

10.2.1 数控车床的组成

数控车床是目前使用较为广泛的数控机床,它由机床本体、伺服系统和数控装置三大部分组成。图 10-1 为某经济型数控车床的示意简图,它的机床本体与普通车床的机床本体布局大致相似,但有若干设计修改,仅包括主轴箱、床身导轨、卡盘、刀架、尾座等部件,取消了进给箱、小拖板、光杠等传统零部件;它的伺服系统包括控制电源、伺服电动机、编码器、滚珠丝杠等;它的数控装置包括数控计算机、显示器等。

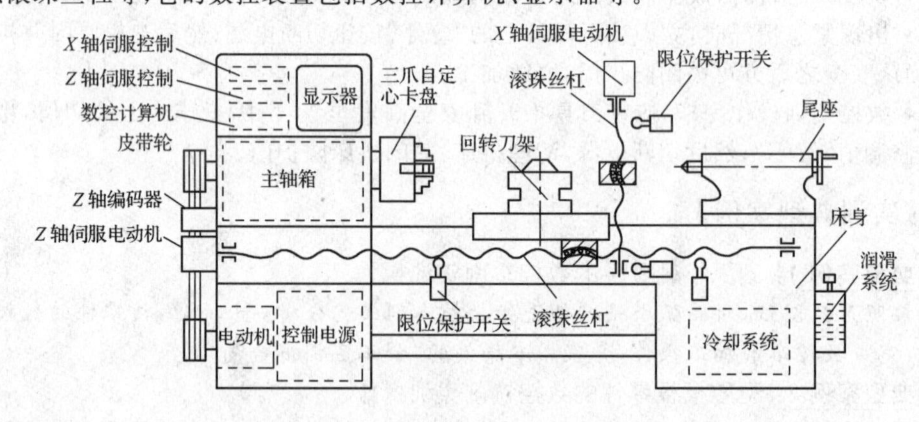

图 10-1　经济型数控车床

10.2.2　数控加工的特点

数控加工是通过手工编程或自动编程的方法，将机械加工过程及其所需信息预先输入计算机数控系统，由计算机数控系统控制机床自动加工出所需零件的一种自动化加工技术。与传统加工方法比较，数控加工具有加工精度高、重复精度好、产品质量稳定、生产率高、加工适应性强、设备的柔性和经济性较好等优点。数控技术的推广使用，改善了工人的劳动条件，有利于推行现代化生产管理，它是机械加工现代化的一项关键性技术。

10.2.3　FANUC 数控系统的操作方法

数控机床因数控系统的系列、型号、规格和机床生产厂家的不同，在操作方法、使用功能和面板设置上，往往有许多不同之处。下面以 FANUC 0i Mate 为例进行介绍。

一、数控系统操作面板的按钮及功能

FANUC 0i Mate 数控系统操作面板（CRT/MDI 面板）的按钮布置如图 10-2 所示，其主要功能介绍如下：

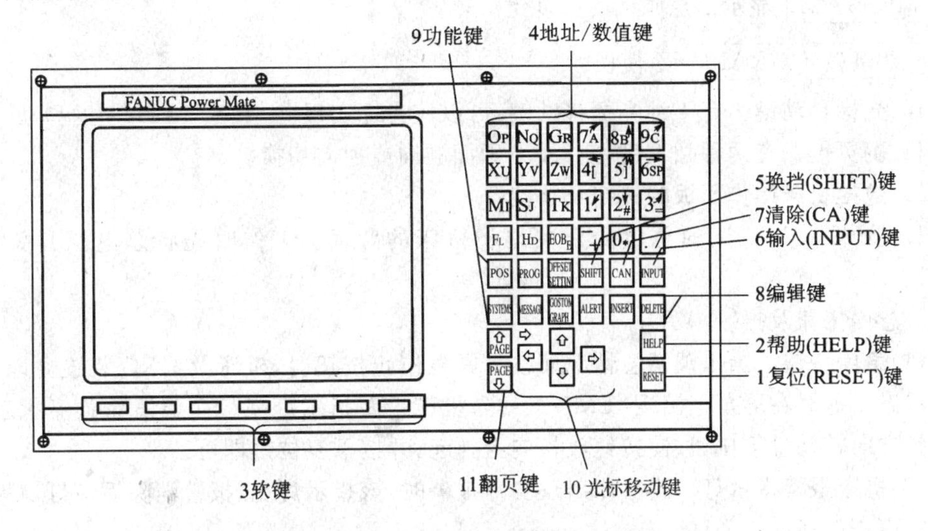

图 10-2　FANUC 0i Mate 数控系统的 CRT/MDI 面板

1. 复位（RESET）键。解除报警，置 CNC 复位时按此键。

2. 帮助（HELP）键。了解 MDI 键的操作、显示 CNC 的操作方法及 CNC 中发生报警时使用该键（帮助功能）。

3. 软键。根据不同场合，软键具有多种用途。按功能键后，再根据要求按软键，可以显示更加详细的画面。此外，软键还用于实际加工运行。

4. 地址/数值键。用于输入字母、数字等字符。

5. 换挡（SHIFT）键。有的地址键上印刷了两个字符，按 SHIFT 可以实现字符的切换。按下该键后画面上显示 ∧。

6. 输入（INPUT）键。按下地址或数值键时，数据将输入到缓冲器并显示在 CRT 上。欲将输入至缓冲器中的信息设定到偏移寄存器或其他内存中时，须按 INPUT 键。该键与软键的[输入]键功能相同,使用任何一个都可以。

7.清除(CAN)键。清除输入至缓冲器中的字符时,按此键。

8.编辑键。编辑程序时使用,其功能为:

ALTER 变更。

INSERT 插入。

DELETE 删除。

9.功能键。用于各显示画面的转换,其功能为:

POS 显示位置画面时按此键。

PROG 程序画面时按此键。

OFFSET/SETTING 偏移/设定画面时按此键。

SYSTEM 系统画面时按此键。

MESSAGE 显示信息画面时按此键。

CUSTOM/GRAPH 不使用。

10.光标移动键。有4种光标移动键,可以使光标实现上、下、左、右方向的移动。

11.翻页键。有两种翻页键,使CRT画面顺向或逆向切换。

二、数控机床操作面板的按钮及功能

1.电源开关　机床的总电源开关位于机床的背面。工作时先将总电源开关置于"ON"。

2.急停按钮及报警指示

(1)急停按钮。当出现紧急情况而按下紧急停止按钮时,机床及CNC装置立即处于急停状态。这时在屏幕上出现"EMG"字样,机床报警指示灯亮。如要消除急停状态,可顺时针方向转动急停按钮,使按钮放松向上弹起,并按下复位键即可。

(2)机床报警指示灯。当机床出现各种报警时,该指示灯亮,报警消除后该灯熄灭。

3.模式选择按钮

(1)编辑(EDIT)。按下该按钮可以对存储在内存中的程序数据进行编辑操作。

(2)手动数据输入(MDI)。在该状态下,可以在输入了单一的指令或几条程序段后,立即按下循环启动按钮使机床动作,以满足操作需要。

(3)自动执行(AUTO)。按下该按钮后,可自动执行程序。当按下下述按键之一后,其自动运行又有以下5种不同的形式:

①机床锁住(MLK)。按下该按钮后刀具在自动运行过程中的移动功能将被限制执行,但能执行M、S、T指令,系统显示程序运行时刀具的位置坐标。该功能主要用于检查程序编制是否正确。

②空运行(DRN)。按下该按钮以后,在自动运行过程中刀具按机床参数指定的速度快速运行。该功能主要用于检查刀具的运行轨迹是否正确。

③程序段跳跃(BDT)。按下该按钮后,程序段前加"/"符号的程序段被跳过执行。

④单段运行(SBK)。按下该按钮后,每按一次循环启动按钮,机床将执行一段程序后暂停;再次按下循环启动,则机床再执行一段程序后暂停。采用这种方法可对程序及操作进行检查。

⑤选择停止(M01)。按下该按钮后,在自动执行的程序中,出现有"M01"指令的程序段时,其加工程序将停止执行。这时主轴功能、冷却功能等也将停止。再次按下循环启动后,系统将继续执行"M01"以后的程序。

(4)手动连续进给(JOG)。

①手动连续慢速进给。实现手动连续慢速进给时,按下JOG进给方向键按钮不放,该指定轴即沿指定的方向进行进给。进给速率可通过F进给倍率旋钮进行调节,调节范围为0~150%。另外,对于在自动执行的程序中所指定的进给速度F,也可用其进给速度倍率旋钮进行调节。

②手动连续快速进给。在按下 RAPID 按钮后,再按方向选择按钮,即可实现某一轴的手动快速进给。

(5)手轮进给操作(HANDLE)。先选择进给轴,再选择按键上方所示的增量步长。然后摇动手摇脉冲发生器,顺时针方向旋转为正向进给,逆时针方向旋转为负向进给。

(6)手动返回参考点(ZRN)。在该状态下可以执行返回参考点的功能。当某轴返回参考点指令执行完成后,该轴对应的返回参考点指示灯亮。

4. 循环启动执行按钮

(1)循环启动开始按钮(CYCLE START)。在自动运行状态下,按下"循环启动"按钮,机床自动进行加工程序。

(2)循环启动停止按钮(CYCLE STOP)。在机床循环启动状态下,按下"循环停止"按钮,程序运行及刀具运动将处于暂停状态,其他功能如主轴转速、冷却等保持不变。再次按下循环启动按钮,机床重新进入自动运行状态。

5. 主轴功能

(1)主轴反转按钮(CCW)。在HANDLE(手轮)模式或JOG(手动)模式下,按下该按钮,主轴将逆时针转动。

(2)主轴正转按钮(CW)。在HANDLE(手轮)模式或JOG(手动)模式下,按下该按钮,主轴将顺时针转动。

(3)主轴停转按钮(STOP)。在HANDLE(手轮)模式或JOG(手动)模式下,按下该按钮,主轴将停止转动。

(4)主轴点动按钮(S点动)。按下主轴"点动"按钮,主轴旋转;松开该按钮,主轴则停止旋转。

6. 其他功能 手动转刀按钮。每按一次"刀架转位"按钮,刀架将依次转过一个刀位。

三、数控车床的操作步骤

1. 接通电源

(1)检查CNC和机床外观是否正常。

(2)接通机床电器柜电源,按下"电源开"按钮。

(3)检查CRT画面显示资料。如果CRT屏幕上出现CNC数控装置未准备好(NOT

READY)报警信号,说明“急停”按钮被按下尚未复位,此时应顺时针旋转急停按钮,使按钮放松弹起,则急停状态解除。

(4)检查散热风扇等是否正常运转。

2. 手动操作

(1)返回参考点手动操作。由于数控机床大多采用增量式检测系统,机床一旦断电,数控系统就将失去对参考点坐标的记忆;当再次接通数控系统的电源后,操作者必须首先进行返回参考点操作。此外,当数控机床在工作过程中遇到急停信号或超程报警信号时,待故障排除后恢复数控机床的工作时,也必须进行返回机床参考点操作。具体的操作步骤如下:

①选择模式按钮[ZRN]及[JOG]。

②持续按下“+X”轴的方向选择按钮,直到 X 轴的返回参考点指示灯亮之后才松开。

③持续按下“+Z”轴的方向选择按钮,直到 Z 轴的返回参考点指示灯亮之后才松开。在返回参考点过程中,为了刀具及机床的安全,数控车床的返回参考点操作一般应遵循“先 X 轴后 Z 轴”的顺序进行。

(2)拖板的手动进给。

①快速移动。按下[RAPID]再按方向键,即可实现拖板的快速移动,达到刀架快速接近或离开工件的目的。

②手轮进给操作。选择模式按钮[HANDLE],在机床面板上选择移动刀具的坐标轴,再选择增量步长,然后旋转手摇脉冲发生器,向相应的方向移动刀具。

(3)程序的编辑操作。

①建立一个新程序。选择模式按钮[EDIT],按下功能键[PROG],输入地址符 O,输入程序号,按下[INSERT]键,按下[EOB]键即可完成新程序号的输入。然后输入程序内容,建立新程序时要注意建立的程序号应为存储器中所没有的新程序号。

②调用内存中存储的程序。选择模式按钮[EDIT],按下功能键[PROG],输入地址符 O,输入程序号,按下[CURSOR]向下移动键,即可完成程序的调用。

③删除程序。选择模式按钮[EDIT],按下功能键[PROG],输入地址符 O,输入程序号,按下[DELETE]键,即可完成程序的删除。

3. 工件的装夹

装夹棒料工件时,应使三爪自定心卡盘夹紧棒料工件,并留有一定的夹持长度。棒料的伸出长度应考虑到零件的加工长度及必要的安装距离等。如装夹外圆已经精车的工件,必须在工件的外圆上包一层铜皮,以防止损伤工件的外圆表面。

4. 设置刀具偏移值(设定工件坐标系)

(1)设置 X 向、Z 向的刀具偏移值。按下主轴正转按钮 CW,摇动手摇脉冲发生器或直接采用 JOG 方式,试切工件端面后,沿 X 方向退刀,记录下 Z 向机械坐标值。按 MDI 键盘中的[OFFSET/SETTING]键,按软键[补正]及[形状]后,显示出的刀具偏置参数设定画面如图 10-3 所示。移动光标键，选择与刀具号相对应的刀补参数（如 1 号刀，则将光标移至 01 行），输入“Z0”，按软键[测量]，Z 向刀具偏移参数即自动存入（其值等于纪录的 Z 值）。试切外圆后，刀具沿 Z 向退离工件，记录下 X 向机械坐标值“X 1”。停机实测外圆直径（假设测量出直径为 50.123 mm）。在画面的“01”行中，输入“X50.123”后，按软键[测量]，X 向的刀具偏移参数即自动存入。1 号刀具偏置设定完成，其他刀具同样设定。

（2）设置刀尖圆弧半径的补偿参数。刀尖圆弧半径与刀尖方位号同在图 10-3 所示画面中进行设定。例如，1 号刀为外圆车刀，刀尖圆弧半径为 2 mm；2 号刀为普通外螺纹车刀，刀尖圆弧半径为 0.5 mm，则其设定方法如下：移动光标键，选择与刀具相对应的刀具半径参数，如 1 号刀，则将光标移至“01”行的 R 参数，键入“2.0”后按下 INPUT 键；再次移动光标键，选择与刀具号相对应的刀尖方位号参数，如 1 号刀，则将光标移至“01”行的 T 参数，键入“3”之后，按下 INPUT 键。采用同样的方法，设定第二把刀具的刀尖圆弧半径补偿参数，其刀尖圆弧半径值为 0.5 mm，车刀在刀架上的刀尖方位号为 8。

刀具补正 / 形状　　　　O0001 N000

番号	X	Z	R	T
001	−173.579	−234.567	2.000	3
002	−116.399	−227.433	0.500	8
003	0.000	0.000	0.000	0
004	0.000	0.000	0.000	0
005	0.000	0.000	0.000	0
006	0.000	0.000	0.000	0
007	0.000	0.000	0.000	0
008	0.000	0.000	0.000	0

现在位置（相对坐标）

U0.000　　W0.000

X50.123

MEN******　　14:　20:　30:

[NO 检索]　[测量]　[C 输入]　[+ 输入]　[输入]

图 10-3　数控系统的刀具补偿参数设定

（3）假想刀尖方位号。数控车床通常按圆弧刀尖来对刀和执行刀具半径补偿，编程时应该假想使刀尖圆弧的圆心位置与数控加工程序的起刀点重合。如果假想刀尖的圆心方位不同，则刀尖半径补偿值与补偿方位号也不相同。从刀尖圆弧的圆心出发，观察到的假想刀尖方位号与车刀的切削进给方向有关，可依据图 10-4 所示的 8 种方式来进行判断和选择。假想刀尖方位号与刀尖半径补偿值必须同时提前输入计算机，前者输入到刀具补偿参数设定画面第 4 位“T”处，后者输入到刀具补偿参数设定画面第 3 位“R”处。由此可知，数控机床的刀具半径补偿功能给数控编程及数控加工带来了极大的方便。

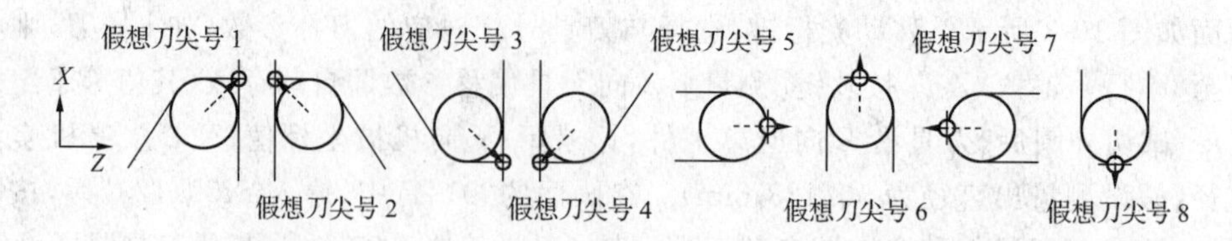

图 10-4　假想刀尖方位号的规定

5. 自动加工。自动加工的操作步骤为

(1)调出需要执行的程序，确认程序正确无误。

(2)按下模式选择按钮 AUTO 。

(3)按下按钮 PROG ，按下软键[检视]，使屏幕显示正准备执行的程序及坐标。

(4)按下“循环启动按钮(CYCLE START)”，自动循环执行加工程序。

6. 关闭机床。关闭数控机床的操作步骤为

(1)检查操作面板上的循环启动灯是否关闭。

(2)检查 CNC 机床的移动部件是否都已经停止移动。

(3)如果外部输出/输入设备接在机床上，应当先关闭外部设备的电源。

(4)按下“急停”键后，按下“电源关”按钮，关闭机床的总电源。

7. 机床保养。数控加工完成之后，要按规定对数控机床和工作环境进行清理、维护和保养。

10.2.4　数控车床加工实例

加工如图 10-5 所示的小轴零件，材料 45＃圆钢，毛坯尺寸 ϕ35 mm×130 mm，试编制其数控车削的加工程序。

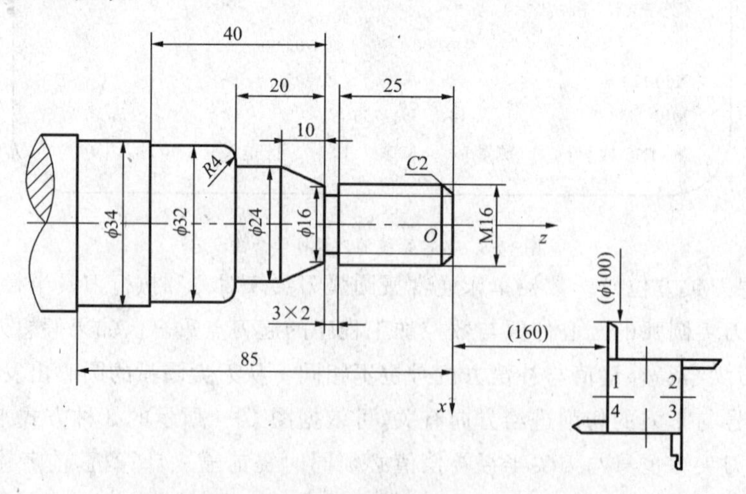

图 10-5　小轴零件加工

1. 分析零件图纸

经形体分析，该零件的轮廓由圆锥面、圆弧面、圆柱面、倒角、螺纹、切槽等几何要素组

成，可采用 G71 多重复合循环车削指令来编制其外圆粗加工程序，退刀槽则可采用 3 mm 的切刀直接加工。M16 为普通粗牙螺纹，螺距为 2 mm，螺纹小径的数值可以按 d(螺纹大径)－1.1t(螺距)来估算，计算可得螺纹的小径为 16－1.1× 2＝13.8 mm，加工程序可采用 G92 螺纹车削单一固定循环指令来编制。该零件可采用一次装夹的方法完成全部加工。

2. 制定数控车削加工工艺

(1)确定装夹方法和加工顺序　以 ϕ35 外圆为基准，采用三爪自定心卡盘装夹工件，编程原点选择在零件右端面回转中心处。加工顺序如下：①车端面；②用 G71 多重复合车削循环指令粗车各外圆，留精车余量 0.3 mm；③用 G70 多重复合精车循环指令精车各外圆轮廓至图纸尺寸；④车 3×2 mm 螺纹退刀槽；⑤用 G92 螺纹单一车削循环指令，分 5 刀车削 M16 螺纹；⑥切断。

(2)选择刀具　因工件材料为 45＃圆钢，选择机夹可转位不重磨式车刀，YTl5 硬质合金刀片。1＃刀为 90°外圆粗车车刀，刀尖圆弧半径为 0.8 mm；2＃刀为 90°外圆精车车刀，刀尖圆弧半径为 0.3 mm；3＃刀为高速钢切槽车刀，刀刃宽度为 3 mm；4＃刀为 YT5 硬质合金外螺纹车刀，螺纹牙型角为 60°。

(3)切削用量　粗车时，背吃刀量 a_p＝1.0 mm、进给量 F＝0.2 mm/r、主轴转速 S＝600 r/min；精车时，a_p＝0.15mm、进给量 F＝0.1 mm/r、主轴转速 S＝1000 r/min。

(4)刀具布置　如图 10-5 所示，将刀具安装到相应的刀位上。

3. 小轴零件的数控加工程序

```
%
O6600
  N010 G50 X100 Z160;                      工件坐标系设定
  N020 M03 S600 T0101;                     主轴正转 600 r/min，调用 1＃刀具、同时调用 1＃刀补
  N025 M08;                                开切削液
  N030 G00 X38.0 Z0.0;                     快速接近工件
  N035 G01 X0.0 F0.25;                     粗车加工右端面
  N040 G00 X42.0 Z5.0;                     快速退刀
  N050 X36.0 Z2.0;                         快进，到达 G71 循环起点
  N060 G71 U1.5 R0.2;                      G71 多重复合车削循环(粗车)
  N070 G71 P80 Q160 U0.3 W0.1 F0.2;
  N080 G00 X12.0 Z1.0;
  N085 G01 Z0.0;
  N090 X16.0 Z-2.0 F0.1;                   倒 C2 角
  N100 Z-28.0;
  N110 X24.0 W-10.0;                       车锥面
  N120 Z-48.0;
  N130 G03 X32.0 Z-52.0 R4.0;              车 R4 圆角
  N140 G01 Z-68.0;
  N150 X34.0;
  N160 Z-85.0;                             车 φ34 外圆
```

N170 G00 X100.0 Z160.0 T0100;	快速返回换刀点,取消1# 刀补
N180 S1000 T0202;	变换转速1000 r/min,调用2#刀具、同时调用2#刀补
N190 G00 X36.0 Z2.0;	快速进刀,至精车循环起点
N200 G70 P80 Q160;	多重复合车削循环(精车)
N210 G00 X100.0 Z160.0 T0200;	快速返回换刀点,取消2#刀具半径补偿
N220 S200 T0303;	变换转速200 r/min,调用3#刀具、同时调用3#刀补,
N240 G00 X17.0 Z-25.0;	快速进刀,接近工件
N250 G01 X12.0 F0.08;	切螺纹退刀槽
N260 G04 U0.4;	槽底动作,暂停5转
N270 G00 X20.0;	快速退刀
N280 X100.0 Z160.0 T0300;	快速返回换刀点,取消3#刀具半径补偿
N290 T0404;	调用4#刀具、同时调用4#刀补
N300 G00 X20.0 Z16.0;	快速进刀,至G92螺纹车削单一循环的起点
N310 G92 X15.0 Z-26.0 F2.0;	G92螺纹车削单一循环,第1刀
N320 X14.5;	螺纹车削单一循环,第2刀
N330 X14.2;	螺纹车削单一循环,第3刀
N340 X13.9;	螺纹车削单一循环,第4刀
N350 X13.8;	螺纹车削单一循环,第5刀,螺纹车成
N360 G00 X100.0 Z160.0 T0400;	快速返回换刀点,取消4#刀具半径补偿
N370 T0303;	调用3#刀具、同时调用3#刀补
N380 G00 X38.0 Z-85.0;	快速进刀
N390 G01 X0.0 F0.1;	切断
N400 G00 X100.0 Z160.0 T0300;	快速返回换刀点,取消3#刀具半径补偿
N410 M09;	关切削液
N420 M02;	程序结束

10.3 数控铣床操作方法

10.3.1 数控铣床的结构

数控铣床按用途不同,可分为数控立式铣床、数控卧式铣床、数控龙门铣床等多种。数控铣床由床身、铣头、纵向工作台、横向床鞍、升降台、电气控制系统等部分组成。它能够完成铣削、镗削、钻削、攻螺纹及自动工作循环等基本的工作,还可加工各种形状复杂的凸轮、样板及模具零件。图10-6所示为立式数控铣床,床身固定在底座上,用于安装和支承机床各部件,控制台上有彩色液晶显示器、机床操作按钮和各种开关及指示灯。纵向工作台、横向溜板安装在升降台上,通过纵向进给伺服电动机、横向进给伺服电动机和垂直升降进给伺服电动机的驱动,完成X、Y、Z坐标的进给。电器柜安装在床身立柱的后面,其中装有电器控制部分。

10.3.2 数控铣床的加工对象

数控铣床主要用于加工各种黑色金属、有色金属及非金属的平面轮廓零件、空间曲面

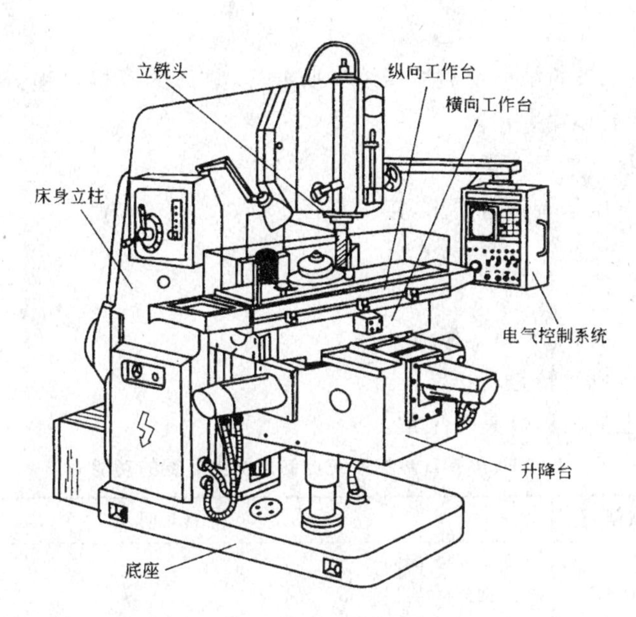

图 10-6　立式数控铣床

零件和孔加工，包括：

(1)平面轮廓零件。各种盖板、凸轮以及飞机整体结构件中的桁架、翼肋等。

(2)空间曲面零件。各类模具中常见的各种曲面，一般需要采用三轴坐标联动，甚至四、五轴坐标联动进行加工。

(3)螺纹。内外螺纹、圆柱螺纹、圆锥螺纹等。

10.3.3　数控铣床的操作

数控铣床配置的数控系统不同，其操作面板的形式也不相同，但各种开关、按键的功能及操作方法大同小异。图 10-7 所示为 FANUC 0-MD 数控系统的控制面板，其功能键的功能说明见表 10-1。数控铣床的操作如下：

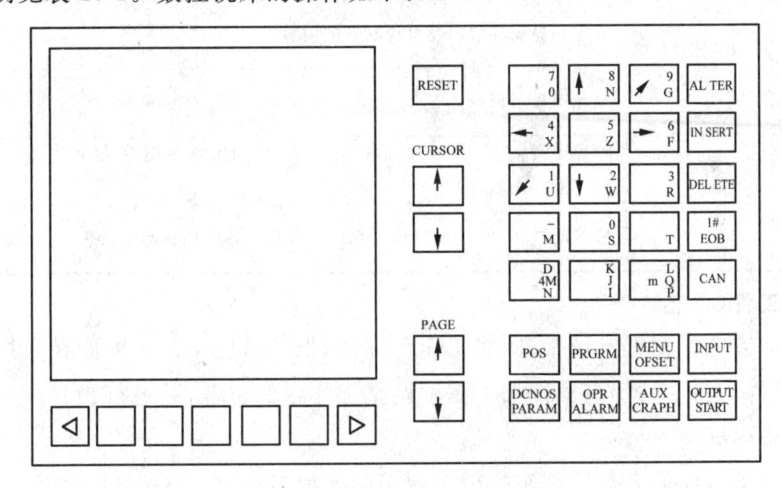

图 10-7　FANUC 0-MD 数控系统控制面板

1. 开机

各种型号数控机床的结构及数控系统有所差异，具体的开机过程请参看机床操作说明书。通常可按下列步骤进行：

(1)检查机床状态是否正常；

(2)检查电源电压是否符合要求，接线是否正确；

(3)按下“急停”按钮；

(4)机床上电；

(5)数控上电；

(6)检查风扇电机运转是否正常；

(7)检查面板上的指示灯是否正常。

表 10-1　　FANUC 0-MD 数控系统控制面板上各键的功能

名称	按键	功能说明
光标移动键	CURSOR	一步步移动光标： ↑—向前移动光标 ↓—向后移动光标
页面变换键	PAGE	用于屏幕选择不同页面： ↑—向前变换页面 ↓—向后变换页面
替换键	ALTER	编程时用于替换输入的字(地址、数字)
插入键	INSERT	编程时用于插入输入的字(地址、数字)
删除键	DELETE	编程时用于删除已输入的字或删除程序
取消键	CAN	取消上一个输入的字符
位置显示键	POS	在屏幕上显示机床现在的位置
程序键	PRGRM	在编辑方式时，编辑和显示在内存中的程序；在 MDI 方式时，输入和显示 MDI 数据
自诊断参数键	DGNOS PARAM	设定和显示参数表及自诊断表的内容
报警号显示键	OPR ALARM	按此键显示报警号
输入键	INPUT	除程序编辑方式外，当在面板上按一个字母或数字键后，必须按此键才能输入到 CNC 内
输出启动键	OUTPUT START	按下此键，CNC 开始输出内存中的参数或程序到外部设备

2. 安装工件(毛坯)

利用手动方式尽量把主轴抬高；将工作台降低，把平口虎钳安装紧固在数控铣床工作台上；装上工件，定位并紧固；根据加工高度调整工作台的位置，并进行锁紧。

3. 输入程序

将数控加工程序输入数控系统。由于使用的数控系统不同，输入方式也会有差异，请参看数控系统使用说明书。

4. 对刀

首先让刀具在工件的左右两侧碰刀，使刀具逐渐靠近工件，并在工件和刀具之间放一张薄纸来回抽动。如果感觉到纸抽不动了，说明刀具与工件的距离已经很小，此时可将手动速率调节到 1 μm 或 10 μm 挡，慢慢将刀具移向工件，同时用塞尺检查间隙，直到塞尺不能通过为止，记下此时的 X 坐标值。将得到的左、右 X 坐标值相加并除以 2，此时的位置即为 X 轴的 0 点位置，Y 轴同样如此。利用工件的上平面与刀具接触来确定 Z 轴的位置。在实际生产中，还可以借助百分表、寻边器等工具进行对刀。

5. 加工

选择自动方式，按下循环启动按钮，铣床进行自动加工。加工过程中要注意观察切屑情况，并随时调整进给速率，保证在最佳条件下切削。

6. 关机

工件加工完毕后，卸下工件，清理机床，然后关机。关机的步骤如下：

(1)按下控制面板上的“急停”按钮；

(2)断开数控电源；

(3)断开机床电源。

10.3.4　数控铣床加工实例

如图 10-8 所示的平面凸轮零件，毛坯材质为 45＃调质钢，其两端面和 4×ϕ13H7 孔均已加工完毕，现拟在数控铣床上铣削凸轮周边的轮廓曲线表面，数控加工过程如下：

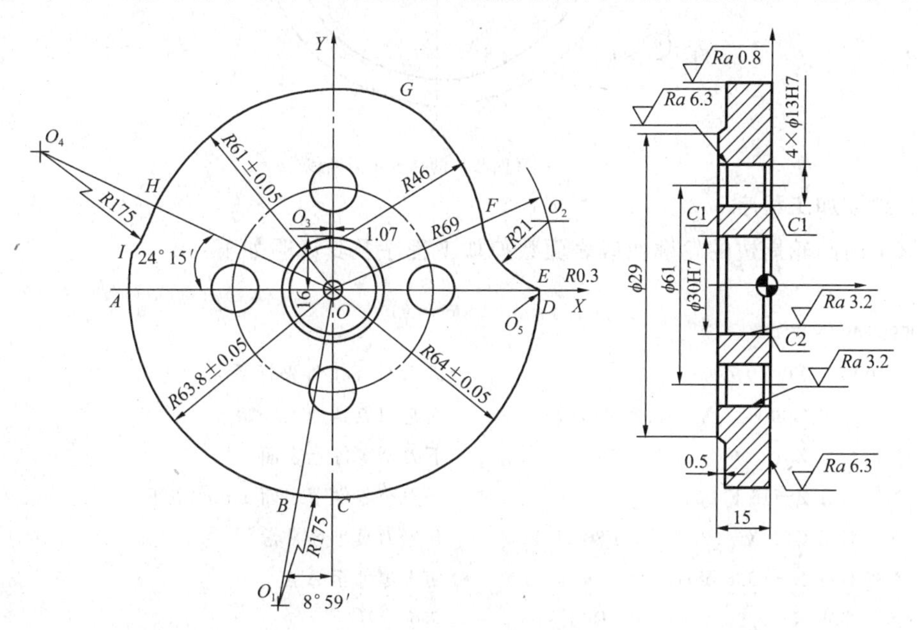

图 10-8　平面凸轮零件

1. 加工工艺分析

经图纸分析可知，该凸轮曲线由若干段圆弧连接而成。ϕ30H7 孔为设计基准，故取

ϕ30H7 孔和一个端面作为主要定位面，消除 5 个自由度，另取一个 ϕ13H7 孔用于定位，在该孔内放置削边销消除 1 个自由度，使工件完全定位。在端面上用螺母垫圈将工件压紧。因为 ϕ30H7 孔既是设计基准又是定位基准，所以对刀点选在 ϕ30H7 孔中心线与上端面的交点处，这样做很容易确定刀具中心与零件的相对位置。

2. 加工参数调整

工件坐标系原点在 X 和 Y 方向上设置在工作台中间，可在 G53 坐标系中取 $X=-400$，$Y=-100$。Z 坐标的设置按刀具长度和夹具、工件的高度决定，如选用 ϕ20 的立铣刀，取工件上端面为 Z 向坐标零点，该点在 G53 坐标系中的位置为 $Z=-80$ 处。将上述 3 个数值设置到 G54 工件坐标系中。

3. 确定走刀路线

该凸轮的轮廓曲线由若干段圆弧组成，只需计算出各基点坐标，使用刀具半径补偿功能，即可编制该零件的数控加工程序。平面凸轮的加工走刀路线如图 10-9 所示。

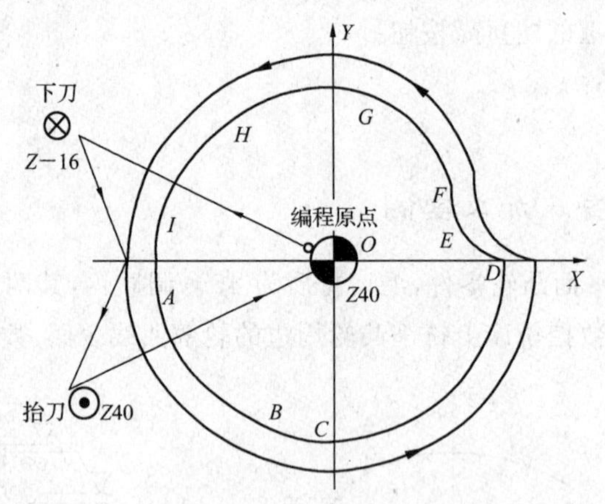

图 10-9　平面凸轮的加工走刀路线

4. 数控加工程序

该平面凸轮周边的轮廓曲线表面数控加工程序及其说明如下：

```
%
O5588
  N10 G54 X0 Y0 Z40;                      进入 G54 工件坐标系
  N20 G90 G00 G17 X－73.8 Y20;            由起刀点到加工开始点
  N30 G00 Z0;                             下刀至零件上表面
  N40 G01 Z－16 F200;                     下刀至零件下表面 1 mm 以下
  N50 G42 G01 X－63.8 Y10 F80 H01;        开始刀具半径补偿
  N60 G01 X－63.8 Y0;                     切入零件至 A 点
  N70 G03 X－9.96 Y－63.02 R63.8;         切削 AB
  N80 G02 X－5.57 Y－63.76 R175;          切削 BC
  N90 G03 X63.99 Y－0.28 R64;             切削 CD
  N100 G03 X63.72 Y0.03 R0.3;             切削 DE
```

```
N110 G02 X44.79 Y19.6 R21;            切削 EF
N120 G03 X14.79 Y59.18 R46;           切削 FG
N130 G03 X－55.26 Y25.05 R61;         切削 GH
N140 G02 X－63.02 Y9.97 R175;         切削 HI
N150 G03 X－63.80 Y0 R63.8;           切削 IA
N160 G01 X－63.80 Y－10;              切削零件
N170 G01 G40 X－73.8 Y－20;           取消刀具补偿
N180 G00 Z40;                         Z 向抬刀
N190 G00 X0 Y0 M02;                   返回加工坐标系原点,程序结束
```

参数设置:H01 = 10;G54:X = －400,Y = －100,Z = －80。

10.3.5　自动编程简介

在数控铣削加工中,如果被加工零件十分复杂,可以采用自动编程代替手工编程,快速准确高效地编制数控加工程序。自动编程是借助计算机大型应用工程软件辅助,由计算机根据人的指示,自动计算数控加工中刀位点的坐标,自动生成复杂零件数控加工程序的方法。因为计算机不可能自动完成数控加工工艺分析的工作,所以自动编程要以熟练掌握手工编程方法作为基础,必须由具有丰富专业技术知识的人才能完成。自动编程及其操作步骤为:

(1)熟悉数控自动编程软件的功能与使用方法。了解自动编程软件的功能框架是数控加工自动编程的基础,因此需要了解软件的数控加工编程能力,熟悉软件的界面及使用方法,了解系统文件的管理方式。

(2)分析零件加工工艺。主要内容包括:分析待加工表面,确定编程原点及编程坐标系,确定下刀点、走刀方向、走刀路线、切削用量等。

(3)几何造型。在零件工艺分析的基础上,对加工表面及其约束面进行几何造型。造型可在CAD/CAM编程软件中进行,也可在CAD软件中进行,然后通过格式转换为CAM软件所能接受的格式。目前所使用的CAD/CAM软件很多,如PRO/E、UG、AUTOCAD、MASTERCAM、SOLIDWORKS、CAXA、POWERMILL等。

(4)选择合适刀具。根据加工表面及其约束表面的几何形态,选择合适的刀具类型及刀具尺寸。

(5)生成刀具轨迹。对于自动编程来说,当走刀方式、加工刀具及加工次数确定之后,系统将自动生成所需的刀具轨迹。该工作阶段所涉及的加工参数包括:安全高度、主轴转速、进给速度、刀具轨迹间的残留高度、切削深度、加工余量、进刀/退刀方式等。

(6)刀具轨迹验证。对可能产生过切、干涉与碰撞的刀位点,可采用自动编程软件系统提供的刀具轨迹验证手段进行检验。

(7)后置处理。根据所选用的数控系统,调用其机床数据文件,运行数控编程系统提供的后置处理程序,将刀路文件自动转换为数控加工程序。

10.4 数控加工中心操作方法

10.4.1 加工中心概述

数控加工中心机床是具有刀库和自动换刀机械手装置的多功能数控机床。加工中心机床在工件一次装夹后可自动转位、自动换刀、自动调整主轴转速和进给量、自动完成多工序的加工。加工中心的种类很多，最常见的有加工箱体类零件的镗铣加工中心和加工回转体零件的车削加工中心。

如图10-10所示为卧式镗铣加工中心机床，它有一个链式回转刀库，可以容纳40～80把刀具，可对工件连续自动地进行镗、铣、钻、扩、铰和攻螺纹等多种加工。当一种加工内容完成后，机床主轴停止转动并自动返回换刀位置，主轴孔内的刀具拉紧机构自动松开，换刀机械手自动将已用过的旧刀具从主轴上卸下，自动装入下一步加工需要使用的新刀具。

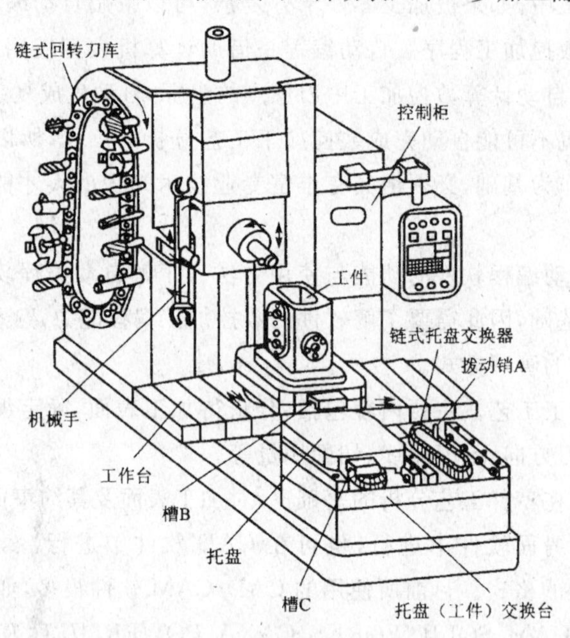

图10-10 卧式镗铣加工中心机床

加工中心机床适合自动化多品种加工，可以大大简化工艺设计，减少零件的运输总量，提高设备的利用率和生产率，并可简化和改善生产管理，为实现CAD/CAPP/CAM一体化提供了重要的物质条件和技术保证。

10.4.2 加工中心适宜加工的零件

加工中心适宜加工形状复杂、工序较多、精度要求较高的零件，其主要加工对象有：平面类零件、变斜角类零件、箱体类零件、曲面类零件等。曲面类零件在普通机床上很难加工甚至有时无法加工，而在加工中心机床上进行加工则较为容易。

10.4.3　华中数控系统的操作方法

一、华中世纪星 HNC-22M 系统操作面板

数控加工中心常用的数控系统包括 FANUC、SIEMENS 和华中数控系统等。华中世纪星 HNC-22M 是一款具有我国自主知识产权的适用于数控加工中心机床的中、高档数控系统，它的操作面板由 CNC 控制面板和机床操作面板，以及手持操作单元等组成。

1. CNC 控制面板

HNC-22M 的 CNC 控制面板和机床操作面板如图 10-11 所示，其中，CNC 控制面板部分由一个 7.5 彩色 LCD、分辨率为 640×480 的液晶显示器和 MDI 键盘构成。MDI 键盘上各键的功能见表 10-2。

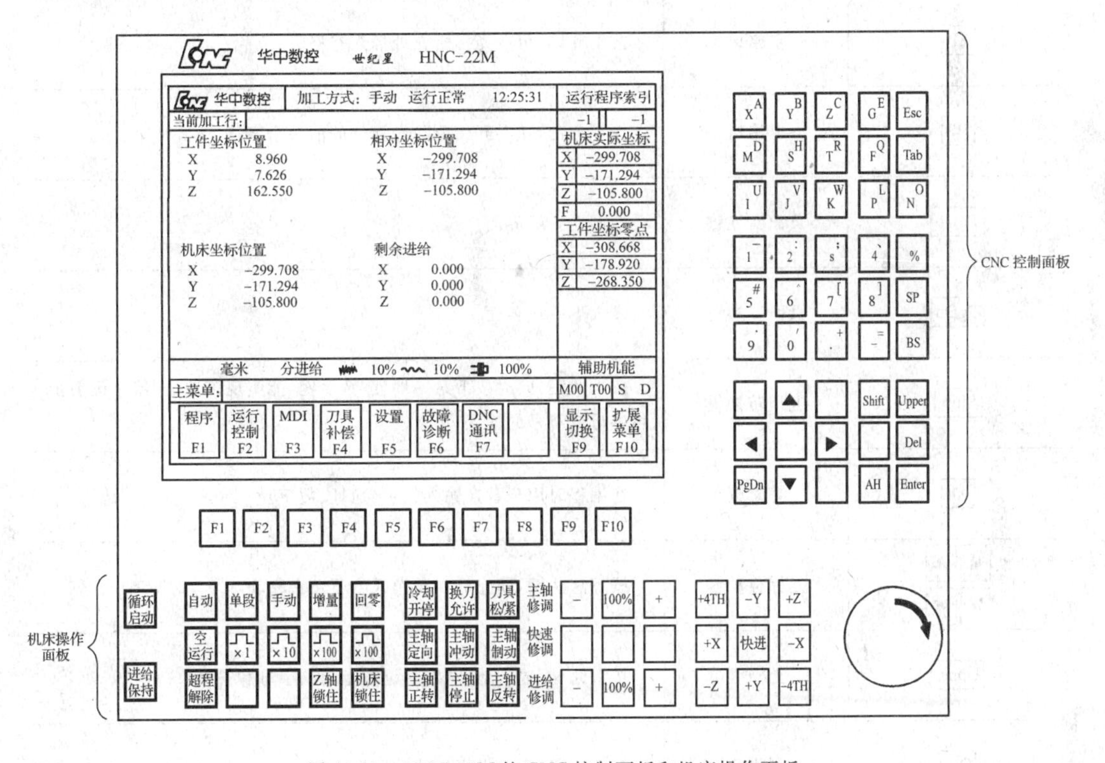

图 10-11　HNC-22M 的 CNC 控制面板和机床操作面板

在 CNC 控制面板上有十个功能软键 F1～F10，它们用于实现显示屏上相应菜单的软件功能。如果显示屏上显示的是主菜单，按下第 1 个功能软键 F1，显示屏将进入程序管理界面。同理，按下第 4 个功能软键 F4，显示屏将进入刀具补偿界面。

由于显示屏上操作区的切换大部分是通过功能软键来实现的，所以熟练地使用功能软键对提高数控加工中心的操作水平有着重要作用。

表 10-2　　MDI 键盘上各键的功能

功能键	名称	功能说明
F1 ~ F10	功能软键	根据 LCD 界面最下一行所提供的信息，进入相应的功能界面
X[A] ~ N[O]	地址/数字键	按下这些键，输入字母、数字和运算符号等；配合上档键，可输入键右上角的字母、符号等
Esc	退出键	按下此键，可取消某些错误操作
Tab	制表键	备用键
SP	空格键	按下此键，可在光标所在处插入空格
BS	退格键	按下此键，从右开始删除光标处的前一个字符
PgUp	页面变换键	返回上一级界面
PgDn	页面变换键	进入下一级界面
Shift	上档转换键	按下此键，同时按下某一地址/数字键，能实现该地址/数字键右上角字母或符号的输入
Alt	替换键	在编程时用于替换输入的字（地址、数字）
◀ ▲ ▶ ▼	光标移动键	按下这些键，使光标在操作区上下左右移动
Upper	上档键	按下此键，输入地址/数字键右上角的字母和符号
Del	删除键	按下此键，删除光标处的后一个字符
Enter	输入键	按下此键，系统接受数据输入

2. 机床操作面板

机床操作面板位于控制面板的下方，用于控制机床的各种加工运行方式和速度修调等操作。其中，各控制键、按钮和旋钮的功能见表 10-3。

表 10-3　**机床操作面板上控制键和按钮的功能**

控制键	名称	功能说明
循环启动	启动键	按下此键，启动程序运行等
进给保持	进给保持键	按下此键，暂停程序运行
自动	自动键	按下此键，自动执行加工程序
单段	单段键	按下此键，以单段方式执行加工程序
手动	手动键	按下此键，以手动方式执行机床动作
增量	增量键	按下此键，以增量方式执行机床动作
回零	回零键	按下此键，结合各轴方向键，完成机床回零操作
空运行	空运行键	按下此键，执行空运行
X1 X10 X100 X1000	增量变量键	在增量方式工作时，按下此键，坐标轴以步进增量 1 μm、10 μm、100 μm、1 000 μm 移动
超程解除	超程解除键	出现超程时，按下此键，同时按下超程反方向键，解除超程
Z 轴锁住	Z 轴锁住键	按下此键，锁住 Z 轴，手动方式时有效
机床锁住	机床锁住键	按下此键，锁住机床各轴，手动方式时有效
冷却开停	冷却开停键	按下此键，切削液开，再按下此键，切削液关，手动方式时有效
换刀允许	换刀允许键	按下此键，允许进行换刀操作，再按下此键，禁止换刀操作
刀具松/紧	刀具松/紧键	按下此键，刀具松开，允许进行换刀操作，再按下此键，刀具收紧
主轴定向	主轴定向键	按下此键，主轴定向停止

续表

控制键	名称	功能说明
主轴冲动	主轴冲动键	按下此键，主轴转过一定角度
主轴制动	主轴制动键	按下此键，主轴制动在当前位置
主轴正转	主轴正转键	按下此键，主轴正转，手动方式时有效
主轴停止	主轴停止键	按下此键，主轴停转，手动方式时有效
主轴反转	主轴反转键	按下此键，主轴反转，手动方式时有效
– 100% +	修调键	共有主轴修调、快速修调和进给修调三种，以修调它们的速度
+4TH –4TH	第四轴键	选择第四轴运动
+X ~ –Z	*X*、*Y*、*Z* 轴移动键	选择将被移动的坐标轴及方式
快进	快进键	在按下轴移动键的同时，按下此键，可实现坐标轴的快速移动
	急停按钮	当出现紧急情况时，按下此按钮，机床主轴和各进给轴立即停止运行

3. 手持操作单元

数控系统手持操作单元的体积小巧灵活，可以很方便地置于任何位置进行操作，它的外形如图 10-12 所示。

按下机床操作面板上的 增量 键后，数控系统工作在增量方式，此时手持单元操作有效。

手持单元左上方的旋钮用于选择进给轴的方向，*X*、*Y*、*Z* 和 *A* 表示增量进给方向，OFF 表示关闭增量进给。

右上方的旋钮表示增量单位，×1、×10、×100 的含义与操作面板上的增量变量键相同。

左上侧面一红色按钮为手持单元使能按钮，按下此按钮后摇动手轮，相应坐标轴的工作台移动，否则手轮动作无效。

下方手轮用于控制相应坐标轴进给，与使能按钮配合，摇动手轮手柄，工作台移动。

右上方明显突出的红色按钮为急停按钮，其作用与操作面板上的急停按钮相同。

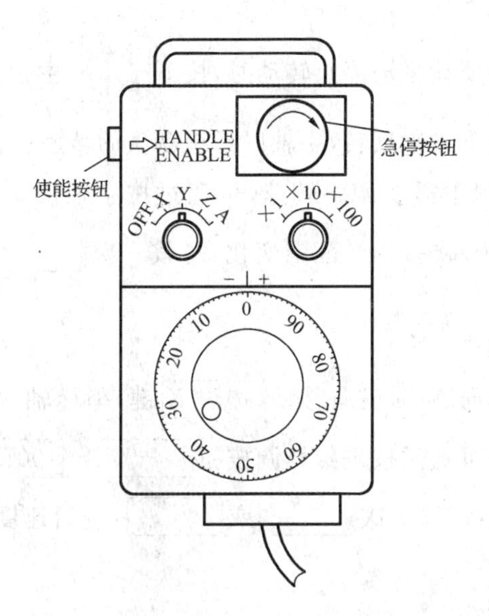

图 10-12　手持操作单元

二、华中世纪星 HNC-22M 系统操作方法

1. 开机

开机的操作步骤如下：

(1)打开外部总电源，启动压缩空气源。

(2)打开数控加工中心总开关，系统进入自检。

(3)旋转松开急停按钮，此时将显示主菜单界面，如图 10-11 所示。

2. 回零操作

开机后，为了使数控系统对机床零点进行记忆，必须进行回零操作。其操作步骤如下：

(1)在机床操作面板上按下[回零]，然后分别按下[+X]、[-Y]、[+Z]进行回零操作，直到相对坐标位置和机床坐标位置处的 X、Y、Z 值均为 0.000，才完成回零操作。如果在没有全部完成回零操作时就手动移动坐标轴，系统将会出现报警。

(2)回零后要及时退出，以避免长时间压住行程开关而影响机床寿命。按下[手动]后分别按下[+X]、[+Y]、[-Z]，使工作台和主轴箱移出零点位置。

在机床操作过程中，如果按过[急停]、[主轴制动]、[Z 轴锁住]、[超程解除]等按钮，需要重新进行机床回零操作，否则数控系统会对机床零点失去记忆而造成事故。

3. 手动方式操作

加工中心的手动操作包括：主轴的正、反转及停止；坐标轴的手动进给移动；切削液的开关操作等。

(1)主轴的手动操作

①按下[手动]，进入手动方式，然后按下[主轴正转]，主轴以系统默认的转速正转。

②在手动方式下,需要让主轴停止转动时,按下[主轴停止],主轴停止转动。

③在手动方式下,按下主轴反转,主轴以系统默认的转速反转。

④如主轴在转动过程中需要调整转速,可通过按主轴修调按钮[−] [100%] [+],主轴转速将在0%～150%范围变化,每按一次[−]或[+],主轴转速变化10%。

(2)坐标轴的移动操作

在手动方式下,如需向 X 轴正向移动,按[+X]键,坐标轴以系统默认的进给速度移动。如需调整进给速度,可通过按进给修调按钮[−] [100%] [+],进给速度将在0%～200%范围变化,每按一次[−]或[+],进给速度变化10%。其他方向依此类推。

(3)切削液的开关操作

在手动方式下,按下[冷却开停],切削液开;再次按下此键,切削液关。

4. 增量方式操作

增量方式操作一般与手持单元结合使用。按下[增量]按钮,进入增量操作方式,然后在手持单元上用左上方旋钮选择进给方向,用右上方旋钮选择进给增量变量,旋钮的增量变量有 ×1、×10、×100,按下手持单元左面的 HANDLE ENABLE 按钮(图 10-12),右手摇动脉冲手轮,机床以增量方式移动。

5. MDI 方式操作

如需运行某段程序,可采用 MDI 方式,在"MDI"区域输入程序段。MDI 运行适用于简单的测试操作,MDI 运行操作过程如下:

(1)在主菜单界面中,按[F3]键,进入 MDI 界面。

(2)在"MDI"区域输入程序段。按下[Enter],选择自动运行方式,按下[循环启动],运行"MDI"区域输入的程序段。

6. 关机

(1)按下操作面板上和手持单元上的急停按钮。

(2)关闭加工中心总电源空气开关。

(3)关闭压缩空气源,关闭外部总电源。

10.4.4 加工中心加工实例

如图 10-13 所示端盖零件,毛坯材质为45#调质钢,六个表面均已加工完毕,现拟使用加工中心机床加工端盖上的各孔组成要素,试编制数控加工程序。

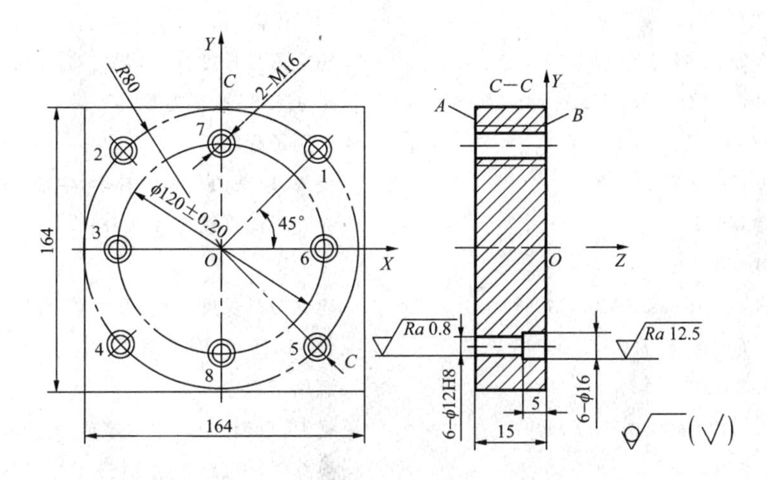

图 10-13　端盖零件

1. 工艺分析

根据图纸要求，该零件有多个通孔、沉孔、螺纹孔需要加工，可选择 A 面为定位基准面，用两块平行垫铁将工件垫起，采用压板夹紧，以便一次装夹完成所有孔的加工。工件的 X 向和 Y 向原点选在工件中心，Z 向原点选在工件表面上，快速进给切换点(R 点)选在工件表面上方 5 mm 处，对刀点选在 Z 向原点上方 50 mm 处。

加工中需要用到的刀具为：ϕ3 mm 中心钻(T01)、ϕ10 mm 麻花钻头(T02)、ϕ11.85 mm 扩孔钻(T03)、ϕ10 mm H8 铰刀(T04)、ϕ16 mm 锪孔钻(T05)、ϕ14 mm 麻花钻头(T06)、M16 机用丝锥(T07)。刀具长度补偿号分别为 H01、H02……H06 和 H07。

该零件的加工路线如下：钻/扩/铰 6－ϕ10 H8 通孔和钻/锪同轴沉孔→钻 2-M16 螺纹底孔→攻 2-M16 螺纹孔。

2. 加工程序

O1600	程序号
N010 G90 G92 X0 Y0 Z400；	工件坐标系设定
N020 T01 M06；	换 01 号刀(中心钻)
N030 G00 X60 Y0；	6＃ 孔位，快速定位
N040 G43 Z50.0 H01 S1000 M03；	建立刀具长度补偿，开主轴，正转 1000 r/min
N050 G98 G81 Z－5.0 R2.0 F50；	固定循环(钻中心孔)
N060 M98 P0005；	调用子程序，钻 1＃ ～5＃ 孔
N070 G00 G49 Z350.0 M05；	提刀，取消刀具长度补偿，主轴停转
N080 T02 M06；	换 02 号刀(麻花钻头 ϕ10)
N090 X60.0 Y0；	6＃ 孔位
N100 G43 Z50 H02 S600 M03；	建立刀具长度补偿，开主轴，正转 600 r/min
N110 G98 G81 Z－18.0 R2.0 F75；	钻 ϕ10 孔固定循环
N100 M98 P0005；	调用子程序
N130 G00 G49 Z400.0 M05 ；	提刀，取消刀具长度补偿，主轴停转
N140 T03 M06；	换 03 号刀(扩孔钻头 ϕ11.85)

N150 X60.0 Y0;　6# 孔位

N160 G43 Z4.0 H03 S300 M03 ;　建立刀具长度补偿,开主轴,正转 300 r/min

N170 G98 G81 Z-19.0 R2.0 F45;　扩 ϕ11.85 孔固定循环

N180 M98 P0005;　调用子程序

N190 G00 G49 Z350.0 M05;　提刀,取消刀具长度补偿,主轴停转

N200 T04 M06;　换 04 号刀(铰刀 ϕ10H8)

N210 X60.0 Y0 ;

N220 G43 Z4 H04 S50 M03 M08;　建立刀具长度补偿,开主轴,开冷却液

N230 G98 G81 Z-17.0 R2.0 F45 ;　铰 ϕ10H8 孔固定循环

N240 M98 P0005;　调用子程序

N250 G00 G49 Z400.0 M05 M09;　提刀,取消刀补,主轴停转,关冷却液

N260 T05 M06 ;　换 05 号刀(锪孔钻 ϕ16)

N270 X0 Y60.0 ;

N280 G43 Z4 H05 S500 M03;　建立刀具长度补偿,开主轴

N290 G98 G82 Z-5.0 R2.0 P2500 F45 ;　钻 ϕ16 孔固定循环

N300 M98 P0005 ;　调用子程序

N310 G00 G49 Z350.0 M05;　提刀,取消刀具长度补偿,主轴停转

N320 T06 M06;　换 06 号刀(钻头 ϕ14)

N330 X0 Y60.0 ;　7# 孔定位

N340 G43 Z4.0 H06 S500 M03;

N350 G99 G81 Z-20.0 R2.0 F40;　钻孔 ϕ14,固定循环

N360 X0 Y-60.0;　8# 孔,钻孔 ϕ14

N370 G00 G49 Z350 M05;　提刀,取消刀具长度补偿,主轴停转

N380 T07 M06;　换 07 号刀(丝锥 M16)

N390 X0 Y60 ;

N400 G43 Z4 H07 S50 M30 M08;　机床停止并复位,程序结束(返回程序头)

N410 G99 G84 Z-20.0 R8.0 F02;　攻螺纹固定循环,7# 孔定位

N420 X0 Y-60.0;　攻螺纹固定循环,8# 孔定位

N430 G00 G49 Z350 M05 M09;

N440 G91 G28 Z0;

N450 G28 X0 Y0;　返回机床原点

N460 M30;　机床停止并复位,程序结束(返回开头)

O0005　子程序

N10 X56.57 Y56.57;

N20 X-56.57 ;

N30 X-60.0 Y0 ;

N40 X-56.57 Y-56.57;

N50 X56.57;

N60 M99 ;

金工实训报告(数控加工)

本次实训课题的"金工实训报告"见表 10-4、表 10-5、表 10-6。学生应争取在车间现场完成本课题的"金工实训报告",实训指导老师尽可能当场批阅评定成绩,必要时可以组织学生展开现场讨论,强化金工实训的效果。

表 10-4　　**金工实训报告:数控车床实训操作**

班级________　姓名________　学号________　日期________　成绩________

实训案例	1. 圆弧小轴的数控车削实训操作	2. 曲面螺纹轴的数控车削实训操作
零件图	110, 92, 0.5, 46, 10, (R7), R22, (R10), O_P, $\phi51$, $\phi50$, $\phi36$, $\phi20$, Z_P, X_P	R3, 4×2, X_P, $\phi25$, 19, $\phi11$, $\phi16$, Z_P, O_P, M12×1.5, R4, C1, 14, 18, 38, 42, 45, 50
机床型号		
数控系统型号		
数控加工程序	____________________ ____________________ ____________________ ____________________ ____________________ ____________________ ____________________ ____________________ ____________________ ____________________ ____________________	____________________ ____________________ ____________________ ____________________ ____________________ ____________________ ____________________ ____________________ ____________________ ____________________ ____________________

表 10-5 **金工实训报告:数控铣床实训操作**

班级________ 姓名________ 学号________ 日期________ 成绩________

实训案例	型腔模板的数控铣削实训操作		
零件图	(材料:铸铝,立铣刀直径 ϕ12 mm,铣深 4 mm,完成实际加工)		毛坯情况: 装夹方法: 机床型号: 数控系统型号:
数控加工程序	序号	程序段	程序说明
	N010		

表 10-6　　**金工实训报告：加工中心实训操作**

班级________　姓名________　学号________　日期________　成绩________

实训案例	压铸模镶块的数控加工实训操作		
零件图	100 $30^{+0.05}_{0}$ ϕ80 R35 R6 10 2-R10 25 ± 0.05 100 30° 16 R32.5 R25 $2\text{-}\phi8^{+0.05}_{0}$ (通孔) 45° $10^{+0.05}_{0}$ Sϕ14 $5^{+0.05}_{0}$ $12^{+0.05}_{0}$ 22		毛坯情况：________ 安装方法：________ 机床型号：________ 数控系统型号：________
数控加工程序	序号	数控加工程序	程序说明

【实训复习思考题】

一、填空题

1. 数控车床按照主轴布置方位的不同，可分为________数控车床和________数控车床。

2. 数控编程的方法有两种：________编程和________编程。

3. 数控系统是使用________来进行控制的自动控制系统，计算机数控简称为________。

4. 加工中心机床是具有________________和________________的多功能数控机床。

5. 编制零件加工程序时，必须先建立________________。

6. 数控铣床主要用于________零件加工、________零件加工和孔加工。

7. 如果被加工零件比较复杂，采用________编程代替________编程，可以准确高效地编制数控加工程序。

8. 加工中心机床适宜于加工________、________、________的零件。

二、讨论题

1. 数控车床与普通车床的主要区别是什么？

2. 数控机床开机后为什么要先回参考点？如何执行数控机床的手动返回参考点操作？

3. 按运动坐标数和同时控制的坐标数不同，数控机床可分为三轴二联动、三轴三联动等，试说明上列说法中“轴”和“联动轴”的含义是什么？

4. 数控加工编程的主要内容有哪些？

5. 自动编程与手工编程相比较有哪些特点？自动编程是否可以完全代替手工编程？

实训专题11

特种加工

【实训目的及要求】

◆ 了解特种加工方法的产生背景、工艺特点及种类。

◆ 掌握电火花成型加工和数控电火花线切割加工的基本操作。

◆ 了解其他特种加工方法的工作原理、特点和应用范围。

【实训安全事项】

◆ 首次使用特种加工设备时，必须在实训老师的指导下进行操作。

◆ 开机时应当先检查电源连接线、控制线及电源电压，确认安全后方可开始操作；在装夹工件或测量工件时必须断电停机，防止发生触电事故。

◆ 加强对加工过程中的强光、强电流的防护，不能用手同时触摸电火花加工的两个电极，不能裸眼直视激光加工区域。

◆ 电解液有较强的腐蚀性，工作时要有相应的防护措施和防护用品；使用后的电解液必须妥善回收处理，不可随意倾倒和储存，防止严重污染环境。

【实训典型案例】

典型案例1： 凹形字母和凹形图样的电火花成型实训操作

根据产品图纸，用电火花成型方法在工件上刻蚀凹形字母和凹形图样，凹陷的深度为5 mm。在实训老师的指导下完成本案例的实训操作，并完成“金工实训报告”。

典型案例2： 钳工样板零件的线切割加工实训操作

根据产品图纸，用线切割成型方法切割制作钳工样板零件，铁板的厚度为2 mm。在实训老师的指导下完成本案例的实训操作，并完成“金工实训报告”。

11.1 概　述

11.1.1 特种加工的产生背景

随着生产技术的发展，许多现代工业产品要求具有高强度、高速度、耐高温、耐低温、耐高压等特殊性能，需要采用一些新材料、新结构来制作相应的产品零件，从而给机械加工提出了许多新问题，如：高强度合金钢、耐热钢、钛合金、硬质合金等难加工材料的加工问题，陶瓷、玻璃、人造金刚石、硅片等非金属材料的加工问题，极高精度、极高表面粗糙度要求的表面加工问题，复杂型面、薄壁、小孔、窄缝等特殊结构零件的加工问题等。这些生产过程中不断遇到的诸多问题如果仍然采用传统的切削加工方法，由于受切削加工工艺特点的局限往往十分困难，不仅效率低、成本高，而且很难达到零件的技术要求，甚至有时无法实现加工。现代科学技术的进步为解决上述问题提供了方法，特种加工工艺正是在这种新需求的新形势下，逐渐产生和迅速发展起来的。

11.1.2 特种加工的特点

特种加工工艺是指利用电能、光能、化学能、电化学能、声能、热能及机械能等各种能量直接进行加工的方法。相对于传统的切削加工方法而言，特种加工又称为非传统加工工艺，它具有以下特点：

1. 以柔克刚

在特种加工生产过程中，使用的工具与被加工对象基本不发生刚性接触，因此工具材料的性能不受被加工对象的强度、硬度等制约，甚至可以使用石墨、紫铜等极软的工具来加工超硬脆材料和精密微细零件。

2. 应力较小

特种加工时主要采用电、光、化学、电化学、超声波、激光等能量去除多余材料，而不是依靠机械力切除多余材料，故特种加工时的应力较小。

3. 切屑较少

特种加工的加工机理不同于普通金属切削加工，生产过程中不产生宏观切屑，不产生强烈的弹、塑性变形，可以获得极高的表面粗糙度，加工时工具对加工对象的机械作用力、加工后的残余应力、冷作硬化现象、加工热等的影响程度也远比一般金属切削加工小。

4. 适应性强

特种加工的加工能量易于控制和转换，故加工范围广，适应性强。

由于特种加工方法具有传统切削加工方法无可比拟的上述优点，它已成为机械制造科学中一个新的重要领域，在现代制造方法中占有十分重要的地位。

11.1.3 特种加工的分类

按照所利用的能量形式，特种加工可分为以下几类：

(1)电、热能特种加工：电火花加工、电子束加工、等离子弧加工；

(2)电、机械能特种加工：电解加工、电解抛光；

(3)电、化学、机械能特种加工：电解磨削、电解珩磨、阳极机械磨削；

(4)光、热能特种加工：激光加工；

(5)化学能特种加工：化学加工、化学抛光；

(6)声、机械能特种加工：超声波加工；

(7)液、气、机械能特种加工：磨料喷射加工、磨料流加工、液体喷射加工。

近年来，多种新的能量复合加工方法正在不断出现，值得注意的是，将两种以上的不同能量形式和工作原理结合在一起，可以取长补短获得很好的加工效果。

表 11-1 列出了特种加工方法所适用的被加工工件材料。

表 11-1　　特种加工方法所适用的被加工工件材料

材料 加工方法	铝	钢	高合金钢	钛合金	耐火材料	塑料	陶瓷	玻璃
电火花加工	△	○	○	○	□	×	×	×
电子束加工	△	△	△	△	○	△	○	△
等离子弧加工	○	○	○	△	□	□	×	×
激光加工	△	△	△	△	○	△	○	△
电解加工	△	○	○	△	△	×	×	×
化学加工	○	○	△	△	□	□	□	△
超声加工	□	△	□	△	○	△	○	○
磨料喷射加工	△	△	○	△	○	△	○	○

注：○—好；△—尚好；□—不好；×—不适用。

11.2　电火花成型加工

11.2.1　电火花成型加工原理

电火花成型加工是利用工具电极与工件电极之间的脉冲放电现象，对工件材料产生电腐蚀来进行加工的。

图 11-1 所示为电火花成型加工原理：加工时，脉冲电源的一极接工具电极，另一极接工件电极，两电极均浸入绝缘的煤油中；在放电间隙自动进给调节装置的控制下，工具电极向工件电极缓慢靠近；当两电极靠近到一定距离时，电极之间最近点处的煤油介质被击穿，形成放电通道，由于该通道的截面积很小，放电时间极短，电流密度很高，能量高度集中，在放电区产生高温，致使工件产生局部熔化和汽化向四处飞溅，蚀除物被抛出工件表面，形成一个小凹坑；下一瞬间，第二个脉冲紧接着在两电极之间新的另一最近点处击穿煤油介质，再次产生瞬间放电加工……如此循环重复上述过程，在工件上即可复印留下与工具电极相应的凹陷轮廓，形成所需的加工表面，同时工具电极也会因放电而产生局部损耗。

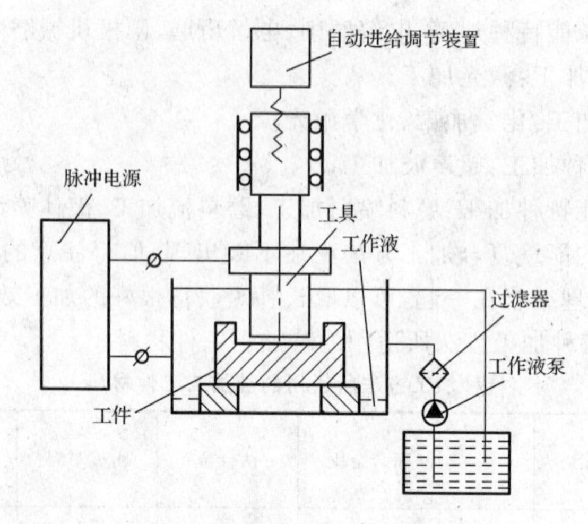

图 11-1 电火花成型加工原理

电火花加工时的表面局部放大图如图 11-2 所示，显而易见，电火花成型加工出的零件表面，是由无数个小坑所组成。电火花加工脉冲电源的矩形波电压波形如图 11-3 所示。

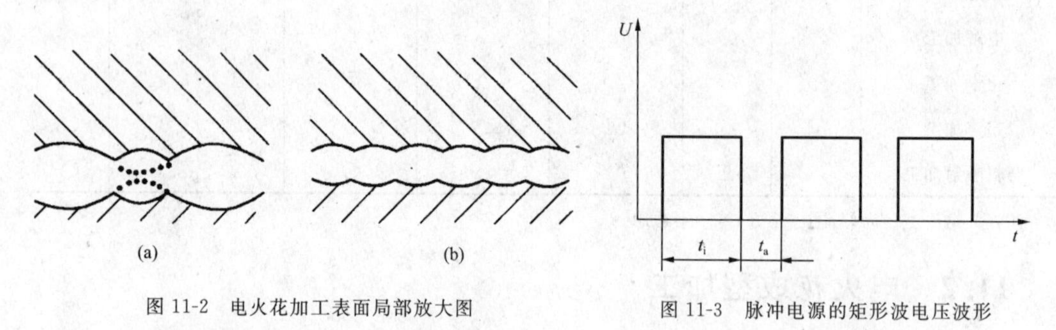

图 11-2 电火花加工表面局部放大图

图 11-3 脉冲电源的矩形波电压波形

11.2.2 电火花成型加工机床

电火花成型加工机床由主轴头、电源控制柜、床身、立柱、工作台及工作液槽等部分组成，如图 11-4(a)所示为分离式电火花成型加工机床，如图 11-4(b)所示为整体式电火花成型加工机床，它们的区别在于后者将油箱与电源箱放入机床的内部，成为一个整体，使结构更为紧凑。

1. 主轴头

主轴头是电火花成型加工机床中最关键的部件，是自动调节系统中的执行机构。主轴头的结构、运动精度和刚度、灵敏度等都直接影响零件的加工精度和表面质量。

2. 床身和立柱

床身和立柱是电火花成型加工机床的基础构件，用以保证工具电极与工件之间的相对位置，其刚性要好，抗振性要高。

3. 工作台

工作台用于支承和装夹工件。通过横向、纵向丝杠可调节工件与工具电极的相对位置。在工作台上固定有工作液槽，槽内盛装有工作液，放电加工部位浸在工作液介质中。

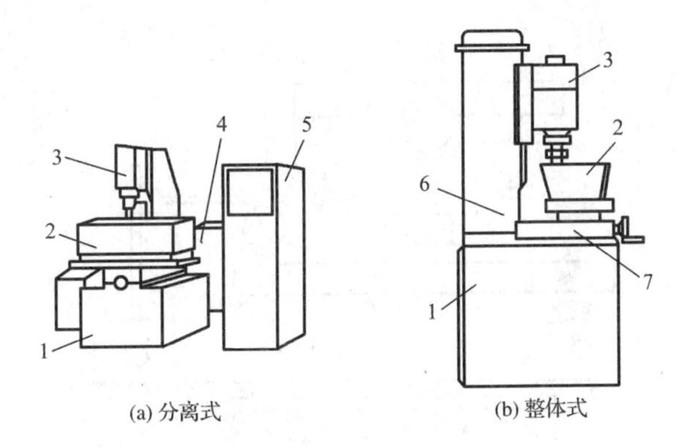

图 11-4 电火花成型加工机床

1—床身；2—工作液槽；3—主轴头；4—工作液箱；5—电源控制柜；6—立柱；7—工作台

4. 电源控制柜(电气柜)

电源控制柜内设有脉冲电源及控制系统、主轴伺服控制系统、机床电器安全及保护系统。

11.2.3 工具电极

1. 工具电极的种类

电火花成型加工时，常用的工具电极材料有石墨和紫铜两种，工具电极的形状与被加工零件的形状相匹配，工具电极的尺寸为

工具电极尺寸＝工件内腔尺寸－2×火花间隙

石墨电极的加工效率较高，但电极自身的损耗较大，所以被加工工件的精度较差，仅适用于粗加工；紫铜电极的质地细密，加工稳定性好，电极损耗相对较小，适用于精加工或半精加工，尤其适用于带有精密花纹的精加工。

2. 工具电极的安装和调整

工具电极安装时，可借助电极套筒、电极柄、钻夹头、U形夹头、管状电极夹头等辅助工具，将不同类型的工具电极相应夹紧在电火花成型机的主轴上。

工具电极安装牢固后，还需要进行调整和定位找正，使工具电极的轴心线与电火花成型机的工作台面垂直，还要使工具电极在 X、Y 方向与工件有一正确位置。操作方法为：①在工具电极装夹完成后，首先调整工具电极的角度和轴心线，使其大概垂直于工作台面或工件顶面；② 使用百分表和简易钳工工具，检验工具电极与工作台面的平行度(图 11-5)；③以同一百分表检验工件电极的一个侧面，使工件电极的侧面与工件的侧面保持平行；④移动工作台调整机床，使工具电极在 X、Y 方向均与工件保持正确的加工位置。

11.2.4 脉冲参数的选择

加工型腔模具时，必须按加工规范选择合适的脉冲参数。

脉冲参数除脉冲电压(峰值电压)外，还包括脉冲宽度、间隔时间、峰值电流等。脉冲参数的选择是否得当，直接影响着电火花成型加工的加工速度、表面粗糙度、电极损耗、加工精度和表面层的变化。

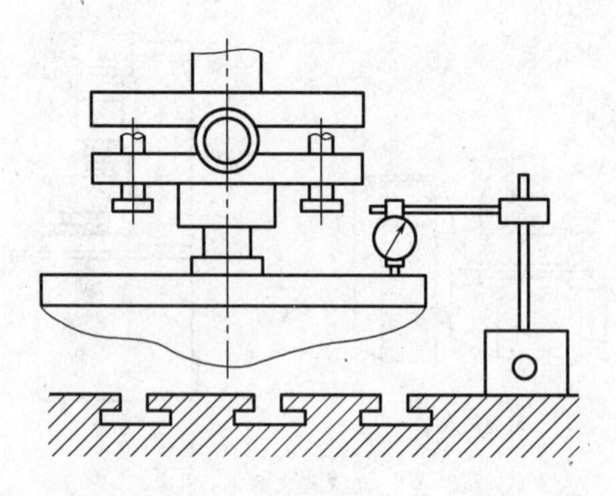

图 11-5 用百分表校正工具电极与工作台面的平行度

加工规范的转换分为粗、中、精三挡。粗挡加工时，脉冲宽度 t_i 选 500～1 200 μs，脉冲间隔在 100～200 μs，其判断方法是：只要能稳定加工、不拉弧，则可以取较小值。加工电流应按加工面积的大小而定，但应使峰值电流 i_c 符合电极低损耗的保证条件：

$$i_c/t_i \leqslant 0.01\ \text{A}/\mu\text{s}$$

中挡加工时，一般脉冲宽度选在 30～400 μs。有时粗挡与中挡并无严格区别，也可通过改变加工电流大小来改变放电间隙和改变所达到的表面粗糙度。

精加工是在粗、中挡加工后进行的精修加工，一般余量在 0.02～0.2 mm，表面粗糙度在 Ra=3.2 μm 之内。由于在精加工时的电极损耗较大，可达 20%左右，故在对电极尺寸、型腔尺寸有严格要求的加工场合，应选较小的余量。精加工的脉冲宽度应小于 20 μs，峰值电流应小于 5 A，以能保证被加工工件所需的表面粗糙度为准。

11.2.5 电火花成型加工的特点

电火花成型加工的特点主要有：

1. 可用较软的工具电极加工较硬的工件

电火花成型加工是靠电蚀作用去除被加工材料的，材料的可加工性与其导电性和熔点、沸点、热导率、比热容等热学特性有关，但与其力学性能几乎无关，因此，电火花成型加工主要适合于加工硬、脆等难加工材料。

2. 可实现复杂型面和特殊形状零件的加工

借助数控加工技术，可以在较软的电极材料上制作十分复杂的成型型面工具电极；利用该工具电极即可在硬、脆等难加工材料上复映加工复杂型面的模具，或用成型电极加工方孔等异形孔，以及用特殊控制的运动轨迹来完成曲孔等结构要素的复杂加工。

3. 可实现易变形零件及精密零件的加工

由于电火花成型加工时几乎无切削力作用，故适于低刚度、易变形零件的精密加工和微细加工，其加工精度可达 0.5～1 μm，表面粗糙度可达 Ra0.02～0.012 μm，而且会向更精密的方向发展。

4. 加工生产率较低

电火花成型加工的生产率较低，常可采用特殊工作液、适当减少被加工零件的加工余量等方法来提高生产率。

5. 工件表面存在电蚀硬层

电火花成型加工时，所得的工件表面是由众多放电凹坑组成，硬度较高，不易去除，将影响后续工序的加工。

11.2.6　电火花成型加工的应用

电火花成型加工主要用于穿孔、型腔的加工，其常见的加工类型如下：

1. 型腔加工

电火花成型的型腔加工，主要用于锻模、挤压模、压铸模等。型腔加工时，工具电极必需按照被加工零件的图纸要求进行合理制造。

2. 穿孔加工

电火花成型的穿孔加工，可以加工各种形状的孔，如：圆孔、方孔、多边形孔、异形孔等，被加工小孔的直径可达0.1～1.0 mm，甚至可以加工直径小于0.1 mm的微孔，如拉丝模孔、喷咀孔、喷丝孔等。

11.3　数控电火花线切割加工

11.3.1　电火花线切割加工原理

电火花线切割加工是通过线状工具电极与被切割材料工件电极之间的相对运动，利用两者之间产生脉冲放电所形成的电腐蚀现象进行切割加工。这种加工方法可加工淬硬钢、硬质合金和金属陶瓷等导电材料，加工精度可达0.01～0.02 mm，表面粗糙度$Ra=1.6\ \mu m$。

11.3.2　电火花线切割加工设备

按照控制系统的类型来分，电火花线切割加工可分为靠模仿形线切割、光电跟踪线切割和数字控制线切割三类。现代电火花线切割加工绝大部分都是数控电火花线切割加工。

按照电极丝运动的快慢来分，电火花线切割加工可分为快速走丝线切割和慢速走丝线切割两大类，或称为高速走丝线切割和低速走丝线切割两大类。高速走丝线切割时多用钼丝和钼钨合金丝，工作时钼丝反复使用多次放电，线径有损耗，工件的加工精度不高；低速走丝线切割时多使用铜丝、黄铜丝、黄铜加铝丝、黄铜加锌丝、黄铜镀锌丝等，且电极丝仅允许一次性使用，工作时线径的损耗极小，对工件尺寸几乎不产生影响，工件的加工精度高。

图11-6所示为CKX-2AJ线切割机床外形简图，它属于数控快速走丝线切割类型，包括机床主机、脉冲电源、微机数控装置三大部分。

1. 机床主机

该机床主机由运丝机构、工作台、工作液系统及床身组成。

①运丝机构。运丝机构包括贮丝筒和丝架。钼丝穿过丝架整齐地绕在贮丝筒上，贮

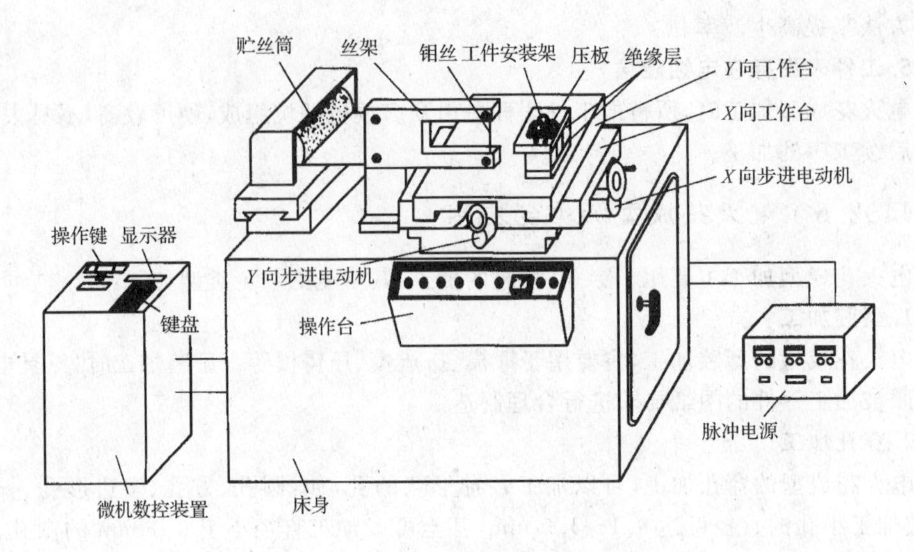

图 11-6 CKX-2AJ 线切割机床外形简图

丝筒由电动机带动做正反交替的转动，钼丝则在丝架的固定位置上做高速（约 9 m/s）往复移动。

②工作台。工作台可安装并带动工件在水平面内做 X、Y 两个方向的移动。工件安装架与工作台之间有绝缘层。工作台分上、下两层，通过 X、Y 两个方向的丝杆和螺母分别由两个步进电动机驱动。

③工作液系统。工作液系统由工作液、贮液箱、液泵和循环导管组成。工作液起绝缘、排屑、冷却的作用。每次脉冲放电之后，工件与钼丝之间必须迅速恢复绝缘状态，以便产生下一次脉冲放电，否则，将形成持续的电弧放电而影响加工质量。

2. 脉冲电源

由交流电转换而成的高频单向脉冲电源，其频率和脉冲宽度均可根据加工的需要进行调整。线切割加工时，钼丝接脉冲电源的负极，工件接脉冲电源的正极。

3. 微机数控装置

微机数控装置是线切割机床的核心部分，控制程序固化在 EPROM 存储器内，以实现全部功能的自动控制。

11.3.3 数控电火花线切割的编程方法

我国在数控快速走丝线切割机床中一般采用 B 指令格式编程，B 指令格式又分为 3B 格式、4B 格式、5B 格式等，其中以 3B 格式为最常用的格式；在数控慢走丝线切割机床中，通常采用国际通用的 G（ISO）指令代码格式编程。数控电火花线切割的编程方法有手工编程和自动编程两种，学习和掌握 3B 指令格式手工编程的方法是数控电火花线切割编程的基本能力。

1. 3B 指令格式

3B 指令格式为：BX BY BJ G Z

式中：BX、BY 为坐标指令字，BJ 为计数长度指令字，G 为计数方向指令字，Z 为加工指令字。具体规定如下：

(1)分隔符 B：指令格式中的三个 B 称为分隔符，它将 X、Y、J 的数值分隔开；B 后的数字如果为 0，则 0 可以省略不写，如“B 0”可以写成“B”。

(2)轴坐标值 X、Y：轴坐标值 X、Y 为被加工线段上某一特征点的坐标值，数值单位为 μm，且规定编程时的 X、Y 数值不可为负，应取绝对值编程。当线切割加工斜线段时，X、Y 数值是指被加工线段终点对其起点的相对坐标值，为了简化，加工斜线段程序中的 X、Y 值允许同时放大或缩小相同的倍数，只要保持其比值不变(直线斜率不变)即可；当线切割加工的直线段与坐标轴重合时，在其程序段中的 X 或 Y 值，均规定不必写出“0”；当线切割加工圆或圆弧时，X、Y 数值是指圆或圆弧起点对其圆心的相对坐标值。

(3)计数长度 J：计数长度 J 为线切割加工长度在 X 轴或 Y 轴上的投影长度，数值单位为 μm；编程时要求 J 的数值必须写满六位数，不足部分用 0 来补足，如计数长度为 686 μm时，应写成 000686 μm；新近出厂的微机数控系统没有这方面的要求。

(4)计数方向 G：计数方向 G 用于指明计数长度 J 在线切割加工时沿哪一坐标轴计数，分为 GX、GY 两种，两者取一；确定计数方向是选择 GX 还是 GY，取决于被加工线段的终点位置，如图 11-7 所示；线切割加工时工作台在该方向每走 1 μm 计数寄存器减 1，当累计减到计数长度 J 为 0 时，这段程序就加工完成了。

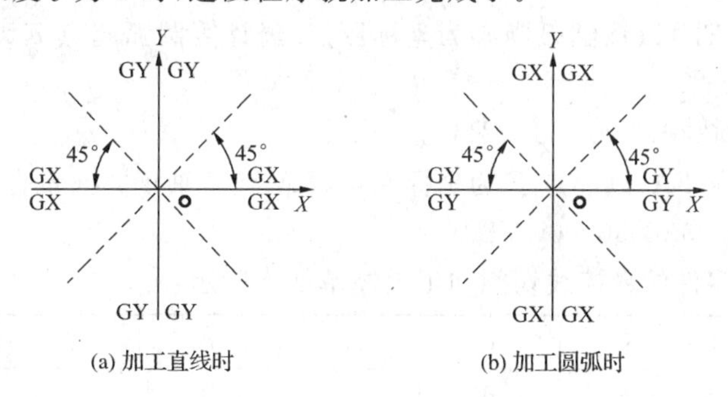

图 11-7　计数方向 G 的确定

(5)加工指令 Z：加工指令 Z 用来指令被加工线段的种类，分为直线和圆弧两大类；加工直线用字母 L 表示，根据被加工直线的走向与线段终点所在的象限又分为 L_1、L_2、L_3、L_4 四种；加工圆弧用字母 R 表示，根据圆弧加工第一步进入的象限以及走向分为 8 种，顺时针圆弧分为 SR_1、SR_2、SR_3、SR_4，逆时针圆弧分为 NR_1、NR_2、NR_3、NR_4，具体如图 11-8 所示。

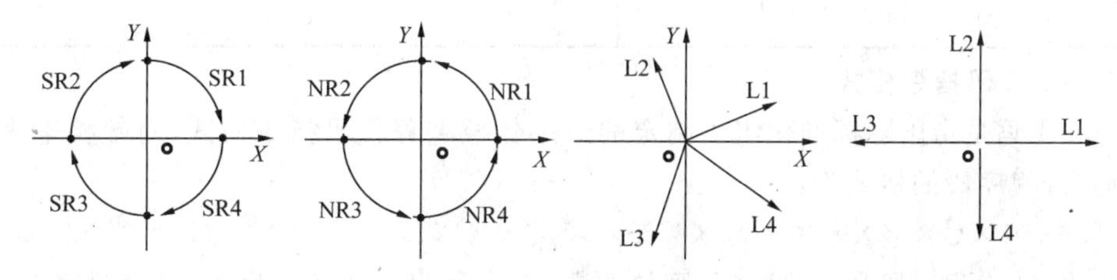

图 11-8　加工指令 Z 方向的确定

2.3B 指令手工编程示例

数控线切割编程时，应将被加工图形分解为若干圆弧段与直线段，然后按加工顺序依次编写加工程序。以图 11-9 所示的线切割零件为例，因为该图形由 3 条直线段和 3 条圆弧段连接组成，所以应分为 6 段编写加工程序：

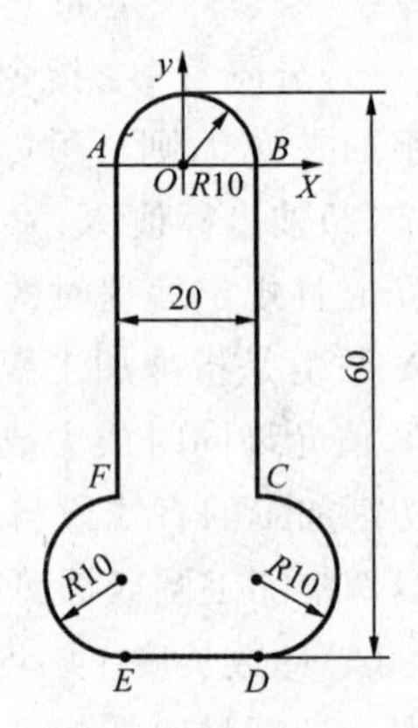

图 11-9　线切割零件简图

(1)加工圆弧 AB：以该圆弧圆心 O 为坐标原点，经计算圆弧起点 A 的坐标为 $X=10$ mm，$Y=0$。

程序为：B10000B0B020000GYSR2

(2)加工直线段 BC：以起点 B 为坐标原点，BC 与 Y 轴负方向重合。

程序为：B0B30000B030000GYL4

(3)加工圆弧 CD：以该圆心 O 为坐标原点，经计算圆弧起点 C 的坐标为 $X=0$，$Y=10$。

程序为：B0Bl0000B020000GXSRl

(4)加工直线段 DE：以起点 D 为坐标原点，DE 与 X 轴负方向重合。

程序为：B20000B0B020000GXL3

(5)加工圆弧 EF：以该圆弧圆心为坐标原点，经计算圆弧起点 E 对圆心的坐标为 $X=0$，$Y=10$。

程序为：B0Bl0000B020000GXSR3

(6)加工直线段 FA：以起点 F 为坐标原点，FA 与 Y 轴正方向重合。

程序为：B0B30000B030000GYL2

经整理后，该零件的数控线切割加工程序单如下所示：

序号	B	X	B	Y	B	J	G	Z
1	B	10000	B	0	B	020000	GY	SR2
2	B	0	B	30000	B	030000	GY	L4
3	B	0	B	10000	B	020000	GX	SR1
4	B	20000	B	0	B	020000	GX	L3
5	B	0	B	10000	B	020000	GX	SR3
6	B	0	B	30000	B	030000	GY	L2
7	E							

3. ISO 代码指令格式

ISO 代码是指国际标准化组织制定的通用数控编程代码指令格式，对数控电火花线切割而言，程序段的格式为：

N××××G××X××××××Y××××××I××××××J××××××

其中，N 为程序段号，后接 4 位阿拉伯数字，表示程序段的顺序号；G 为准备功能，后接两位阿拉伯数字，表示线切割加工的各种内容和操作方式，其指令功能见表 11-2；X、Y 为直线或圆弧的终点坐标值，后接 6 位阿拉伯数字，以 μm 为单位；I、J 表示圆弧的圆心对圆弧起点的坐标值，后接 6 位阿拉伯数字，以 μm 为单位。

表 11-2　　常用的准备功能指令

指令	功　能
G00	点定位
G01	直线（斜线）插补
G02	顺圆插补
G03	逆圆插补
G04	暂停
G40	丝径（轨迹）补偿（偏移）取消
G41、G42	丝径向左、右补偿偏移（沿钼丝的进给方向看）
G90	选择绝对坐标方式输入
G91	选择增量（相对）坐标方式输入
G92	工件坐标系设定

4. ISO 代码指令格式编程示例

例：试用 G 代码编写如图 11-10 所示五角星的线切割加工程序（暂不考虑电极丝的直径及放电间隙的影响）。

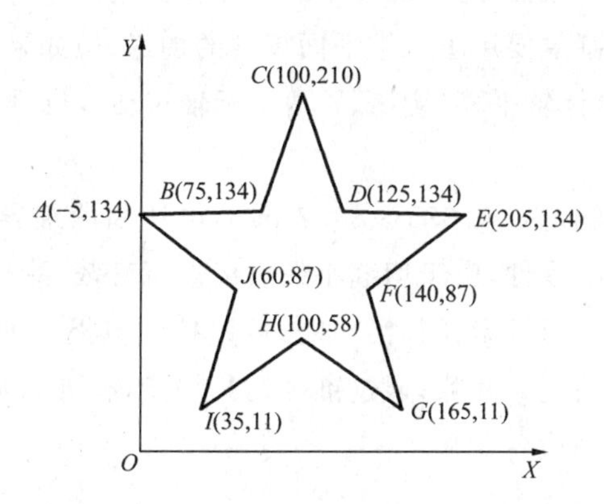

图 11-10　五角星零件简图

该五角星零件的 G 代码数控电火花线切割加工程序单如下：

程序段号	程序段内容	程序段结束	程序段说明
N0010	G90	；	采用绝对坐标方式编程
N0020	T84　T86	；	开启冷却液，开启走丝
N0030	G92　X0　Y0	；	设定当前电极丝的位置为（0，0）
N0040	G00　X−5　Y134	；	电极丝快速移至 A 点
N0050	G01　X75　Y134	；	A→B，线切割加工
N0060	X100　Y210	；	B→C，线切割加工
N0070	X125　Y134	；	C→D，线切割加工
N0080	X205　Y134	；	D→E，线切割加工

续表

程序段号	程序段内容	程序段结束	程序段说明
N0090	X140 Y87	;	$E \to F$,线切割加工
N0100	X165 Y11	;	$F \to G$,线切割加工
N0110	X100 Y58	;	$G \to H$,线切割加工
N0120	X35 Y11	;	$H \to I$,线切割加工
N0130	X60 Y87	;	$I \to J$, 线切割加工
N0140	X−5 Y134	;	$J \to A$,线切割加工
N0150	G00 X0 Y0	;	电极丝快速回原点
N0160	T85 T87	;	关闭冷却液,停止走丝
N0170	M02	;	程序结束

11.3.4 数控电火花线切割加工的特点

除电火花加工的共性特点外,数控电火花线切割加工本身具有以下一些特点:

(1)只要输入编制好的数控加工程序,不必制作成型电极,便可加工各种形状的零件。

(2)数控电火花线切割主要用于二维平面零件的加工,但如果采用四坐标数控电火花线切割机床(沿 X、Y 两坐标轴平移,绕 X、Y 两坐标轴转动),也可加工锥面和复杂直纹扭曲面。

(3)电极丝的直径很细,为 $\phi0.025 \sim \phi0.2$ mm,可切割微细异形孔、窄缝、小尖角、小内角、小圆角等复杂形状的零件,由于切缝小还可以进行套裁,故材料的利用率很高。

(4)依靠数控技术中的刀具半径补偿功能,可以控制电极丝的轨迹和偏移计算,从而很方便地调整凹、凸模具的配合间隙;通过锥度切割功能,有可能实现凹、凸模具一次同时加工。

11.3.5 数控电火花线切割加工的应用范围

数控电火花线切割加工的应用范围十分广泛,归纳起来有以下几方面:

(1)模具加工 可加工冲模的凹模、凸模、固定板、卸料板、粉末冶金模、镶拼型腔模、拉丝模、波纹板成型模、冷拔模等平面形状和立体形状的金属模具。

(2)微细槽、缝、孔加工 可加工喷丝板异形孔、射流元件、激光器件等的微孔、细槽及窄缝等细部结构。

(3)工具、量具加工 可加工成型刀具、样板等;

(4)试制件及特殊零件加工 如电动机硅钢片定转子铁心加工,稀有、贵重金属切割加工,带有锥度型腔的电火花成型电极加工,以及穿孔加工、凸轮零件加工、材料试验样件加工等。

11.4 激光加工

11.4.1 激光加工的原理

激光是一种亮度高、方向性好、单色性好的相干光。由于激光的发散角小和单色性好,通过光学系统可以聚焦成为一个直径极小的光束(微米级)。激光加工时把光束聚集在工件表面上,由于区域很小、亮度极高,其焦点处的功率密度可达 108～1010 W/mm^2,温度可达一万多摄氏度。在此高温下,任何坚硬的材料都将瞬时急剧熔化和蒸发,并产生很强的冲击波,使熔化物质被爆炸式地喷射去除,从而达到使工件材料被去除、连接、改性和分离等加工目的。

11.4.2 激光加工的特点

激光加工具有如下特点:

(1)不受工件材料性能的限制,激光加工几乎可以加工所有的金属材料和非金属材料,如:硬质合金、不锈钢、宝石、金刚石、陶瓷等。

(2)不受加工形状的限制,激光可以加工各种微孔(ϕ0.01～ϕ1 mm)、各种深孔(深径比 50～100)、各种窄缝等,还可以精密切割加工各种异形孔。

(3)激光加工速度快、热影响区小、工件热变形小,而且不存在工具消耗问题。

(4)激光可穿入透明介质内部进行深层加工,且与电子束、离子束加工相比,激光不需要高电压、真空环境以及射线保护装置,这对某些特殊情况(例如在真空中加工)是十分有利的。

11.4.3 激光加工的主要应用

1. 激光打孔

利用激光,可加工微型小孔,如化学纤维喷丝头打孔(在直径 ϕ100 mm 的圆盘上打 12 000 个直径 ϕ0.06 mm 的孔)、仪表中的宝石轴承打孔、金刚石拉丝模具加工、火箭发动机和柴油机的燃料喷嘴加工等。

2. 激光切割与焊接

激光切割时,激光束与工件做相对移动,即可将工件切割分离开。激光切割可以在任何方向上切割,包括内尖角。目前激光已成功用于钢板、不锈钢、钛、钽、铌、镍等金属材料以及布匹、木材、纸张、塑料等非金属材料的切割加工。激光焊接常用于微型精密焊,能焊接不同种类的材料,如金属与非金属材料的焊接。

3. 激光热处理

利用高能激光对金属表面进行扫描,在极短的时间内工件即可被加热到淬火温度;表面高温迅速向工件基体内部传导而冷却,使工件表面被淬硬。激光热处理有很多独特的优点，如快速、不需淬火介质、硬化均匀、变形小、硬度高达60HRC以上、硬化深度能精确控制等。

4. 激光雕刻

激光雕刻所需能量密度较低，装夹工件的工作台由二坐标数控系统驱动。激光雕刻用于印刷行业及美术作品创作。

11.4.4 CLS-2000激光雕刻切割机

1. 机床组成及其功能

CLS-2000激光雕刻切割机由激光源、机床本体、电源、控制系统四大部分组成，其外形如图11-11所示，其导光系统如图11-12所示，其操作面板如图11-13所示。

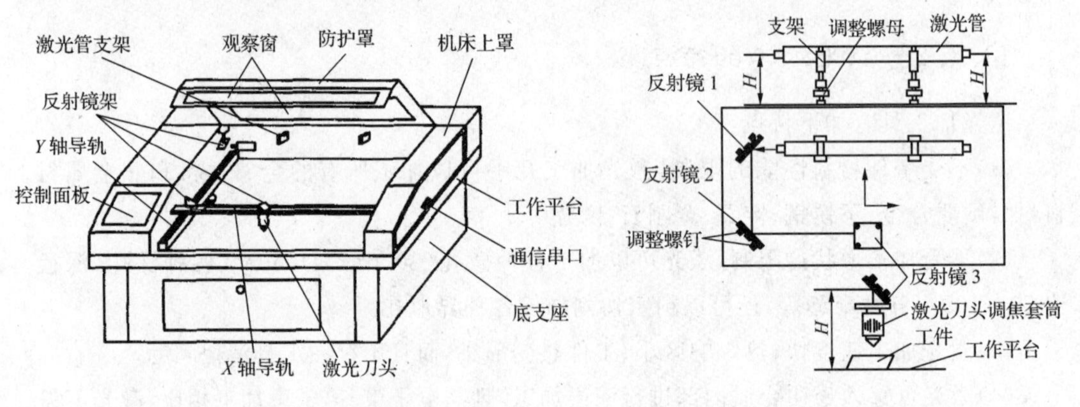

图11-11 CLS-2000激光雕刻切割机结构　　图11-12 导光系统

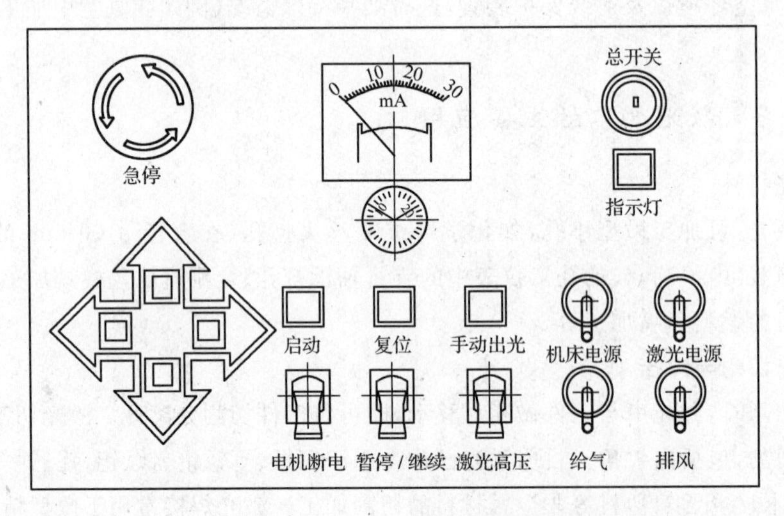

图11-13 操作面板

2. 机床按钮及功能

(1)启动切割　启动切割前，必须打开待切割文件，系统支持DXF和PLT两种文件格式。选择下拉菜单“切割与雕刻”，单击“启动切割”，系统开始切割并在屏幕上显示切割内容。

(2)启动雕刻 启动雕刻前,必须打开待雕刻文件并在雕刻参数里设置好雕刻参数,系统支持 DXF 和 PLT 两种文件格式。选择下拉菜单“切割与雕刻”,单击“启动雕刻”,系统开始雕刻并在屏幕上显示雕刻内容。

(3)启动位图 启动位图前,必须打开待雕刻文件并在位图参数里设置好雕刻参数,系统支持 BMP 文件格式。选择下拉菜单“切割与雕刻”,单击“启动位图”,系统开始雕刻并在屏幕上显示雕刻内容。

(4)显示 显示待切割或雕刻的文件内容前,必须打开待切割或待雕刻的文件,系统支持 DXF、PLT 与 BMP 三种文件格式。选择下拉菜单“切割与雕刻”,单击“显示”,出现“显示切割”、“显示雕刻”与“显示位图”。系统在屏幕上显示切割或雕刻内容,激光头按文件内容开始移动,但不出光。

3. 基本操作步骤

(1)开机 包括开总电源、开“激光电源”、开计算机、开“机床电源”、调焦距、开“给气”、开“排风”、按下“激光高压”等步骤,具体请参见机床说明书。

(2)切割或雕刻 在计算机屏幕上选择下拉菜单“切割或雕刻”,单击“启动切割”,或按面板上的启动键,机器开始切割。

在计算机屏幕上选择下拉菜单“切割或雕刻”,单击“启动雕刻”,机器开始雕刻(注意:操作面板上的启动键只能启动切割不能启动雕刻,如按错会造成计算机死机)。

(3)关机 关掉激光高压,五分钟后关掉激光电源,关掉给气、排风,退出工控程序(如果不再调用其他图形文件的话),关掉机床电源。

4. 注意事项

(1)根据加工目的及工件性质选取适当的工作速度和激光电流的大小,即选好工艺参数。

(2)发现异常时,或需更改参数时,请按“暂停/继续”键(键锁定,灯亮),处理完毕后再次按“暂停/继续”键(键抬起,灯灭),则继续工作;或者在暂停状态按“复位”键,刀头便回到零点,再按“暂停/继续”键(键抬起,灯灭)。

(3)激光管的冷却水不可中断,一旦发现断水,必须立即切断激光高压,或按“紧急开关”,防止激光管炸裂。

(4)工件加工区域里不得摆放有碍激光刀头运行的重物,以免电机受阻丢步而造成废品。

(5)激光工作过程中,要保持排风通畅。

(6)切割或雕刻时,必须盖好防护罩。

(7)在任何情况下,不得将肢体放在光路中,以免灼伤。

5. 激光雕刻加工实例

使用激光雕刻切割机加工的图案如图 11-14 所示。

图 11-14 激光刻绘作品

11.5 超声波加工

11.5.1 超声波加工的原理

超声波加工是利用工具做超声频振动，通过磨料撞击与抛磨工件，从而使工件成型的一种加工方法，其工作原理如图 11-15 所示。超声波加工时，在工具和工件之间注入液体（水或煤油等）与磨料混合的悬浮液，工具对工件保持一定的进给压力，并做振幅为0.01～0.15 mm、频率为 16～30 kHz 的高频振荡，磨料在工具的超声振荡作用下，以极高的速度不断撞击工件表面，其冲击加速度可达重力加速度的一万倍左右，使工件在瞬时高压下产生局部破碎。由于悬浮液的高速搅动，又使磨料不断抛磨工件表面；随着悬浮液的循环流动，使磨料不断得到更新，同时带走被粉碎下来的材料微粒。超声波加工中，工具逐渐伸入到工件内，工具的形状便“复印”到工件上。

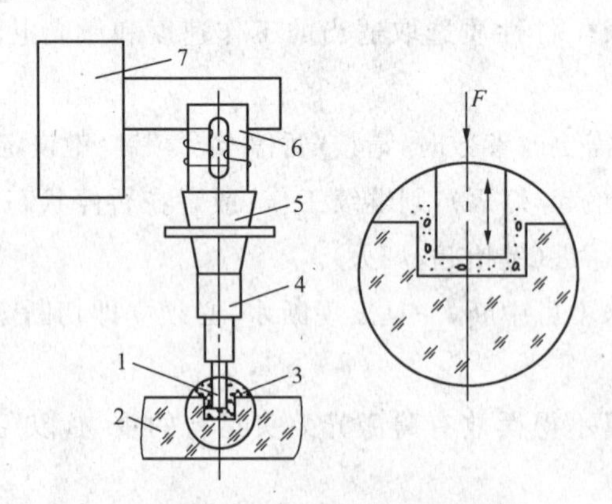

图 11-15 超声波加工原理

1—工具；2—工件；3—磨料悬浮液；4、5—变幅杆；6—换能器；7—超声波发生器

在加工工件过程中，超声振动还使悬浮液产生空腔，空腔不断扩大直至破裂，或不断被压缩致闭合。这一过程极短，空腔闭合压力可达几千大气压，爆炸时可产生水压冲击，引起加工表面破碎，形成粉末。同时悬浮液在超声振动下，形成冲击波还使钝化的磨料崩

碎，产生新的刃口，进一步提高加工效率。

11.5.2　超声波加工的特点

超声波加工具有如下特点：

(1)适用于加工各种硬脆材料，特别是不导电的非金属材料，例如：玻璃、陶瓷、石英、锗、硅、玛瑙、宝石、金刚石等。对于导电的硬质合金、淬硬钢等，超声波也可以加工，但加工效率比较低。

(2)在加工过程中不需要工具旋转，因此易于加工各种复杂形状的型孔、型腔、成型表面等。如采用中空的工具，还可以实现各种形状的套料加工。

(3)超声波是靠极其微小的磨料作用进行加工，所以加工精度较高，一般可达0.02 mm，表面粗糙度 Ra 可达1.25～0.1 μm，且被加工表面无残余应力，不易出现组织改变、表面烧伤等缺陷。

(4)因为材料的去除是靠磨料直接作用，故磨料硬度一般应比加工材料高，而工具材料的硬度则可以大大低于被加工材料的硬度，如可采用中碳钢、型材、管材、线材等制作工具。

(5)超声波加工机床的结构简单，操作、维修方便，加工精度较高，但生产率较低，工具的磨损也较大。

11.5.3　超声波加工的应用

超声波加工广泛用于孔加工、套料、雕刻、切割以及研磨金刚石拉丝模等，同时还可用于清洗、焊接和探伤等工作(图11-16)。

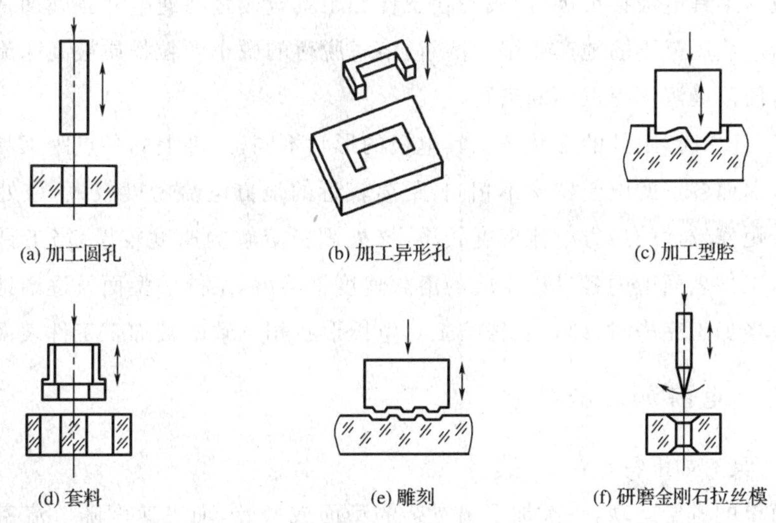

图11-16　超声波加工应用举例

11.6 电解加工

11.6.1 电解加工的基本原理

电解加工是利用金属在电解液中产生阳极溶解的电化学腐蚀原理，将工件加工成型的，其工作原理如图 11-17 所示，所以电解加工又称为电化学加工。

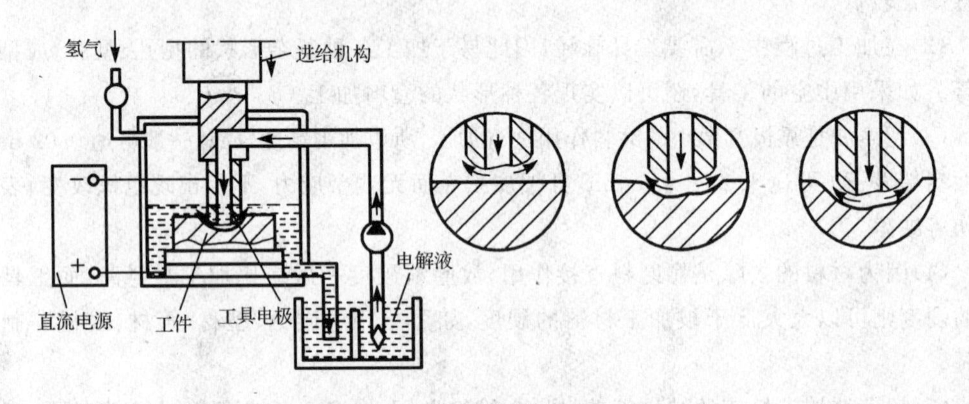

图 11-17 电解加工原理

在电解加工机床的工作台上夹持工件，调整机床使工件与工具电极两者之间保持较小的间隙（通常为 0.02～0.7 mm），并在该间隙内通过高速流动的导电的电解液；然后在工件和工具电极之间接上低电压（6～24 V）、大电流（500～2 000 A）的稳压直流电，工件接正极（阳极），工具电极接负极（阴极）；在工件和工具电极之间通电并且施加一定的电压时，工件表面的金属就不断地产生阳极溶解，溶解脱落的微小颗粒物质被高速流动的电解液不断冲走，使阳极溶解得以不断进行。

电解加工开始时，工件的形状与工具电极的形状不同，工件上的各点距工具电极表面的距离不等，因而各点的电流密度不相同，距离较近的地方电流密度较大，该处阳极溶解的速度较快；距离较远的地方电流密度较小，该处阳极溶解的速度较慢；当工具电极不断向下进给时，工件表面上的各点以不同的溶解速度被溶解，工件的型面就逐渐地接近工具电极的型面；当加工完毕时，即可获得与工具电极形状相一致的被加工工件表面。

11.6.2 电解加工的特点

电解加工具有如下特点：

(1)以简单的进给运动，一次加工出复杂的型面或型腔，加工速度随电流密度增大而加快，且不产生毛刺。

(2)可加工高硬度、高强度、高韧性等难切削材料,且加工后材料表面的硬度不发生变化。

(3)在加工过程中由于工具电极为阴极,在阴极上只是生成氢气和沉淀而无溶解作用,因此工具电极始终没有损耗,可以保证电解加工所得到的被加工工件表面形状比较精确。

(4)电解加工过程中没有机械力和切削热的作用,所以在已加工表面上不存在加工变质层、残余应力和加工变形等问题。

(5)由于影响电解加工的因素很多,故难以实现高精度的稳定加工。电解加工液有一定的腐蚀性,电解产物对环境有污染,因此电解加工机床要有防腐措施,对电解产物要进行无害化处理,所以设备投资和运行的总费用比较高。

11.6.3　电解加工的应用

电解加工是继电火花加工之后发展较快、应用较广的一种新工艺,其生产率比电火花加工高 5～10 倍。电解加工主要用于加工各种形状复杂的型面,如汽轮机叶片、航空发动机叶片(图 11-18);各种型腔模具,如锻模、冲压模;各种型孔、深孔;套料、膛线,如炮管、枪管内的来复线等。此外还有电解抛光、电解去毛刺、电解切割和刻印等。电解加工适用于成批和大量生产,多用于粗加工和半精加工。

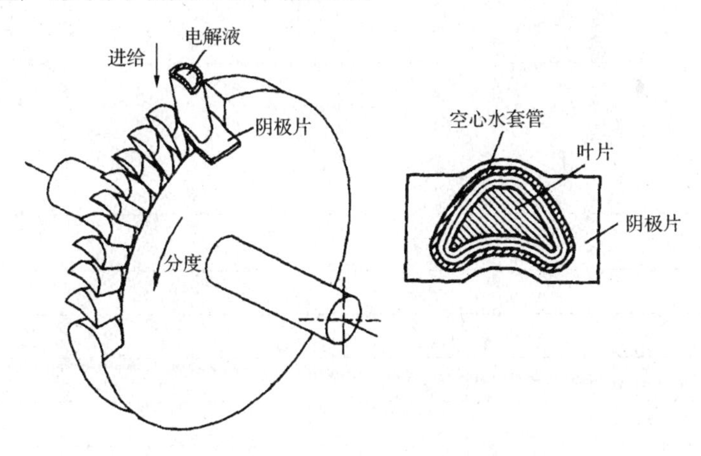

图 11-18　电解加工整体叶轮

金工实训报告(特种加工)

本次实训课题的“金工实训报告”见表 11-3 和表 11-4。学生应争取在车间现场完成本课题的“金工实训报告”,实训指导老师尽可能当场批阅评定成绩,必要时可以组织学生展开现场讨论,强化金工实训的效果。

表 11-3　　　　金工实训报告:电火花成型实训操作

班级________　姓名________　学号________　日期________　成绩________

实训案例	凹形字母和凹形图样的电火花成型实训操作	
零件图	(凹陷的深度为 5 mm)	(凹陷的深度为 5 mm)
机床型号		
电极情况		
控制系统型号		
实训工艺参数		

表 11-4　　金工实训报告：电火花线切割实训操作

班级________　姓名________　学号________　日期________　成绩________

实训案例	1. 五角星零件的线切割加工实训操作	2. 钳工样板零件的线切割加工实训操作
零件图	（A3 铁板，2 mm 厚）	（A3 铁板，2 mm 厚）
机床型号		
安装方法		
控制系统型号		
实训加工程序		

【实训复习思考题】

一、填空题

1. 特种加工是指利用________能、________能、________能、________能、声能、热能及机械能等各种能量直接进行加工的方法。

2. 电火花成型加工是利用________电极与________电极之间的________现象，对工件材料产生电腐蚀来进行加工的。

3. 电火花成型加工时，常用的工具电极材料有________电极和________电极两种。

4. 按照电极丝运动的快慢来分，电火花线切割加工可分为________线切割和________线切割两大类，或称为高速走丝线切割和低速走丝线切割两大类。

5. 激光是一种________高、________好、________好的相干光。激光可穿入透明介质内部进行________加工，这对某些特殊情况加工是十分有利的。

6. 超声波加工是利用________做超声频振动，通过磨料撞击与抛磨________，从而使工件成型的一种加工方法。

7. 电解加工是利用________在电解液中产生阳极溶解的________原理，将工件加工成型的，所以电解加工又称为电化学加工。

8. 电解加工液有一定的腐蚀性，因此电解加工机床要有________措施，对电解产物要进行________处理，故设备投资的总费用较高。

二、讨论题

1. 常见的数控电火花线切割加工机床由哪几部分组成？各组成部分的作用是什么？

2. 数控电火花线切割加工编程的3B指令代码格式中，指令各项的含义是什么？

3. 特种加工与机械加工比较，它们之间在加工原理、加工方法上有哪些不同？能否用特种加工完全替代机械加工？

4. 试比较常用电极（如紫铜、黄铜、石墨）的优缺点，并说明它们分别应用在什么场合？

5. 在电火花成型加工中，如何实现工具电极在被加工工件上的精确定位？

6. 什么是电火花成型加工？它的基本原理是什么？它有哪些特点？

7. 为什么特种加工能解决一般刀具无法切削加工的问题？

8. 激光加工为什么既能用于打深孔、切割，又能用于焊接？

实训专题12

操作技能综合训练

“技能综合训练”属于全面实训项目，要求每位学生任选一个机械零件产品作为实训件，根据产品图纸的要求独自动手完成实训件的实际加工操作全过程，并以此实训件的实际效果，作为评定学生金工实训成绩的重要依据。

通过技能综合训练，可以强化学生的金工实训效果，检验并提高学生的实际动手能力。选择技能综合训练的实训件时，应结合各院校工程实训中心的实际情况，尽量选择实际生产中的真实产品作为学生的金工实训件，以节约实训成本；在没有合适产品的情况下，可以使用如下实训件对学生进行技能综合训练。

综合训练1：制作六角螺母

12.1.1 训练题目

如图12-1所示，选用直径ϕ25 mm圆钢（材质：45钢）棒料作为毛坯，锯断下料，长度为16 mm；锉平两端面至14 mm，然后划线，锯销、锉削外形；钻螺纹底孔，并进行两端孔口倒角C1；手工改制M12螺纹，完成该六角螺母的制作全过程。将加工所得到的工件，交给实训指导老师评定成绩。

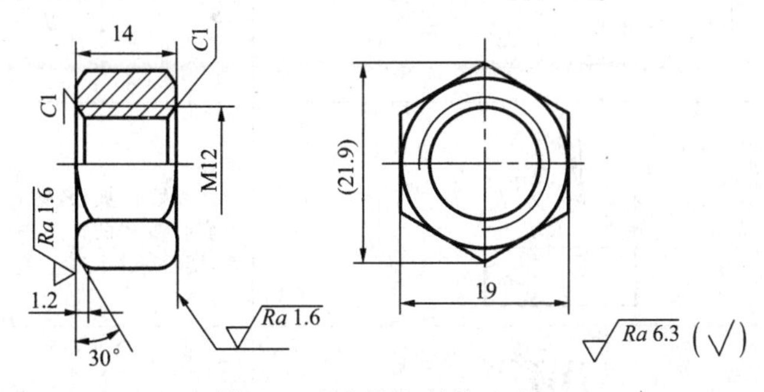

图12-1 六角螺母（材料：45钢）

12.1.2 操作提要

制作六角螺母的操作步骤见表12-1，供学生技能综合训练时参考。

表 12-1 制作六角螺母的操作步骤

操作序号	加工简图	加工内容	工具、量具
1. 备料		备料： 材料：45 钢、ϕ30 棒料、高度 16	钢尺
2. 锉削	14 ϕ30	锉两平面： 锉平两端面，高度 $H=14$，要求平面平直，两面平行	锉刀，钢尺
3. 划线	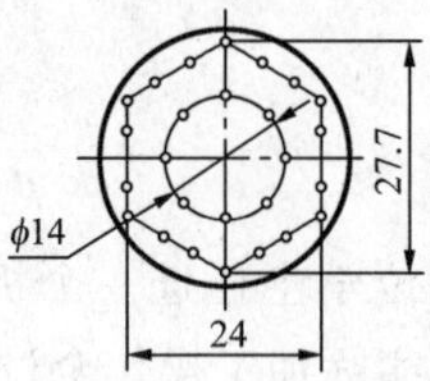 27.7 ϕ14 24	划线： 定中心和划中心线，并按尺寸划出六角形边线和钻孔孔径线，打样冲眼	划针，划规，样冲，小手锤，钢尺
4. 锉削	1 2 3 4 5 6	锉六个端面： 先锉平一面，再锉与之相对平行的端面，然后锉其余四个面。在锉某一面时，一方面参照所划的线，同时用 120°角度尺检查相邻两平面的交角，并用直角尺检查六个平面与端面的垂直度，用游标卡尺测量尺寸，检验平面的平面度、直线度和两对面的平行度。平面要求平直，六角形要均匀对称，相对平面要求平行	锉刀，钢尺，直角尺，120°样板，游标卡尺
5. 锉钢	30° 21.9 1.2 14 Ra 3.2	锉曲面(倒角) 按加工界线倒好两端圆弧角	锉刀
6. 钻孔	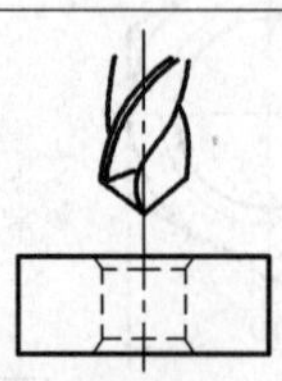	钻孔 计算钻孔直径，钻孔，并用大于底孔直径的钻头进行孔口倒角，用游标卡尺检查孔径	钻头，游标卡尺
7. 攻螺纹	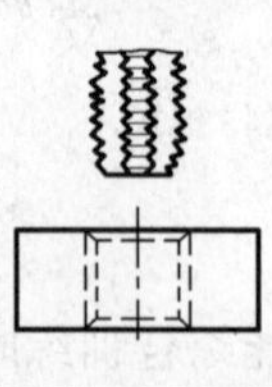	攻螺纹 用丝锥攻螺纹	丝锥，铰杠

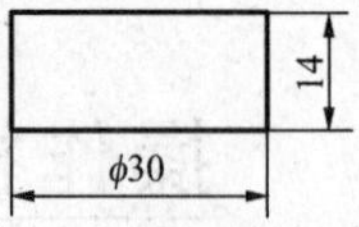

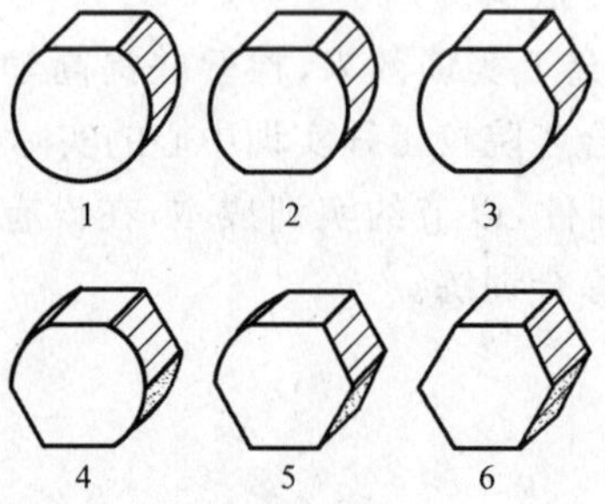

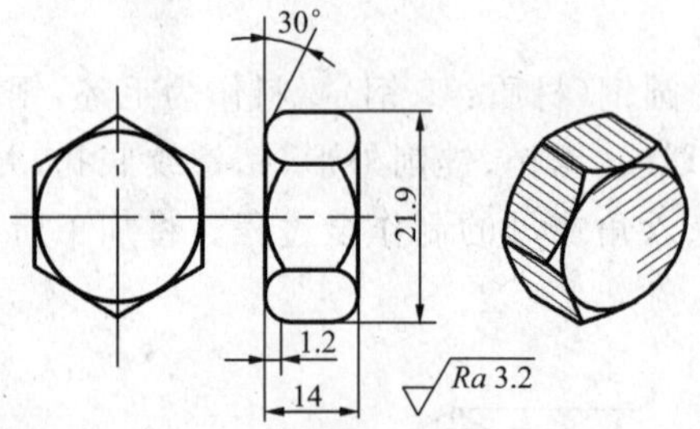

综合训练 2:制作手锤锤头

12.2.1　训练题目

如图 12-2 所示,选用直径 ϕ32×103 mm 圆钢(材质:45 钢)棒料作为毛坯,车削锤头的球形端面;定总长(留余量)切断下料;划线、錾削、锯割、锉削外形的各个平面;再次划线、锉削 5 个圆弧;锯割及锉削斜面;按划线钻削 2 个通孔、锉腰形孔;修光各表面,打印钢字码;热处理;抛光所有表面,完成该手锤锤头的制作全过程。将加工所得到的工件,交给实训指导老师评定成绩。

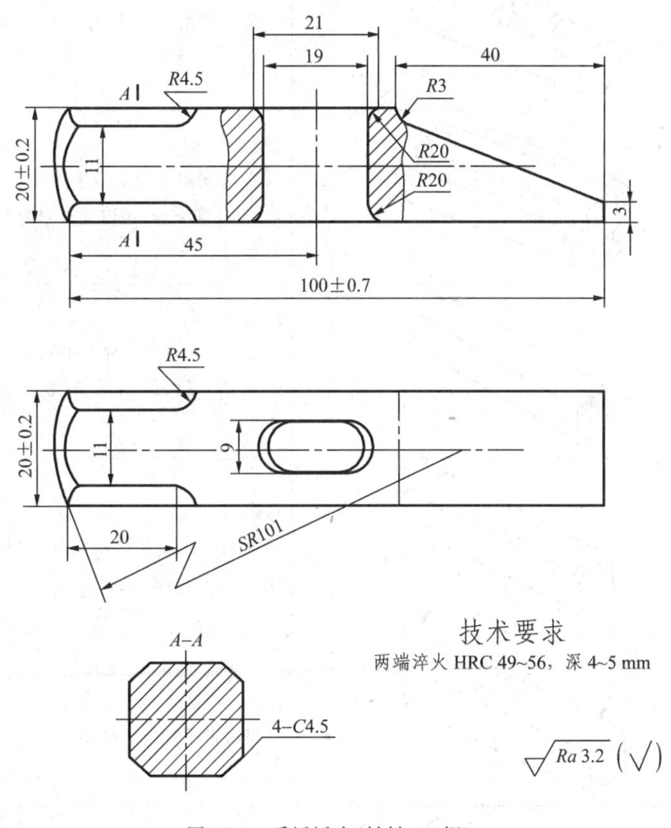

图 12-2　手锤锤头(材料:45 钢)

12.2.2　操作提要

制作手锤锤头的操作步骤见表 12-2,供学生技能综合训练时参考。

表 12-2　　制作手锤锤头的操作步骤

操作序号	加工简图	加工内容	工具、量具
1. 备料	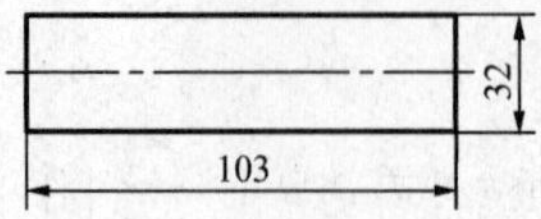 32 103	备料 材料：45 钢、ϕ32 棒料、长度 103	钢尺
2. 划线	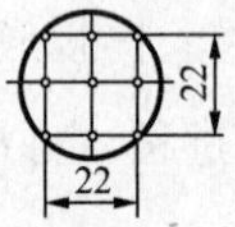 22 22	划线 在 ϕ32 两端圆柱表面上划 22×22 的加工界线，并打样冲眼	划线盘，直角尺，划针，样冲，手锤
3. 錾削	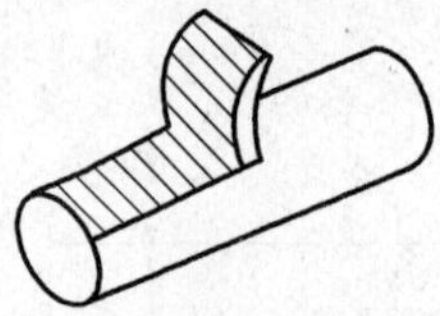	錾削一个面 要求錾削宽度不小于 20，平面度、直线度 1.5	錾子，手锤，钢尺
4. 锯割	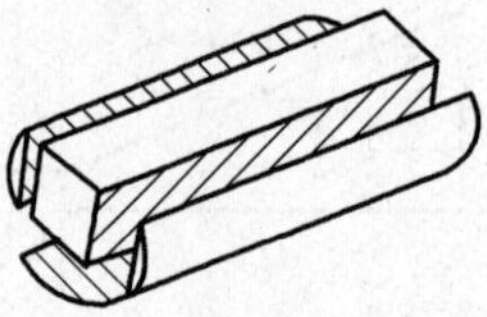	锯割三个面 要求锯痕整齐，尺寸不小于 20.5，各面平直，对边平行，邻边垂直	弓，锯条
5. 锉削	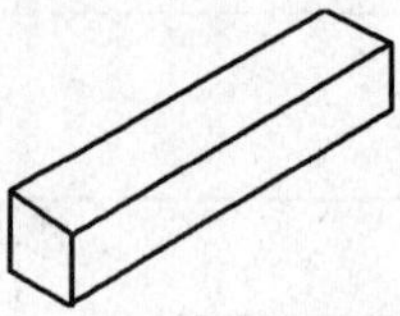	锉削六个面 要求各面平整，对边平行，邻边垂直，断面呈正方形，尺寸 $20^{+0.2}_{0}$	粗、中平锉刀，游标卡尺，直角尺
6. 划线	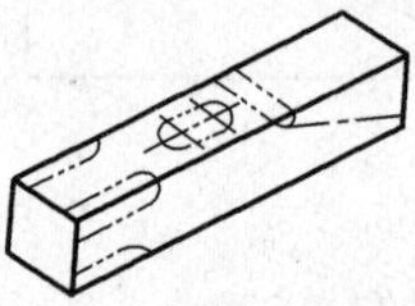	划线 按工件尺寸全部划出加工界线，并打样冲眼	划针，划尺，钢尺，样冲，手锤，划线盘（高度游标尺）等
7. 锉削	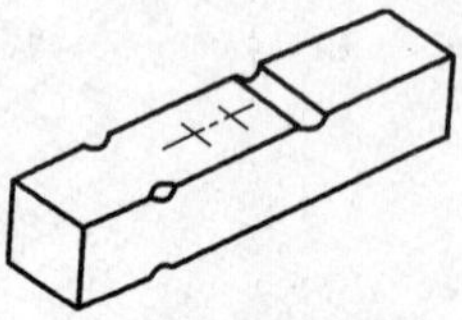	锉削五个圆弧 圆弧半径符合图纸要求	圆
8. 锯割	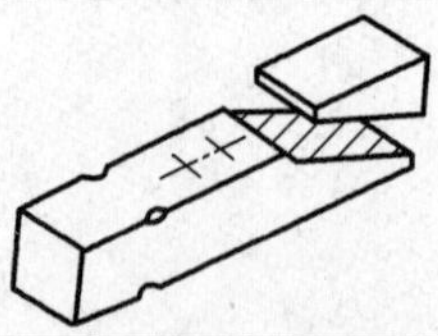	锯割斜面 要求锯痕整齐	锯弓、锯条

续表

操作序号	加工简图	加工内容	工具、量具
9. 锉削	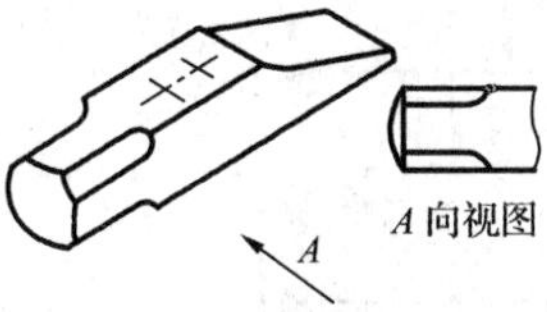	锉削 锉削四个圆弧面和一个球面，要求符合图纸尺寸	粗、中平锉刀
10. 钻孔	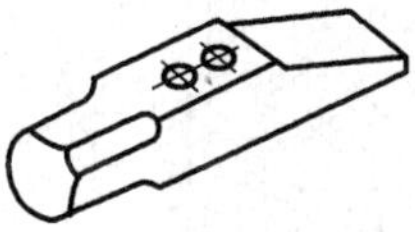	钻孔 用 $\phi9$ 钻头钻两孔	$\phi9$ 钻头
11. 锉削	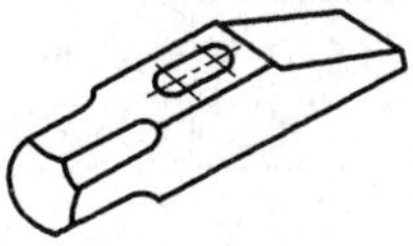	锉通孔 用小方锉或小平锉锉掉留在两孔间的多余金属，用圆锉将椭圆孔锉成喇叭口	小方锉或小平锉，8°中圆锉
12. 修光		修光 用细平锉和砂布修光各平面，用圆锉和砂布修光各圆弧面	细平锉，砂布
13. 热处理		淬火 两头锤击部分 HRC49～56，心部不淬火	由实习指导教师统一编号进行，学生自检硬度

综合训练 3：车削锥套零件

12.3.1　训练题目

如图 12-3 所示的锥套零件，毛坯尺寸为 $\phi85\times120$ mm 棒料，材料为 45 钢，单件生产，试完成该锥套零件的车削全过程。将加工所得到的工件，交给实训指导老师评定成绩。

12.3.2　操作提要

1. 零件的主要尺寸公差和技术要求分析

(1) $\phi68_{-0.2}^{\ 0}$外圆表面对 $\phi24_{\ 0}^{+0.021}$内孔表面的同轴度允许偏差为 0.05 mm，要求较高。

(2) $\phi80$ 的右端面对 $\phi68_{-0.2}^{\ 0}$外圆柱面轴线的垂直度允许偏差为 0.05 mm，要求较高。

(3) $\phi24_{\ 0}^{+0.021}$孔的尺寸公差数值很小，公差等级为 IT7 级，精度较高；但粗糙度值为 $Ra1.6$，该孔的表面粗糙度的要求并不高。

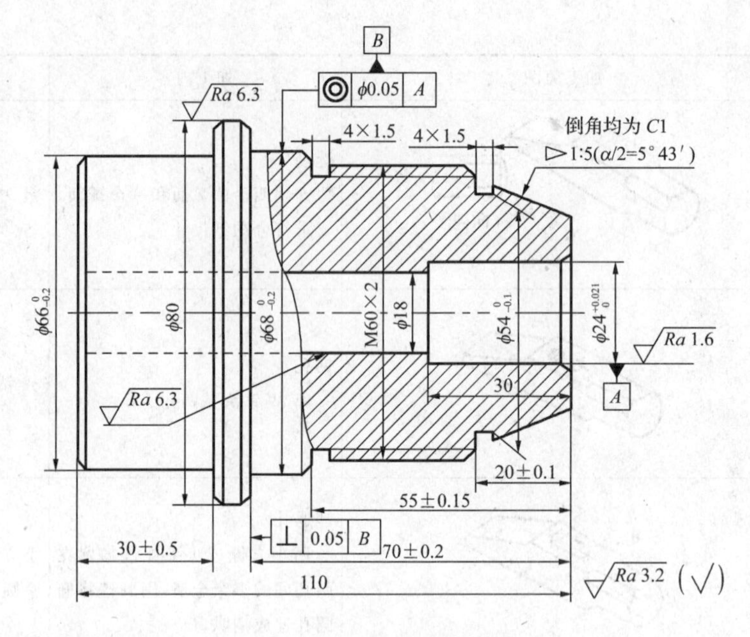

图 12-3 锥套（材料：45 钢）

2. 保证尺寸公差及形位公差的工艺措施

(1)选择最左端的 $\phi66_{-0.2}^{\ 0}$ 外圆表面为定位基准面，在一次装夹条件下加工 $\phi80_{-0.2}^{\ 0}$ 右端面、$\phi68_{-0.2}^{\ 0}$ 外圆柱面及 $\phi24_{\ 0}^{+0.021}$ 内孔表面，即可保证图纸规定的垂直度和同轴度公差要求。

(2)$\phi24_{\ 0}^{+0.021}$ 内孔表面采用精车即能满足图纸尺寸公差和表面粗糙度的要求，但操作时必须使用内径百分表进行测量，控制尺寸精度。

3. 分析车削顺序，制定车削步骤

经分析，车削该锥套零件的操作步骤见表 12-3，供学生技能综合训练时参考。

表 12-3　锥套零件的车削步骤

序号	加工简图	加工内容	刀具、量具
1	≥50　φ85　120	车端面，用三爪自定心卡盘装夹，伸出长度≥50，端面车平即可	45°弯头车刀，钢尺
2	45　φ80	车外圆 φ80，长度为 45	45°弯头车刀，游标卡尺，钢尺

续表

序号	加工简图	加工内容	刀具、量具
3	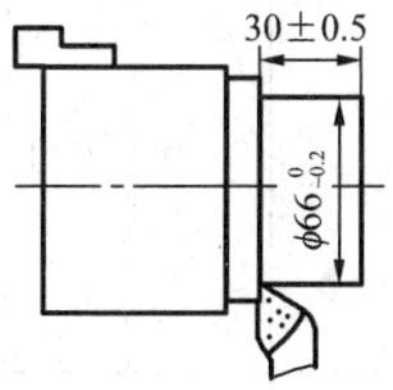 30±0.5 $\phi66_{-0.2}^{0}$	车台阶面，外圆为 $\phi66_{-0.2}^{\ 0}$，长度为 30±0.5	90°偏刀，游标卡尺，钢尺
4	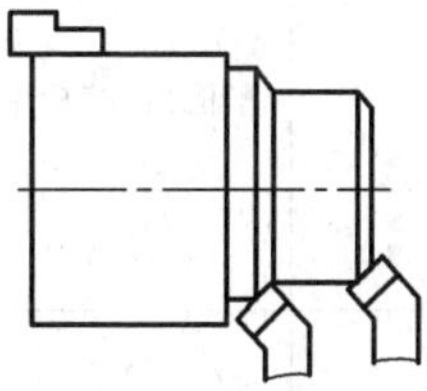	倒角 2-$C1$	45°弯头车刀
5	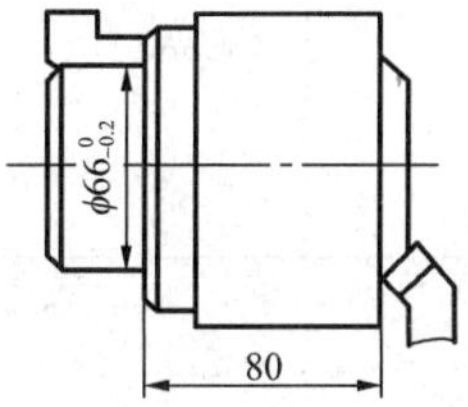 $\phi66_{-0.2}^{0}$ 80	调头装夹 $\phi66_{-0.2}^{\ 0}$，车端面，保证长度 80	45°弯头车刀，游标卡尺
6	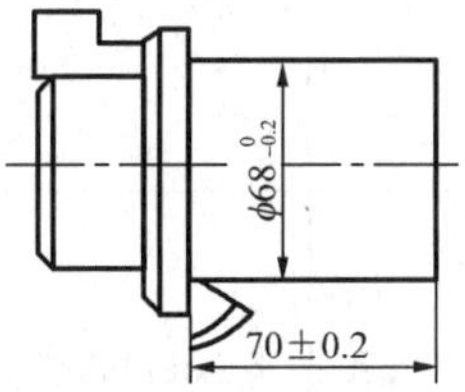 $\phi68_{-0.2}^{0}$ 70±0.2	车台阶面，外圆 $\phi68_{-0.2}^{\ 0}$，长度 70±0.2	90°偏刀，游标卡尺，钢尺
7	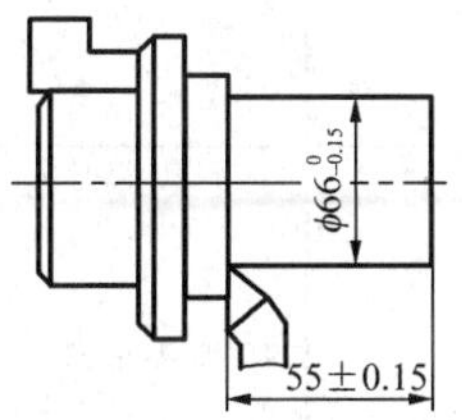 $\phi66_{-0.15}^{0}$ 55±0.15	车台阶面，外圆 $\phi60_{-0.15}^{\ 0}$、长度 55±0.15	90°偏刀，游标卡尺，钢尺
8	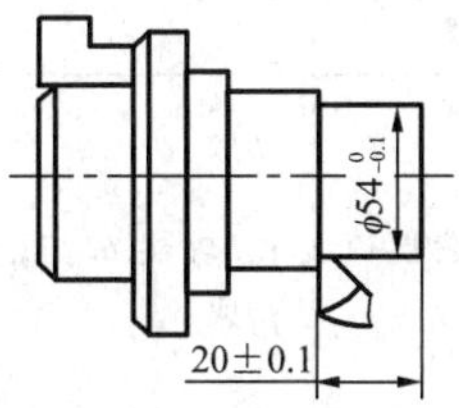 $\phi54_{-0.1}^{0}$ 20±0.1	车台阶面，外圆为 $\phi54_{-0.1}^{\ 0}$，长度为 20±0.1	90°偏刀，游标卡尺

续表

序号	加工简图	加工内容	刀具、量具
9	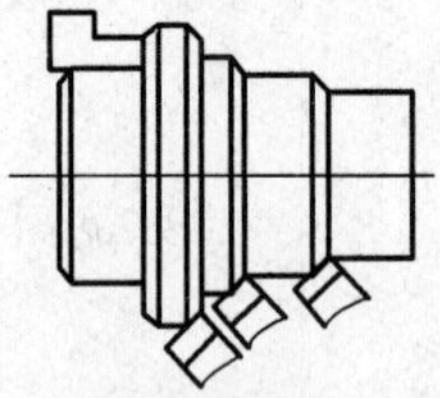	倒角 3-$C1$	45°弯头车刀
10	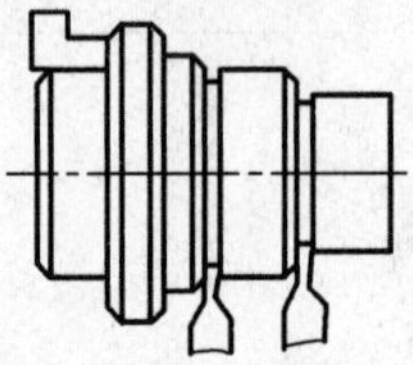	车槽 2-4×1.5	车槽刀，游标卡尺
11	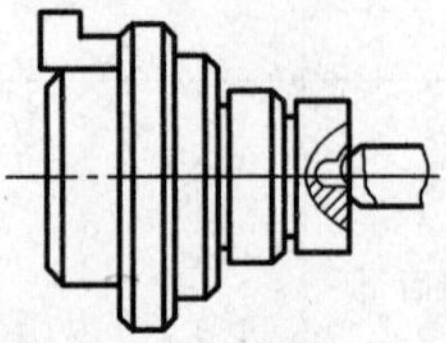	钻中心孔 $\phi3.5$	中心钻
12	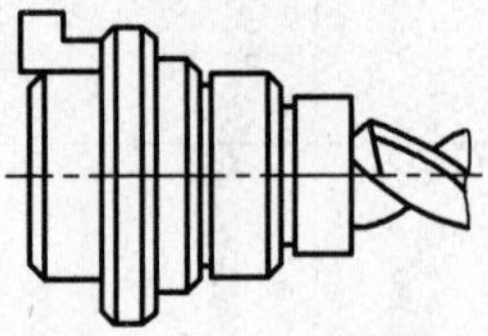	钻通孔 $\phi18$	麻花钻头
13	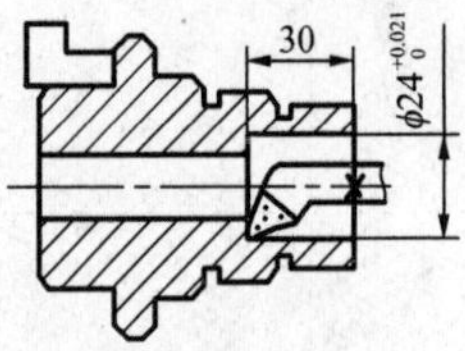 30 $\phi24^{+0.021}_{0}$	车内孔、孔径为 $\phi24^{+0.021}_{0}$，孔深 30	不通孔内孔车刀，内径百分表，游标卡尺
14	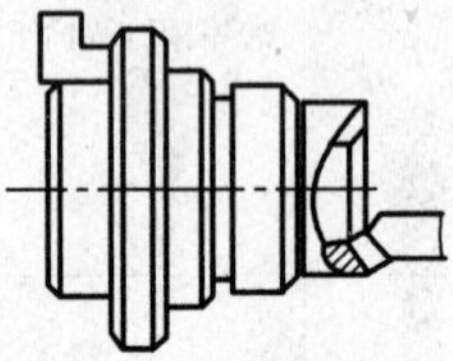	车内孔孔口倒角 $C1$	45°弯头车刀
15	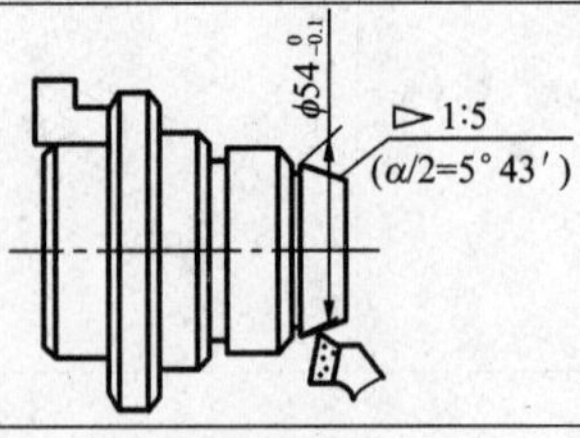 $\phi54^{0}_{-0.1}$ ▷1:5 ($\alpha/2=5°43'$)	车锥面，锥度 1∶5，大端直径 $\phi54^{0}_{-0.1}$，$\alpha/2=5°43'$	45°弯头车刀，游标卡尺，量角器

续表

序号	加工简图	加工内容	刀具、量具
16	M60×2	车螺纹 M60×2	螺纹车刀，钢尺，螺纹千分尺，螺距规
17	$\phi68^{0}_{-0.2}$	调头装夹，倒内角 C1	45°弯头车刀

综合训练 4：磨削套类零件

12.4.1　训练题目

有一个套类零件需要磨削加工，零件如图 12-4 所示。该零件的材料为 38CrMoAl，要求淬火后磨削，然后采用氮化处理，最终硬度达到 900HV。要求学生按照图纸确定磨削步骤、工件装夹方法、磨削工艺参数等项，完成该零件的外圆和内孔磨削加工操作，并将加工所得到的工件，交给实训指导老师评定成绩。

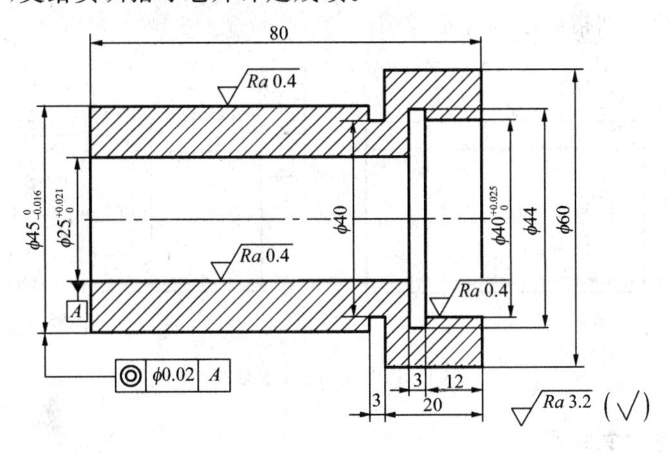

图 12-4　套类零件简图

12.4.2　操作提要

1. 工艺特点分析

该套类零件的特点是内、外圆表面的同轴度要求很高，因此淬火后磨削加工应尽量在一次安装中完成，以保证内、外圆表面的同轴度要求。如果不可能在一次安装中完成全部表面的磨削加工，则应先磨削加工内孔，然后以内孔定位，用心轴安装，接着磨削加工外圆表面。

2. 制定磨削步骤

经分析，该套类零件的磨削步骤见表 12-4，供学生技能综合训练时参考。

表 12-4　　套类零件的磨削步骤

工序	加工内容	砂轮	设备	装夹方法
1	以 $\phi45_{-0.016}^{\ 0}$ 外圆定位，百分表找正，粗磨 $\phi25_{\ 0}^{+0.021}$ 内径，留精磨余量 0.04～0.06	PA60KV6P20×6×6	MD1420	三爪自定心卡盘
2	粗磨 $\phi40_{\ 0}^{+0.025}$ 内孔	PA60KV6P30×10×10	MD1420	三爪自定心卡盘
3	氮化			
4	精磨 $\phi40_{\ 0}^{+0.025}$ 内孔	PA80KV6P30×10×10	MD1420	三爪自定心卡盘
5	精磨 $\phi25_{\ 0}^{+0.021}$ 内孔	PA80KV6P20×6×6	MD1420	三爪自定心卡盘
6	以 $\phi25_{\ 0}^{+0.021}$ 内孔定位，粗、精磨 $\phi45_{-0.016}^{\ 0}$ 外圆至尺寸要求	WA80KV6P300×40×75	MD1420	心轴

综合训练 5：刨削矩形垫铁

12.5.1　训练题目

有一个矩形垫铁零件如图 12-5 所示，材料为灰铸铁，六面均需加工，要求各相对表面互相平行，各相邻表面互相垂直。在牛头刨床上完成该零件的刨削加工操作，并将加工所得到的工件，交给实训指导老师评定成绩。

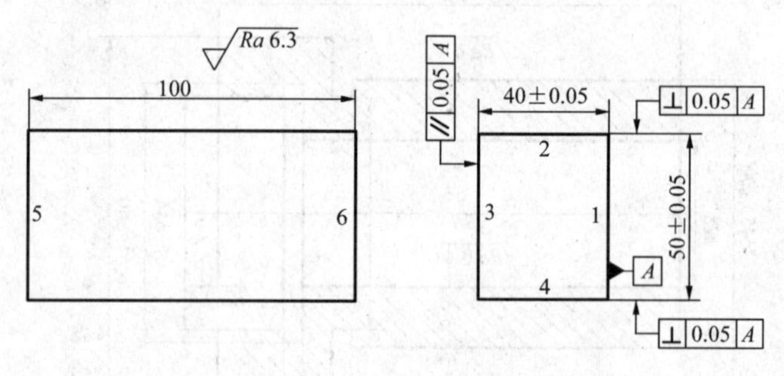

图 12-5　矩形垫铁零件简图

12.5.2　操作提要

1. 工艺特点分析

根据该零件具有多面加工、平行度和垂直度要求较高、单件小批量生产方式等特点，选择该零件在牛头刨床上进行刨削加工，采用平口钳装夹安装。

2. 制定刨削步骤

经分析，该矩形垫铁零件的刨削步骤见表 12-5，供学生技能综合训练时参考。

表 12-5　　　　**矩形垫铁零件的刨削步骤**

序号	加工内容	加工简图	装夹方法
1	先刨出大平面①作为基准面	① 41.5	平口钳装夹
2	以平面①为基准，紧贴固定钳口，在工件与活动钳口间垫圆棒，夹紧后加工平面②	② ① 51.5	平口钳装夹
3	以平面①为基准，紧贴固定钳口，翻身180°使面②朝下，紧贴平口钳导轨面，加工平面④至尺寸	④ ① ② 50±0.05	平口钳装夹
4	将平面①放在平行垫铁上，工件夹紧在两钳口之间，并使平面①与平行垫铁贴实，加工平面③至尺寸。如平面①与垫铁贴不实，也可在工件与钳口间垫圆棒	③ ④ ② ① 40±0.05	平口钳装夹
5	将平口钳转 90°，使钳口与刨削方向垂直，刨端面⑤	100 ⑥	平口钳装夹
6	同样方法刨端面⑥至尺寸	100 ⑥	平口钳装夹

参 考 文 献

[1] 郭永环，姜银方. 金工实习(第 2 版)[M]. 北京:北京大学出版社,2010.

[2] 郭术义. 金工实习[M]. 北京:清华大学出版社，2011.

[3] 李作全,魏德印. 金工实训[M]. 武汉:华中科技大学出版社，2008.

[4] 宋树恢. 朱华炳. 工程训练[M]. 合肥:合肥工业大学出版社,2007.

[5] 巫世晶. 工程实践[M]. 北京:中国电力出版社,2007.

[6] 张学正. 金属工艺学实习教材[M]. 北京:高等教育出版社,2003.

[7] 张木青，于兆勤. 机械制造工程训练教材[M]. 广州:华南理工大学出版社,2004.

[8] 赵玉奇. 机械制造基础与实训[M]. 北京:机械工业出版社，2003.

[9] 京玉海. 金工实习[M]. 天津:天津大学出版社，2009.

[10] 张兴华. 制造技术实习[M]. 北京:北京航空航天大学出版社,2005.

[11] 严绍华,张学政. 金属工艺学实习[M]. 北京:清华大学出版社,2006.

[12] 罗春华,刘海明. 数控加工工艺简明教程[M]. 北京:北京理工大学出版社,2007.